CADERNO DE MUROS DE ARRIMO

2ª edição revista

Blucher

ANTONIO MOLITERNO
Engenheiro Civil, Professor da Escola de Engenharia da Universidade Mackenzie, Faculdade de Engenharia da Fundação Armando Alvares Penteado e Faculdade de Engenharia São Paulo.

CADERNO DE MUROS DE ARRIMO

2ª edição revista

Revisão:
MARCEL MENDES
Engenheiro Civil, Professor da Escola de Engenharia da Universidade Mackenzie.

Caderno de muros de arrimo

2ª edição - 1994
11ª reimpressão - 2020
Editora Edgard Blücher Ltda.

Blucher

Rua Pedroso Alvarenga, 1245, 4º andar
04531-934 - São Paulo - SP - Brasil
Tel.: 55 11 3078-5366
contato@blucher.com.br
www.blucher.com.br

FICHA CATALOGRÁFICA

Moliterno, Antonio
M737c Caderno de muros de arrimo/Antonio Moliterno - São Paulo: Blucher, 1994.

Bibliografia.
ISBN 978-85-212-0149-6

1. Muros de arrimo I. Título.

80-1080 CDD-624.16

Índices para catálogo sistemático:
1. Estruturas de arrimo: Engenharia 624.16
2. Muros de arrimo: Engenharia 624.16
3. Obras de arrimo: Engenharia 624.16

DEDICATÓRIA

A minha esposa e filhos

CONTEÚDO

I – INTRODUÇÃO

A construção de um muro de arrimo, representa sempre um elevado ônus no orçamento total da estrutura de uma obra.

Há inúmeros casos, em que esta etapa teve seu custo superior ao da própria edificação.

O muro de arrimo nada mais é do que um detalhe localizado, nas obras de estabilização das encostas, nas regiões montanhosas, junto às edificações, estradas ou ruas.

A técnica atual de atirantamento e ancoragem, embora com certas restrições, tem sido a única solução viável, economicamente.

I.1 – ESTABILIZAÇÃO DAS ENCOSTAS

O engenheiro, antes de se decidir sobre a solução para atender ao problema de contenção de um talude, deve procurar se identificar com a natureza geológica da região onde deverá ser implantada a obra.

Convém observar atentamente o comportamento das construções similares já executadas, principalmente em terrenos com ocorrência de diaclases preenchidas com "*montmorilonita*" (mica) e no sopé de montanhas constituídas de material alterado classificado como "COLÚVIO" (Talus).

A contenção dos taludes com predominância desses materiais é ainda bastante empírica, conseguindo-se resultados satisfatórios desde que seja impedida a saturação (encharcamento).

Deve ser observado, antes de implantar a obra de contenção, se não há ocorrência de movimentos lentos da encosta (*creep*), manifestada pela fissuração da superfície e inclinação das árvores, rupturas de canalização de esgotos e águas pluviais.

Neste caso, qualquer obra de contenção será de pouca confiabilidade, pois dependerá apenas da cessação temporária da movimentação, já que a sua manifestação é cíclica; rompido o equilíbrio do manto de solo superficial que reveste o "talus", geralmente por desmatamento ou pequena escavação para implantação de uma obra, teremos deslizamentos bruscos, tornando-se até graves, com o desprendimento de matacões.

I.2 – ESTABILIDADE DOS TALUDES

Genericamente, a estabilidade de um talude depende dos seguintes fatores:

I.2.1 – TALUDES EM SOLO

a) Propriedades físicas e mecânicas dos materiais
b) Forma do talude e maciços adjacentes
c) Influência da pressão d'água.

I.2.2 – TALUDES EM ROCHA

a) Distribuição da descontinuidade das camadas
b) Tensões internas no maciço.

I.3 – MÉTODOS PARA SE AUMENTAR A ESTABILIDADE DOS TALUDES

I.3.1 – DIMINUIÇÃO DA INCLINAÇÃO (Melhora-se a estabilidade, porém aumenta-se a área exposta à erosão das águas pluviais)
I.3.2 – DRENAGEM (superficial ou profunda)
I.3.3 – BERMAS
I.3.4 – ESTAQUEAMENTO NO PÉ DO TALUDE (estacas pranchas)
I.3.5 – MUROS DE ARRIMO
I.3.6 – CHUMBAMENTO (ancoragem e atiramento)
I.3.7 – REVESTIMENTO (gramação, concreto projetado, solo-cimento, imprimação asfáltica como proteção contra a erosão)
I.3.8 – OBSTRUÇÃO DE FISSURAS (cimento ou betume)
I.3.9 – INJEÇÕES (cimento, solução de silicato de sódio, cal, resinas para consolidação)

O escopo deste trabalho, fixar-se-á apenas, aos casos de muros de arrimo.

II – MUROS DE ARRIMO

II.1 – CONSIDERAÇÕES PRELIMINARES

O projeto de um muro de arrimo, como acontece com qualquer outro tipo de estrutura, consiste essencialmente na repetição sucessiva de 2 passos:

a) Determinação ou estimativa das dimensões
b) Verificação da estabilidade aos esforços atuantes.

Para a escolha das dimensões, o projetista lança mão da própria experiência e observação ou, ainda, pode ser orientada por fórmulas empíricas.

Determinadas as forças que atuam na estrutura, tais como o seu peso próprio, empuxos causados pela pressão da terra, eventuais cargas aplicadas no topo do muro e as reações do solo, podemos ter a idéia da estabilidade.

Conhecimentos da mecânica dos solos, são importantes em duas fases do projeto:

a) Avaliação da pressão da terra atuando no muro
b) Verificação da capacidade suporte do solo das fundações.

Esses assuntos não serão desenvolvidos, faremos apenas ligeira abordagem objetivando aplicação aos *muros de arrimo.*

II.2 – EMPUXO DE TERRA

Chamamos *empuxo de terra* ao esforço exercido pela terra contra o muro. O empuxo de terra pode ser ativo ou passivo.

Será considerado passivo, quando atuar do muro contra a terra (é comum no caso dos escoramentos de valas e galerias).

A) *EMPUXO PASSIVO*

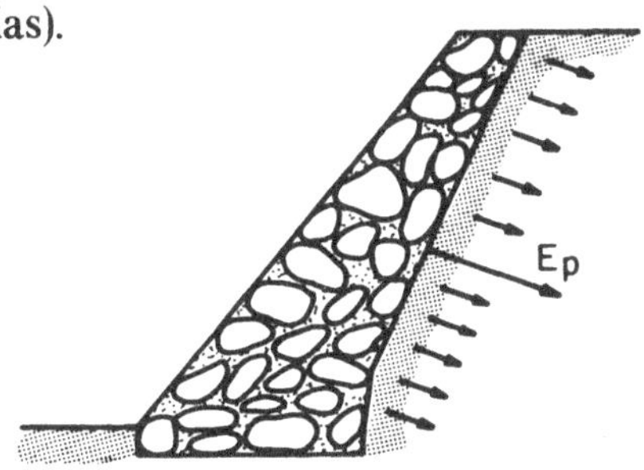

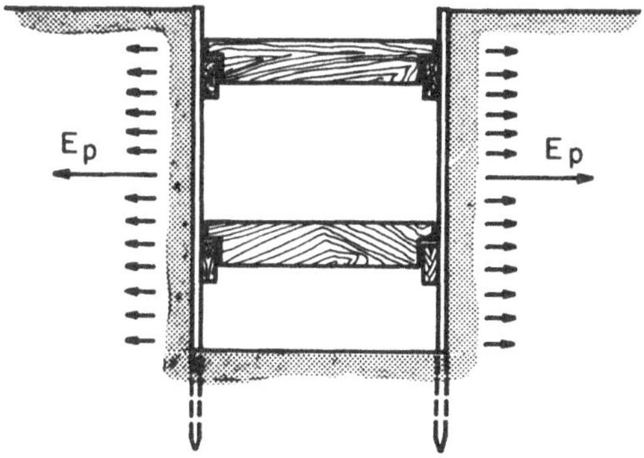

Escoramento de vala

Muro de arrimo

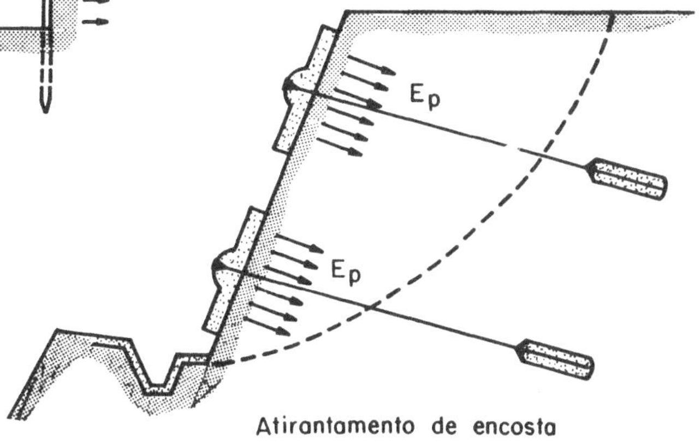

Atirantamento de encosta

B) *EMPUXO ATIVO*

O empuxo ativo, designa-se pela resultante da pressão da terra contra o muro (chamaremos daqui por diante simplesmente de *empuxo*, nos cálculos).

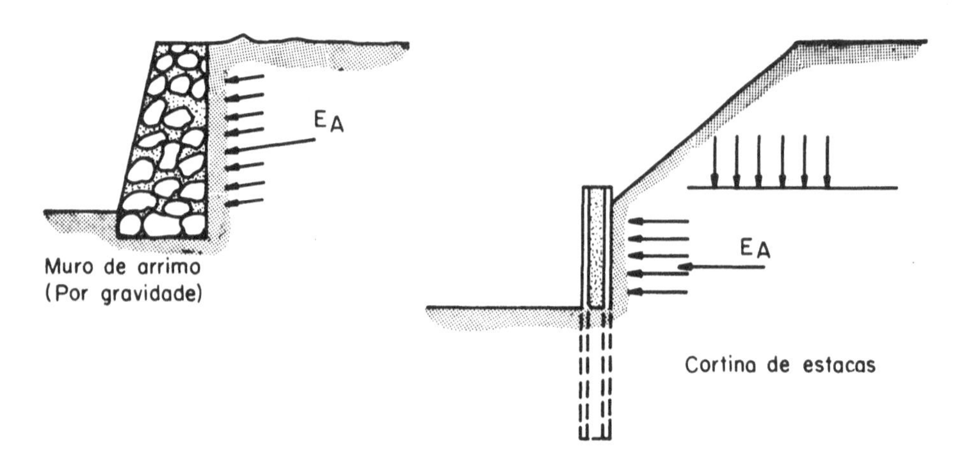

II.2.1 – CAUSAS DO EMPUXO ATIVO

A) *CORTE DO TERRENO*

Imaginemos o caso de um terreno no seu estado natural de repouso (Fig. 1). O maciço se mantém no seu equilíbrio estável indefinido, desde que não seja afetado pela erosão.

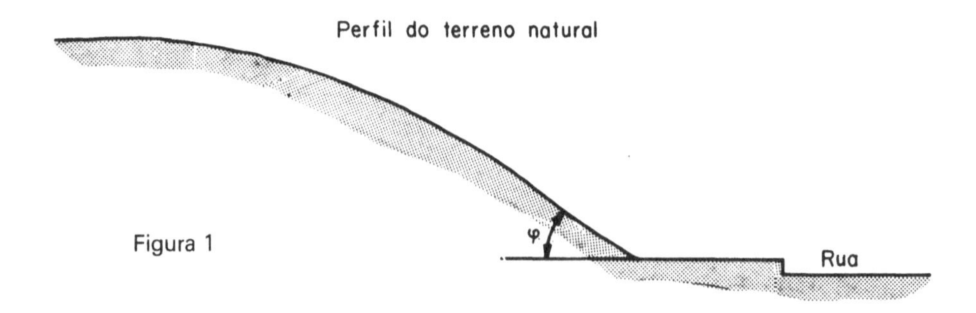

Figura 1

Admitimos a hipótese de uma construção no nível da calçada; temos, portanto, um corte no maciço, conforme indica a Fig. 2.

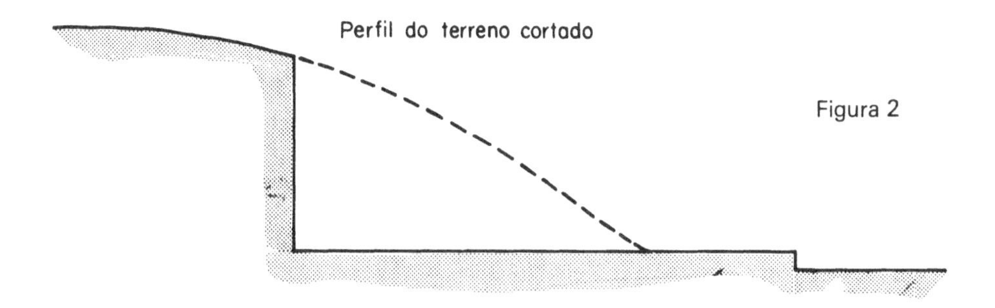

Decorrido certo intervalo de tempo (dias, meses ou anos), o terreno adjacente ao corte, na parte superior, apresenta as primeiras fendas (Fig. 3). Isto representa o início da manifestação do empuxo; observa-se também o começo da desagregação do solo, com ligeiro deslocamento da superfície cortada, o que já é uma situação de equilíbrio instável.

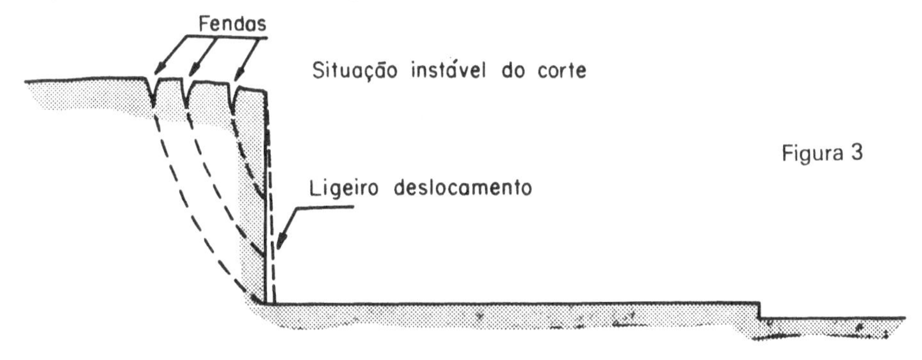

Segue-se, a qualquer instante, a ruptura, com o deslizamento de uma cunha de terra, tomando o corte a forma da Fig. 4; nesta situação a ação do empuxo foi total.

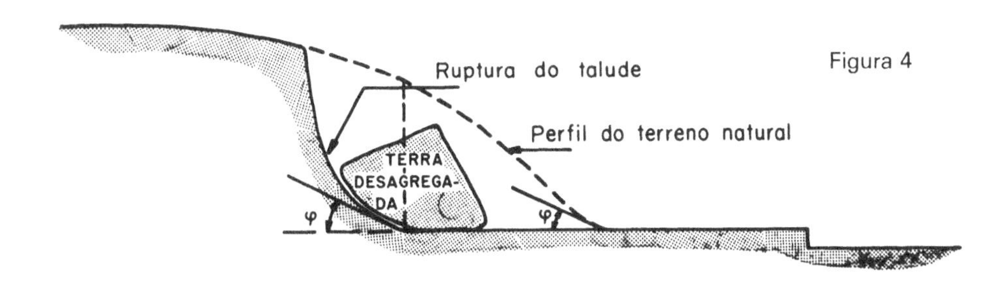

Observando a superfície de escorregamento da Fig. 4, poderia facilmente ser constatado que o terreno procurou se adaptar ao seu estado inicial de repouso, isto é, voltou a ter sua declividade, fazendo o mesmo ângulo φ com a horizontal, como na Fig. 1.

CONSIDERAÇÃO TEÓRICA

O equilíbrio entre os grãos de um solo, fazendo-se abstenção da presença d'água, é expresso pela equação de resistência, determinada em laboratório:

$$\boxed{\tau = c + \sigma \operatorname{tg} \varphi}$$

τ ... Tensão de cisalhamento
σ ... Tensão normal
φ ... Ângulo de atrito entre os grãos
c ... Coesão entre os grãos

Desprezando-se o valor de c (coesão), ou admitindo seu valor muito baixo, temos:

$$\operatorname{tg} \varphi = \frac{\tau}{\sigma}.$$

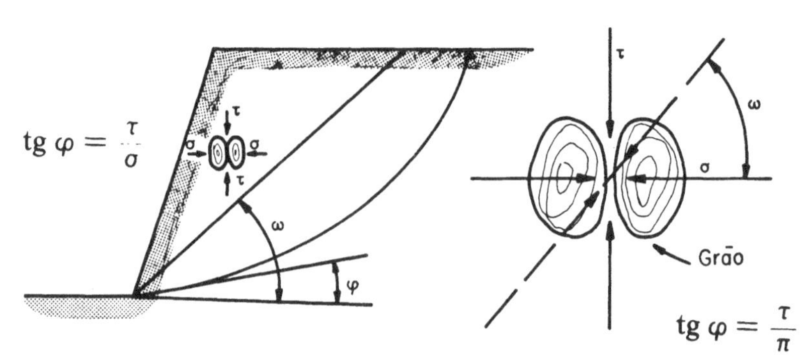

Para que não haja ruptura, é necessário que $\omega < \varphi$, sendo φ também designado como ângulo de repouso do material ou talude natural ou ângulo de atrito interno do material (solo).

Na situação limite, $\operatorname{tg} \varphi = \dfrac{\tau}{\sigma}$

B) *ATERRO*

O empuxo ativo, nos casos dos aterros, assemelha-se ao problema anterior, porém até que de ação mais imediata quando se atinge a altura prevista no projeto ou um valor de altura crítica, característica do tipo de solo.

Seja, por exemplo, o caso em que se deseja aplainar um terreno, executando-se o movimento de terra pela compensação do corte C, transportando e depositando a terra em A (Fig. 5).

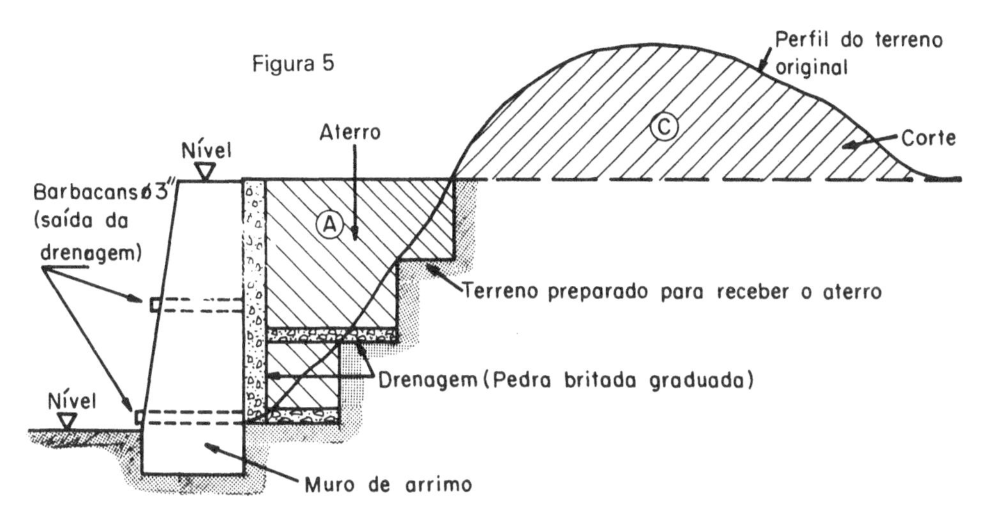

A retirada da terra, naturalmente adensada do corte *C*, após a escavação, sofre expansão.

Ao ser lançada e depositada como material solto no aterro *A*, comporta-se procurando um estado de repouso; isto só poderá ocorrer em parte e o restante atuará diretamente como carga no paramento do muro, provocando empuxo.

Para melhor esclarecer, consideramos o caso de uma caixa, onde vamos depositando areia em várias etapas, sem provocar vibração e somente nivelando a superfície no final da operação do enchimento (Fig. 6).

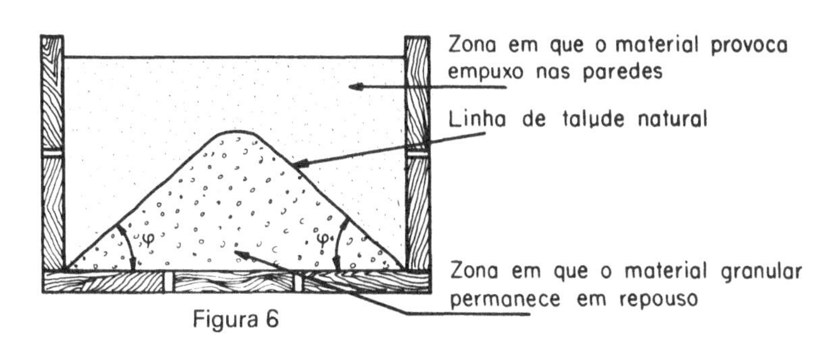

Figura 6

À medida que a areia vai sendo depositada, naturalmente vai se amontoando e assumindo a inclinação de talude, formando o ângulo φ com a horizontal; nesta situação, as paredes não recebem empuxo.

Prosseguindo-se no enchimento da caixa, o material fora da zona de talude natural passa a fazer pressão nas paredes da caixa.

Fato semelhante ocorre com os aterros junto aos muros de arrimo (embora no caso do solo, a pressão seja aliviada em parte pela coesão, lembrando a equação de resistência ($\tau = c + \sigma \operatorname{tg} \varphi$).

Voltando ao caso do exemplo da Fig. 5, compactando ou apiloando a terra junto ao muro, podemos chegar às condições idênticas de resistência ($\tau = c + \sigma \operatorname{tg} \varphi$), como primitivamente se encontravam os grãos de solo no corte (grau de compactação 90%).

A boa norma de execução recomenda o apiloamento com soquete manual ou mecânico (sapo) em camadas sucessivas de 20 cm, com um grau de umidade que dê ao solo seu maior peso específico (Fig. 7).

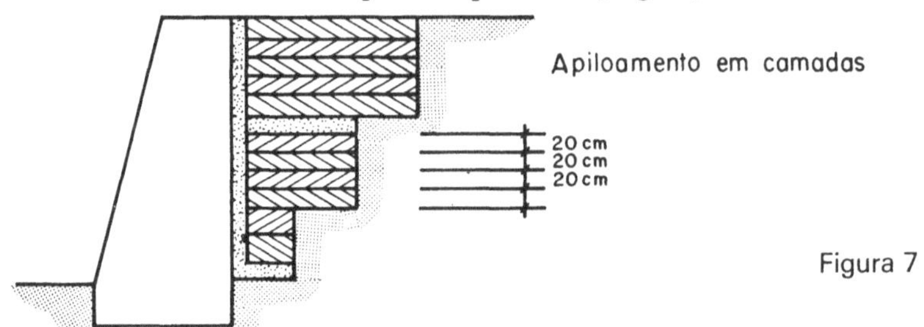

Figura 7

Convém lembrar que o excesso de umidade e o encharcamento d'água no solo, aumentam o efeito do empuxo, razão pela qual se coloca obrigatoriamente a drenagem de brita e barbacans (tubos) ao longo da altura do muro.

II.3 – CÁLCULO DO EMPUXO

A quantificação da intensidade do *empuxo de terra*, é o dado fundamental para a elaboração do projeto do muro de arrimo.

As primeiras teorias foram formuladas por Coulomb em 1773, Poncelet em 1840 e Rankine em 1856, conhecidas como Teorias Antigas, e que ainda tem dado resultados satisfatórios para o caso de muros de peso, construídos de alvenaria ou concreto ciclópico.

Abordando o problema do empuxo à luz da teoria matemática da elasticidade para muros elásticos, construídos em concreto armado, temos as chamadas Teorias Modernas, entre elas as de Resal, Caquot, Boussinesque, Müller Breslau, sendo que, nos últimos 30 anos, as recomendações de Terzaghi e seus adeptos apresentaram resultados práticos.

Pela limitação deste trabalho, apresentaremos a teoria de Coulomb, pois os modernos conceitos baseados na teoria matemática da elasticidade para o cálculo do empuxo de terra dependem de parâmetros empíricos, os quais muitas vezes não são disponíveis.

II.3.1 – TEORIA DE COULOMB

A teoria de Coulomb, baseia-se na hipótese de que o esforço exercido no paramento do muro é proveniente da pressão do peso parcial de uma cunha de terra, que desliza pela perda de resistência a cisalhamento ou atrito.

O deslizamento ocorre freqüentemente ao longo de uma superfície de curvatura, em forma de espiral logarítmica. Nos casos práticos, é válido substi-

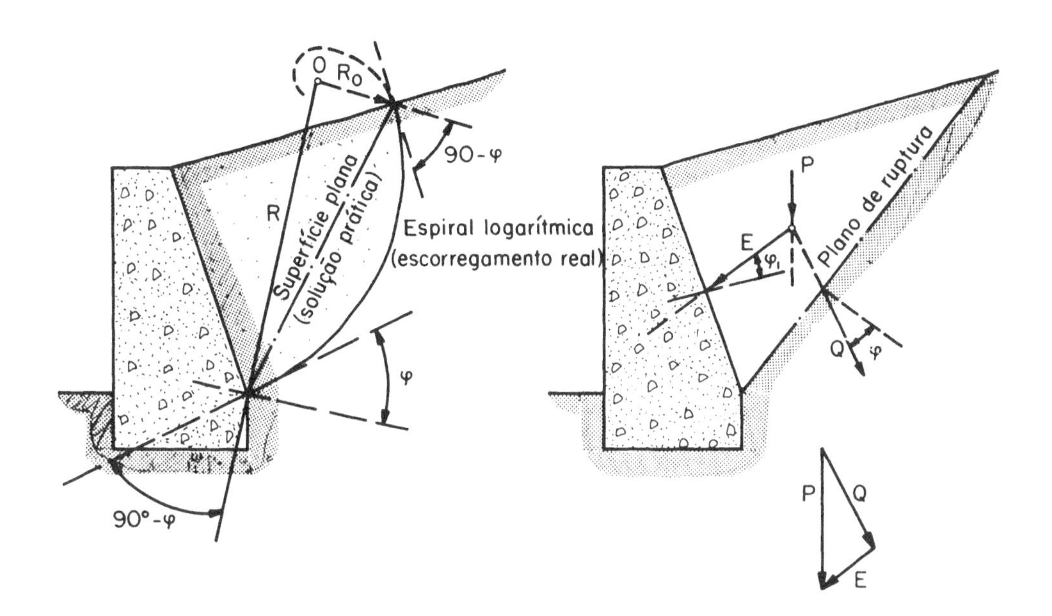

tuir esta curvatura por uma superfície plana, que chamaremos de *plano de ruptura, plano de deslizamento* ou *plano de escorregamento* (Winkler).

Admite-se como conhecida a direção do *empuxo*; segundo Coulomb, o empuxo faz com a normal ao paramento do lado da terra, um ângulo φ_1, cuja tangente é igual ao coeficiente de atrito entre a terra e o muro.

tg φ_1 ...... = coeficiente de atrito da terra contra o muro
φ_1 ...... é chamado ângulo de rugosidade do muro.

A direção da componente Q do peso da cunha, forma com a normal ao plano de ruptura um ângulo φ, cuja tangente é igual ao ângulo de atrito do terreno.

tg φ ... = coeficiente de atrito terra contra terra.

Temos, portanto:

O peso P da cunha decomposta em E e Q.
E...atuando no muro.
Q...atuando no plano de ruptura, também chamado plano de escorregamento ou deslizamento.

Para o projeto do muro, interessa-nos saber o valor do empuxo E.

A grandeza de E pode ser considerada como uma pressão distribuída ao longo da altura do muro, cujo diagrama de distribuição, para simplificação do cálculo, admite-se linear, em analogia com o empuxo proveniente da pressão hidrostática, e cuja área representa o valor de E.

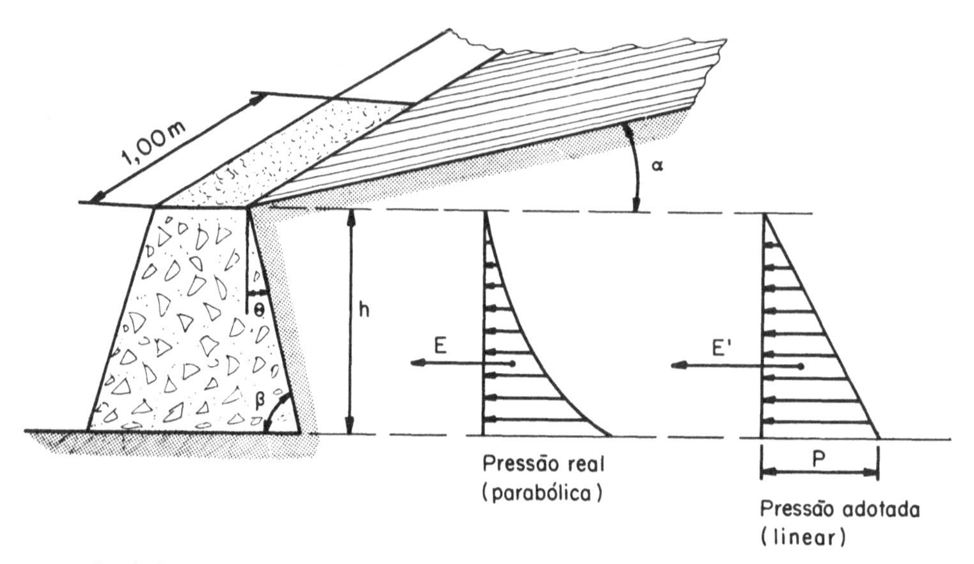

Se tivéssemos uma coluna de líquido, o empuxo seria dado pela expressão:

$$E = \frac{1}{2} \cdot \gamma h^2$$

Para levar em conta, no caso do solo, o atrito entre as partículas, a rugosidade do muro e a inclinação do terreno em relação à horizontal, introduz-se um coeficiente K, a saber:

$$E = \frac{1}{2} \cdot \gamma_t K h^2$$

O valor do coeficiente *K*, designado por coeficiente de empuxo ou de Coulomb, é dado pela expressão, segundo Rebhann:

$$K = \frac{\operatorname{sen}^2(\beta + \varphi)}{\operatorname{sen}^2\beta \operatorname{sen}(\beta - \varphi_1)\left[1 + \sqrt{\dfrac{\operatorname{sen}(\varphi - \alpha)\operatorname{sen}(\varphi + \varphi_1)}{\operatorname{sen}(\beta - \varphi_1)\operatorname{sen}(\beta + \alpha)}}\right]^2}$$

α... ângulo de inclinação do terreno adjacente.
θ... ângulo de inclinação do paramento interno do muro com a vertical.
$\beta = 90 - \theta$.

φ ... ângulo de repouso da terra, ângulo de talude natural ou ângulo de atrito interno.

φ_1 ... ângulo de atrito entre a terra e o muro ou ângulo de rugosidade do muro.

Fazemos usualmente:

$\varphi_1 = 0$... Paramento do muro liso (cimentado ou pintado com pixe).
$\varphi_1 = 0{,}5\,\varphi$... Paramento do muro parcialmente rugoso.
$\varphi_1 = \varphi$... Paramento do muro rugoso.

SIMPLIFICAÇÕES DO VALOR DE K

1.º *Paramento interno liso e vertical*

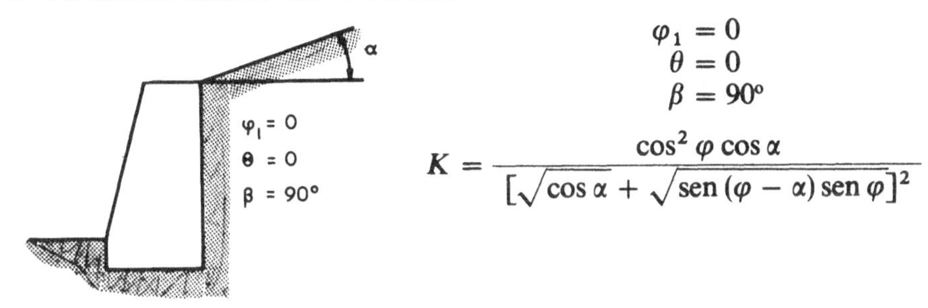

$$\varphi_1 = 0$$
$$\theta = 0$$
$$\beta = 90°$$

$$K = \frac{\cos^2 \varphi \cos \alpha}{[\sqrt{\cos \alpha} + \sqrt{\operatorname{sen}(\varphi - \alpha) \operatorname{sen} \varphi}]^2}$$

2.º *Paramento interno liso, inclinado do lado da terra e terreno horizontal*

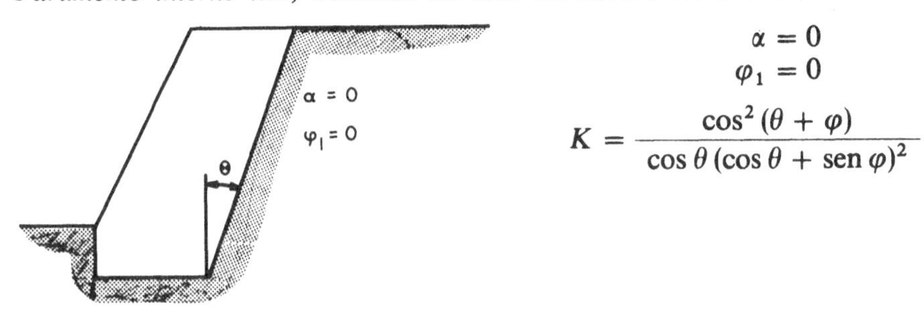

$$\alpha = 0$$
$$\varphi_1 = 0$$

$$K = \frac{\cos^2(\theta + \varphi)}{\cos \theta (\cos \theta + \operatorname{sen} \varphi)^2}$$

3.º *Paramento interno liso, inclinado do lado da terra e terreno com inclinação* $\alpha = \varphi$.

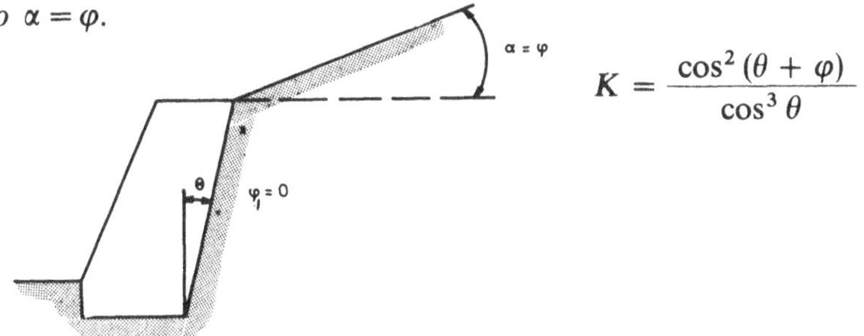

$$K = \frac{\cos^2(\theta + \varphi)}{\cos^3 \theta}$$

4.º *Paramento interno liso, vertical e terreno com inclinação* $\alpha = \varphi$

$$K = \cos^2 \varphi$$

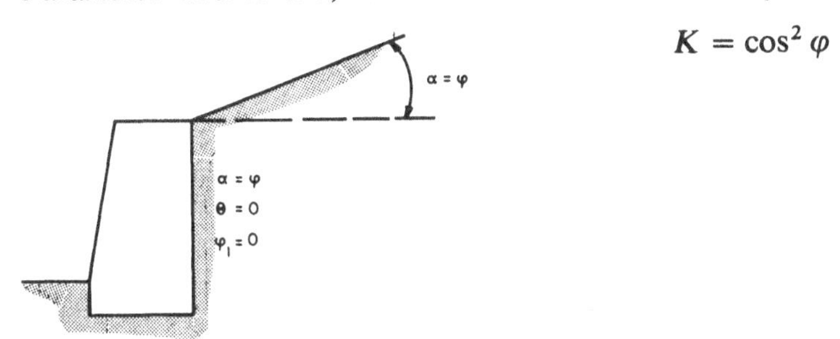

5.º *Paramento interno liso, vertical e terreno adjacente horizontal*
(Caso usual dos muros de concreto armado)

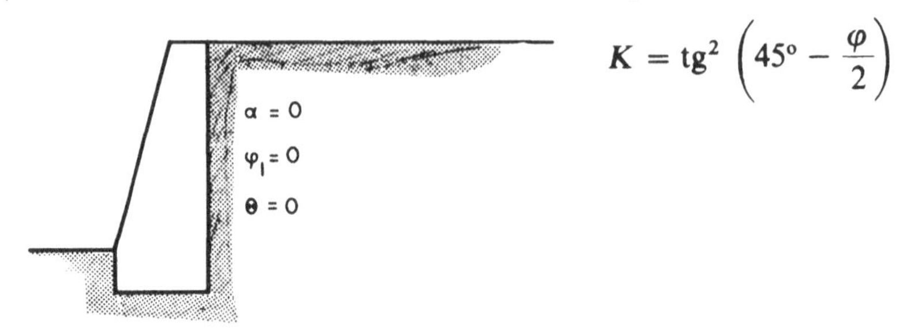

$$K = \text{tg}^2\left(45^\circ - \frac{\varphi}{2}\right)$$

EMPUXO DE TERRA PARA SOLOS COESIVOS

Nos referimos até aqui aos solos cuja equação de resistência vem traduzida pela expressão $\tau = \sigma \text{ tg } \varphi$, isto é, solos arenosos.

Nos solos coesivos, argilas, a equação de resistência será acrescida do valor da coesão C, portanto

$$\tau = C + \sigma \text{ tg } \varphi$$

A coesão, pode ser considerada como uma carga negativa, fazendo uma redução ao valor do empuxo E.

Segundo Coulomb... $E = \frac{1}{2} \gamma_t K h^2 - \text{ch } K.$

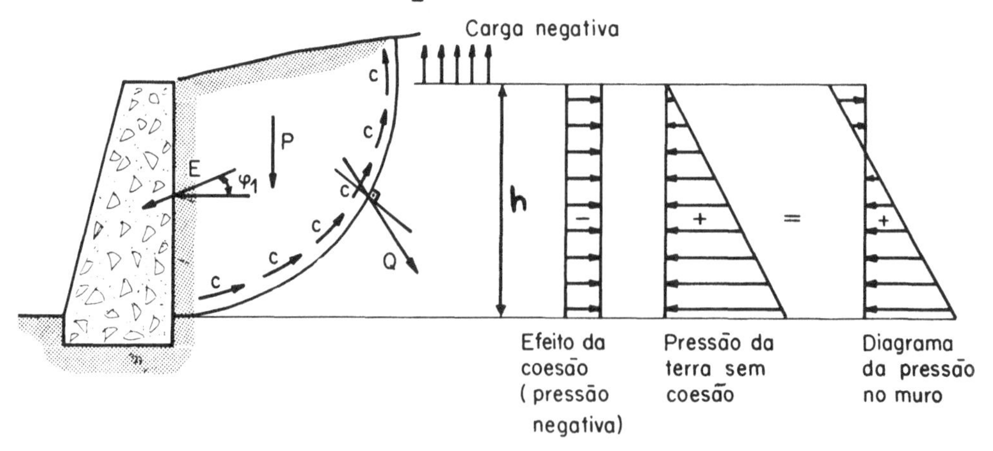

Na prática, geralmente não se leva em conta o valor da coesão, pois a mesma pode ser alterada com o decorrer do tempo. Só será considerada em obras de controle técnico permanente da drenagem do terreno superficial, como no caso de estradas.

Devido às variações climáticas do grau de umidade, os solos coesivos variam de volume.

Durante a estação seca, o solo perde umidade e se contrai, formando-se fissuras.

Quando vêm as chuvas, a água penetra no solo; este sofre inchamento e exerce nos muros pressões com ação do empuxo ativo, muito maior do que aquele inicialmente calculado, pondo em risco a estabilidade do muro.

II.3.2 – DETERMINAÇÃO DO EMPUXO

Face às considerações mencionadas a respeito da coesão, e não se pretendendo abordar o assunto que é específico da mecânica dos solos, o presente trabalho se limita ao caso de solos sem coesão, como acontece com a maioria das areias, o que nos deixa com boa margem de segurança no cálculo da grandeza do empuxo ativo para os casos usuais.

DETERMINAÇÃO ANALÍTICA

1.º *caso – terreno sem sobrecarga*

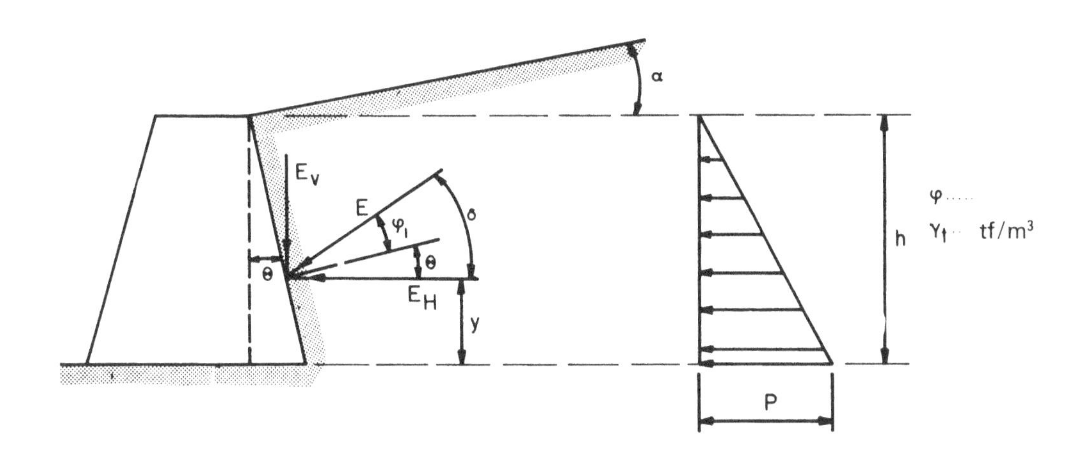

a) Grandeza do empuxo: $E = \dfrac{1}{2} K \gamma_t h^2 \ldots \text{tf/m}$

b) Direção do empuxo: $\delta = \theta + \varphi_1$

c) Componentes do empuxo:
Horizontal ...... $E_H = E \cos \delta$
Vertical .... $E_V = E \operatorname{sen} \delta$

d) Ponto de aplicação... $y = \dfrac{h}{3}$

e) *Pressão na base*... $p = K\gamma_t h$ ...... tf/m²

Demonstração:

$$p\frac{h}{2} = E$$

$$p\frac{h}{2} = \frac{1}{2}K\gamma_t h^2 \qquad \therefore p = K\gamma h \qquad \text{c.q.d.}$$

K – Determinado de acordo com os vários casos, dependendo de φ, θ, φ_1, α.

2.º *caso – terreno com sobrecarga*

Geralmente nos casos práticos, levamos em consideração as sobrecargas no terreno adjacente, e circunvizinhanças, provenientes de máquinas, construções, multidões, etc., desde que uniformemente distribuídas.

Estas sobrecargas (kgf/m² ou tf/m²) são consideradas como uma altura da terra equivalente h_0, para ser levado em conta o acréscimo do empuxo no muro.

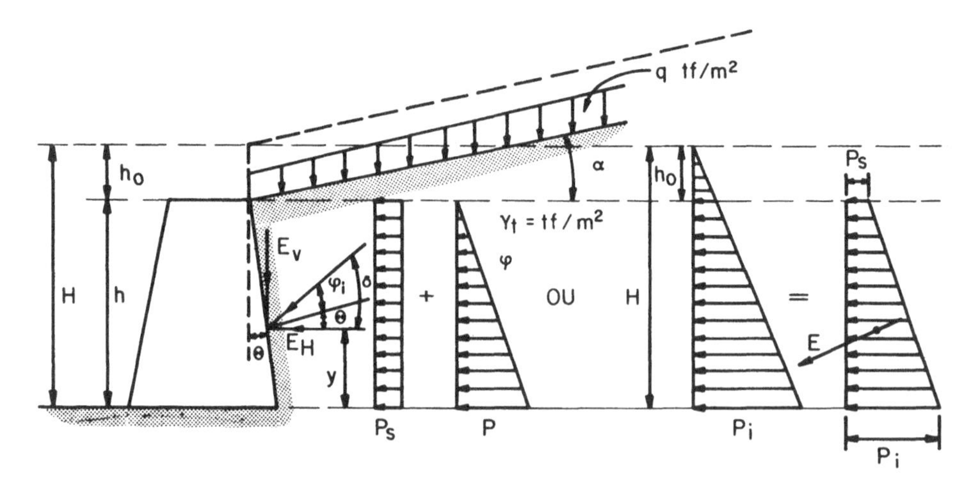

a) Altura de terra equivalente à sobrecarga

$$h_0 = \frac{q}{\gamma_t} \ldots\ldots\ldots\ldots\ldots\ldots \frac{\text{tf}}{\text{m}^2} \times \frac{1}{\frac{\text{tf}}{\text{m}^3}} = \text{m}$$

b) Altura total...... $H = h + h_0$...... m

c) Grandeza do empuxo...... $E = \frac{1}{2}K\gamma_t\,(H^2 - h_0^2)$ tf/m

$$E = \frac{1}{2}K\gamma_t H^2 - \frac{1}{2}K\gamma_t h_0^2$$

d) Direção do empuxo... $\delta = \varphi_1 + \theta$

e) Componentes do empuxo:

Horizontal ... $E_H = E \cos \delta$
Vertical ...... $E_V = E \operatorname{sen} \delta$

f) Pressões:

No topo ... $P_s = K\gamma_t h_0$ ...... tf/m²
Na base ... $P_i = K\gamma_t H$ ...... tf/m²

g) Ponto de aplicação:
Baricentro do diagrama de pressão:

$y = \frac{h}{3} \times \frac{2p_s + P_i}{P_s + P_i}$, substituindo-se os valores de P_s e P_i, temos y em função das alturas.

$$y = \frac{h}{3} \times \frac{2K\gamma_t h_0 + K\gamma_t H}{K\gamma_t h_0 + K\gamma_t H} \quad \therefore \quad y = \frac{h}{3} \times \frac{2h_0 + H}{h_0 + H} \text{.........m}$$

3.º *caso – nível freático superior ao da base – parte do terreno imersa no lençol d'água*

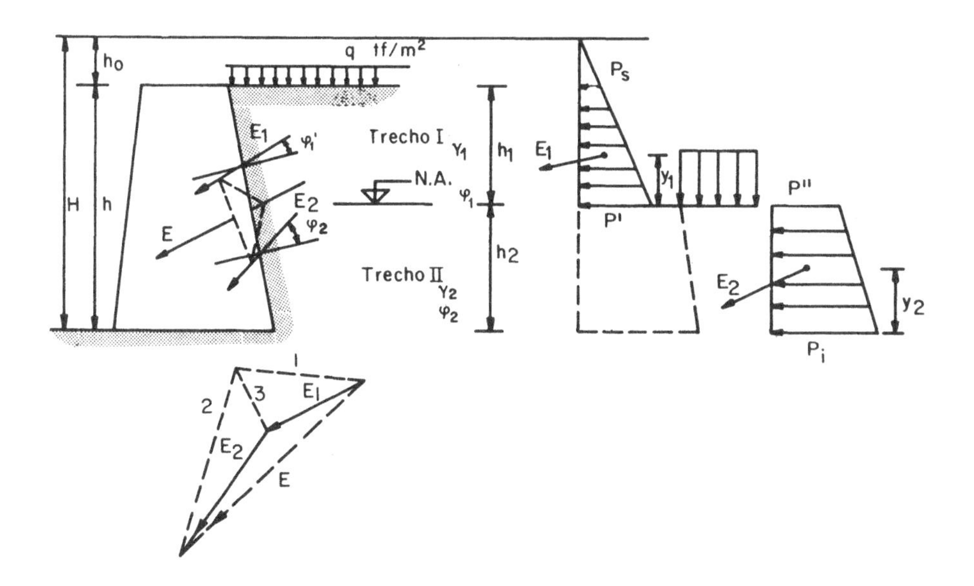

A) Trecho I – solo seco

φ_I Ângulo de talude natural do solo seco
γ_1... Massa específica do solo
Altura da terra equivalente à sobrecarga

$$h_0 = \frac{q}{\gamma_1}$$

Pressões – $p_s = k\gamma_1 h_0$ .... No topo
$p' = k\gamma_1 (h_0 + h_1)$ .... No nível d'água

Empuxo .... $E_1 = \frac{1}{2} h_I (P_s + P')$

Ponto de aplicação ... $y_1 = \frac{h_I}{3} \times \frac{2P_s \times p'}{P_s + P'}$

B) Trecho II – solo submerso

γ'_2 ... Massa específica do solo submerso
$\gamma'_2 = \gamma_2 + (1 - \varepsilon)\gamma_a$
φ_I Ângulo de talude natural do solo seco
φ_{II} Ângulo de talude natural do solo submerso
ε 0,3 a 0,4 Índice de vazios
γ_2 Massa específica do solo seco
$\gamma_a = 1\ t/m^3$

Pressões ... $p'' = K\gamma_2 (h_0 + h_1)$ .... no nível d'água
$p_i = k\gamma'_2 (h_0 + h_i + h_2)$

Empuxo ... $E_2 = \frac{1}{2} h_2 (p'' + p_i)$

Ponto de aplicação .... $y = \frac{h_2}{3} \times \frac{2p'' + p_i}{p'' + p_i}$

Empuxo total ...... $E = E_1 + E_2$
E ... Resultante de E_1 e E_2, determinação gráfica.

4.º *caso – laje horizontal penetrada no terreno junto ao muro*

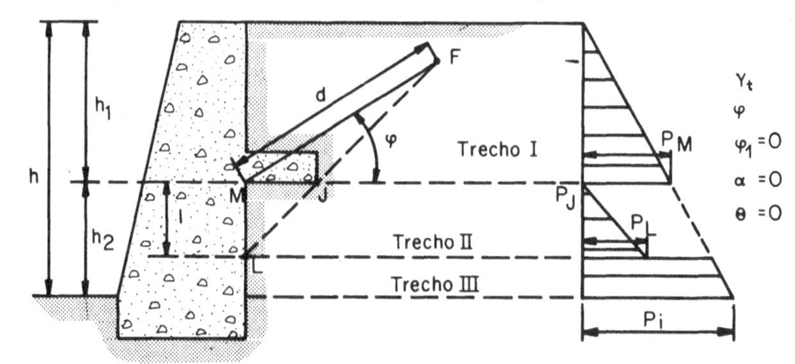

DETERMINAÇÃO DAS PRESSÕES

Trecho I – Até o ponto M (interseção da laje com o muro)

$$P_M = K\gamma_t h_1$$

Trecho II – Abaixo da laje.

A partir do ponto M, marcamos MF, com a inclinação do ângulo φ (talude natural).

Marca-se o comprimento $d = h_1$ (caso particular quando $\varphi_1 = 0$, $\alpha = 0$, $\theta = 0$), obtém-se o ponto F.

Liga-se o ponto F ao ponto J, extremidade da laje. Obtém-se o ponto L, na interseção com o paramento interno do muro.

PRESSÕES:

$P_j = 0$

$P_L = K\gamma_t \ell$ $\qquad \ell$ ... medido graficamente

Trecho III – Ponto L ... $p = K\gamma_t(h_1 + \ell)$ ... tf/m²

Na base ... $p_i = k\gamma_t h$ .... tf/m²

Conhecido o diagrama de pressão, o cálculo dos empuxos parciais não oferece dificuldade.

Conhecidos os empuxos parciais obteremos, por solução gráfica do polígono funicular, o *empuxo total*, e seu ponto de aplicação.

5.º *caso – carga concentrada aplicada na zona da cunha de escorregamento*

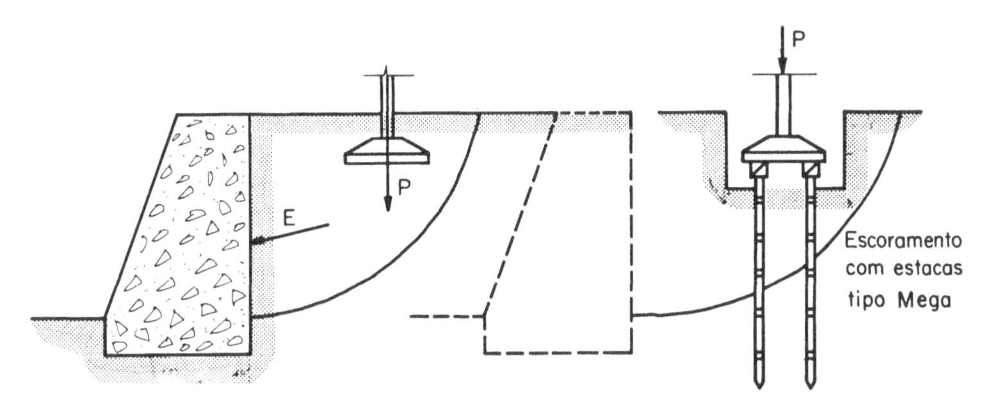

Apesar de podermos contar com várias soluções grafo-analíticas para o cálculo do empuxo E, é mais prudente se escorar primeiramente a carga P, e depois construir o muro. Isto é feito por meio de uma sub-fundação tipo *mega*, estaqueamento junto a sapata e até mesmo atirantamento, dependendo de um estudo específico para cada situação em particular.

A título de informação, pode-se avaliar o acréscimo da grandeza do empuxo, devido a uma sobrecarga concentrada e sua influência ao longo da altura do muro, através do expediente, a seguir apresentado:

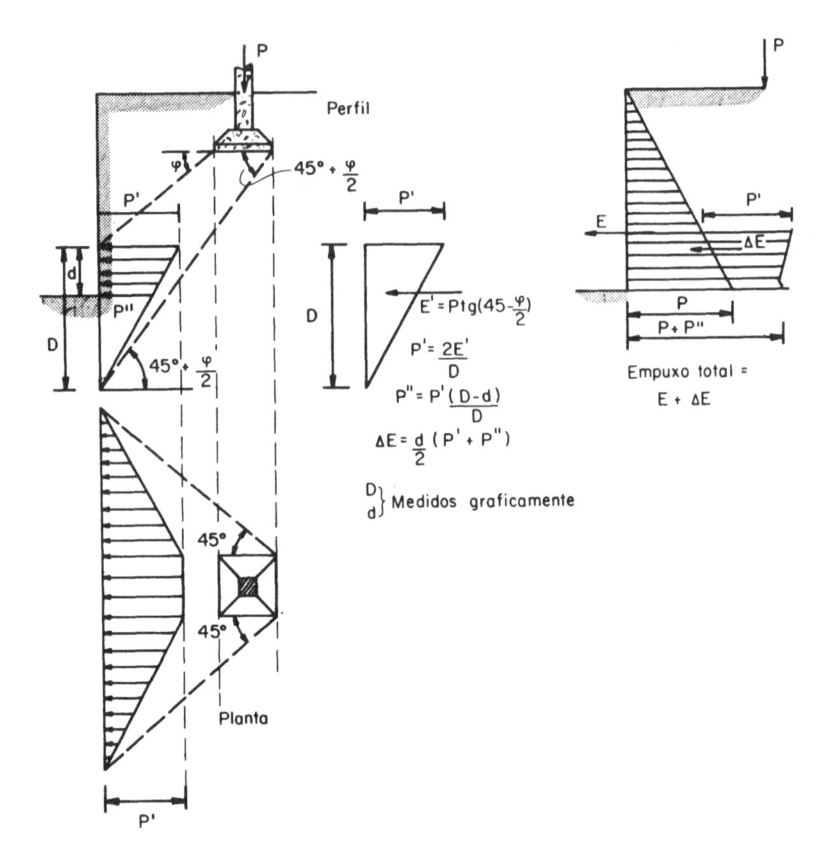

Considerando a carga *P*, pontual, temos:

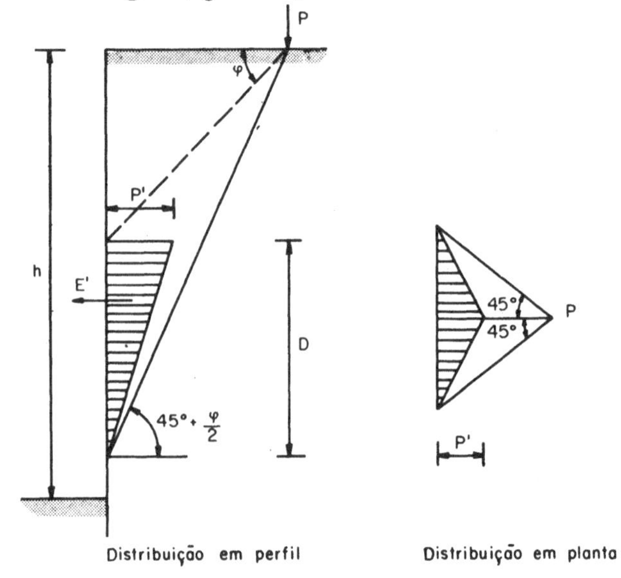

TABELA 1

Cálculo do empuxo pela teoria de Coulomb

Elementos	Terreno sem sobrecarga	Terreno com sobrecarga
Dados preliminares h ... altura do muro ψ ... ∡ de talude natural γ ... massa específica aparente da terra α ... ∡ de inclinação do terreno adjacente	α, h, E_V, E, ψ_l, δ, θ, E_H, y, β, P	g t/m², h_o, α, P_s, h, E_V, E, ψ_l, δ, θ, E_H, y, β, P_i $H = h + h_o$; $h_o = \frac{g}{\gamma_t}$
Grandeza ... t/m	$E = \frac{1}{2} K \gamma_t h^2$	$E = \frac{1}{2} K \gamma_t (H^2 - h_o^2)$
Direção	$\delta = \theta = \psi_l$	
Componentes	$E_V = E \,\text{sen}\, \delta$	$E_H = E \cos \delta$
Ponto de aplicação	$Y = \frac{h}{3}$	$Y = \frac{1}{3} h \left(\frac{H + 2h_o}{H + h_o}\right)$
Pressões t/m² — No topo	$P_s = 0$	$P_s = K \gamma_t h_o$
Pressões t/m² — Na base	$P = K \gamma_t h$	$P = K \gamma_t h$

Coeficiente de empuxo K

Caso	Condições	K
Caso geral		$K = \dfrac{\text{sen}^2(\beta+\psi)}{\text{sen}^2\beta \;\text{sen}(\beta+\psi_l)\left[1+\sqrt{\dfrac{\text{sen}(\psi-\alpha).\text{sen}(\psi-\psi_l)}{\text{sen}(\beta-\psi_l).\text{sen}(\beta+\alpha)}}\right]^2}$
1º	Paramento interno liso e vertical $\psi_l = 0$; $\theta = 0$; $\beta = 0$	$K = \dfrac{\cos^2\psi \cos\alpha}{(\sqrt{\cos\alpha} + \sqrt{\text{sen}(\psi-\alpha)\text{sen}})^2}$
2º	Paramento interno liso, inclinado do lado da terra e terreno horizontal $\alpha = 0$; $\psi_l = 0$	$K = \dfrac{\cos^2(\theta+\psi)}{\cos\theta(\cos\theta + \text{sen}\,\psi)^2}$
3º ($\alpha = \psi$)	Paramento interno liso, inclinado do lado da terra e terreno com inclinação $\alpha = \psi$; $\psi_l = 0$	$K = \dfrac{\cos^2(\theta+\psi)}{\cos^3\theta}$
4º ($\alpha = \psi$)	Paramento interno liso, vertical e terreno horizontal $\alpha = \psi$; $\psi_l = 0$; $\theta = 0$	$K = \cos^2\psi$
5º	Paramento interno liso, vertical do lado da terra e terreno horizontal $\alpha = 0$; $\psi_l = 0$; $\theta = 0$ - (Caso geral dos muros de concreto armado)	$K = tg^2(45° - \frac{\psi}{2})$

Dados Auxiliares

Tipo de solo	γ_t t/m³	ψ
Terra de jardim, naturalmente úmida	1,7	25°
Areia e saibro com umidade natural	1,8	30°
Areia e saibro saturados	2,0	27°
Cascalho e pedra britada	1,8 - 1,9	40°-30°
Barro e argila	2,1	17°-25°

ψ_l .... ∡ de rugosidade do muro:

- $\psi_l = 0$ ..... Paramento liso
- $\psi_l = 0{,}5\psi$ .... Paramento parcialmente rugoso
- $\psi_l = \psi$ ..... Paramento rugoso

DETERMINAÇÃO GRÁFICA

A grandeza do empuxo pode ser determinada de acordo com vários traçados gráficos, sendo bem conhecido entre os engenheiros o Método de Poncelet.

1.º *caso – terreno sem sobrecarga*

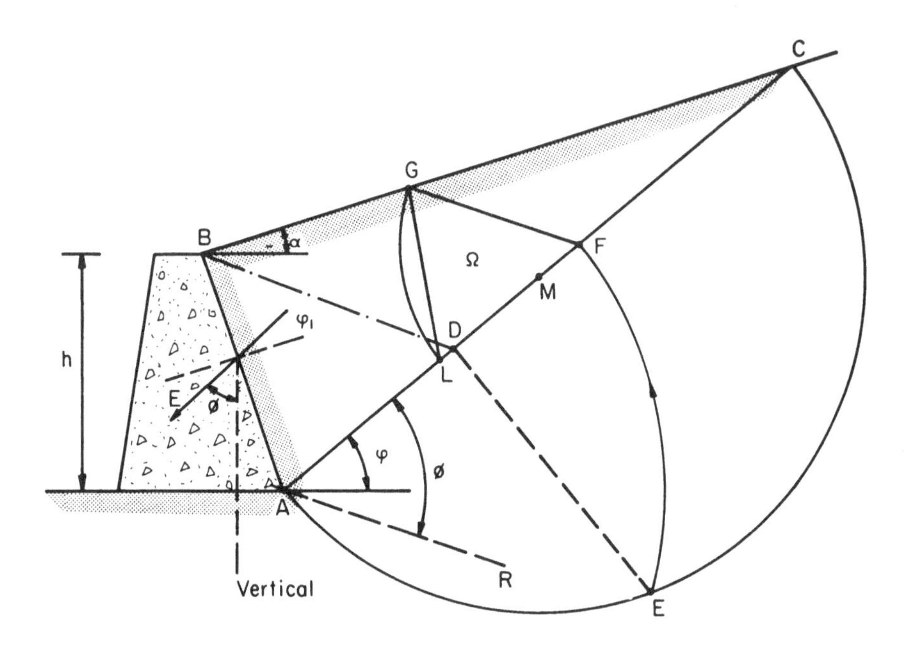

A) *GRANDEZA DO EMPUXO*

Marcha das operações:

a) Dados conhecidos:

φ ... Ângulo de talude natural

γ_t ... Massa específica aparente do solo

h ... Altura do talude

α ... Inclinação do terreno adjacente ao muro

φ_1 Direção do empuxo (Segundo Coulomb, φ_1, é o ângulo de atrito entre a terra e o muro $\varphi_1 = 0$, $\varphi_1 = \dfrac{\varphi}{2}$ ou $\varphi_1 = \varphi$).

b) Determina-se ϕ ... ângulo que a direção do empuxo E faz com a vertical.

c) Marca-se o ângulo φ a partir da horizontal que passa pelo pé do talude, e traçamos com a direção φ a reta AC, sendo C um ponto de intersecção com o terreno adjacente ao muro.

Esta reta AC, chama-se linha de talude natural.

Pois, se o terreno tivesse essa inclinação, estaria em repouso e portanto sem possibilidade de deslizamento.

d) Marcamos a partir da linha de talude natural (AC), o ângulo ϕ, e temos a reta AR, chamada *linha de orientação.*

e) A partir do ponto B, intersecção do topo do muro com o terreno, traçamos BD, paralela à linha AR, ficando o ponto D sobre a linha AC.

f) Com centro no ponto M, meio da linha AC, traçamos o semi-círculo AC.

g) Do ponto D, tiramos uma perpendicular à linha AC, até encontrar o semi-círculo no ponto E.

h) Com centro no ponto A, transferimos o ponto E para a linha AC. obtendo o ponto F.

i) Do ponto F, tiramos paralela à reta de orientação AR, até encontrar a superfície do terreno, achando o ponto G.

j) Com centro no ponto F, transferimos o ponto G para a linha de talude natural AC, tendo o ponto L sobre a mesma.

l) A área do triângulo $FGL = \Omega$, vezes a massa específica γ_t, representa a grandeza do empuxo.

Nestas condições:

$$E = \gamma_t \times \text{área}\,\Omega$$

B) *PONTO DE APLICAÇÃO DO EMPUXO*

Para conhecermos o ponto de aplicação do empuxo, basta construirmos um triângulo de área equivalente ao triângulo FGL.

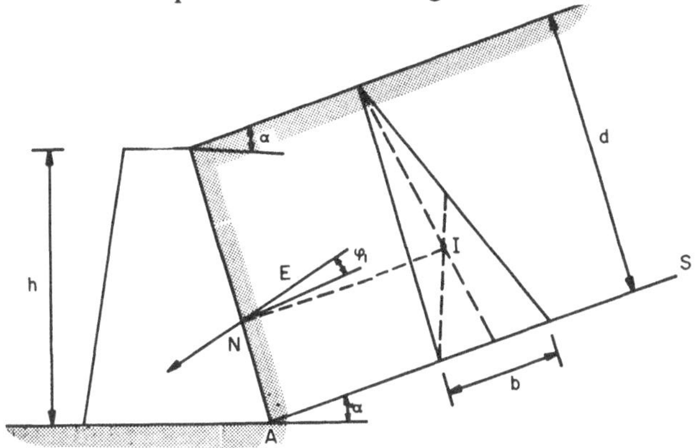

d ... Altura (medido graficamente)
b ... Base

$$\frac{bd}{2} = \Omega$$

$$b = \frac{2\,\Omega}{d}$$

AS... Linha paralela à inclinação do terreno
I... Baricentro do triângulo de área equivalente
N... Ponto da aplicação do empuxo no paramento interno do muro.

Pelo ponto *N*, traça-se uma perpendicular ao paramento e, a partir desta, marca-se o ângulo φ_1 (rugosidade), e assim temos a direção e ponto de aplicação do empuxo.

C) *VANTAGEM DO MÉTODO DE PONCELET*

Além da facilidade que a solução gráfica nos proporciona para a determinação do empuxo, este método nos fornece uma indicação do trecho do terreno que poderá deslizar e provocar o empuxo.

Isto é de grande utilidade quando se deseja deixar o talude desprotegido temporariamente, adiando a construção do muro de arrimo. Permite limitar a área afastada do pé do talude, como medida de segurança, ao término da escavação.

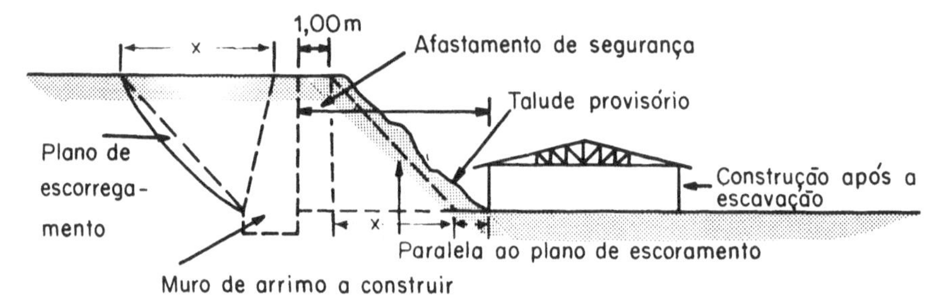

Para a determinação do plano de ruptura do terreno, basta ligar o ponto *A* do pé do talude ao ponto *G* da superfície do terreno.

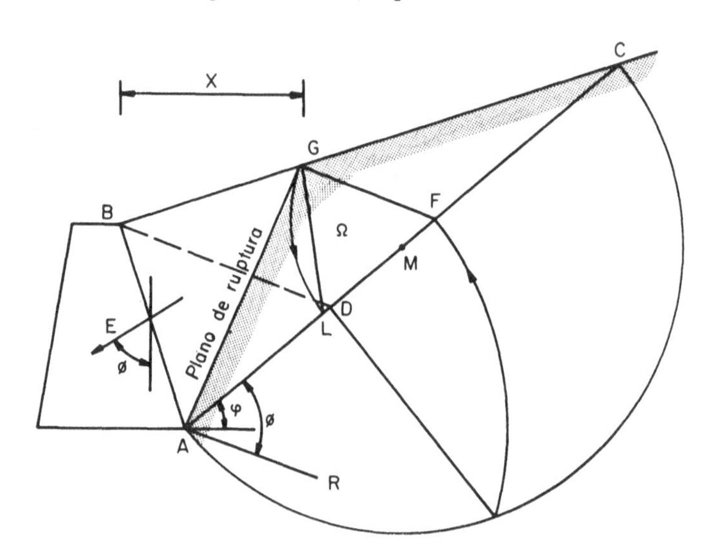

A G ... Plano de ruptura

X ... Distância do topo do muro até o limite da superfície do terreno onde há influência da ação do empuxo.

2.º *caso – terreno com sobrecarga*

A construção gráfica é semelhante ao caso anterior, apenas consideramos, como se fez na determinação analítica, uma altura h_0 de terra equivalente à sobrecarga.

Seja o caso abaixo:

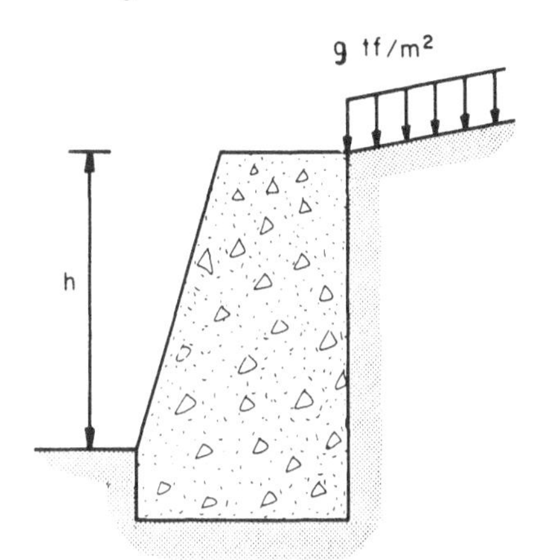

Dados

g ... Sobrecarga por metro quadrado, no terreno adjacente ao muro.

φ_1 ... Ângulo de rugosidade da parede.

φ ... Ângulo de talude natural.

γ_t ... Massa específica da terra.

$E = \gamma_t \times \Omega$ sendo Ω = Área do triângulo $F\,G'L$.

AG ... Plano de ruptura ou deslizamento.

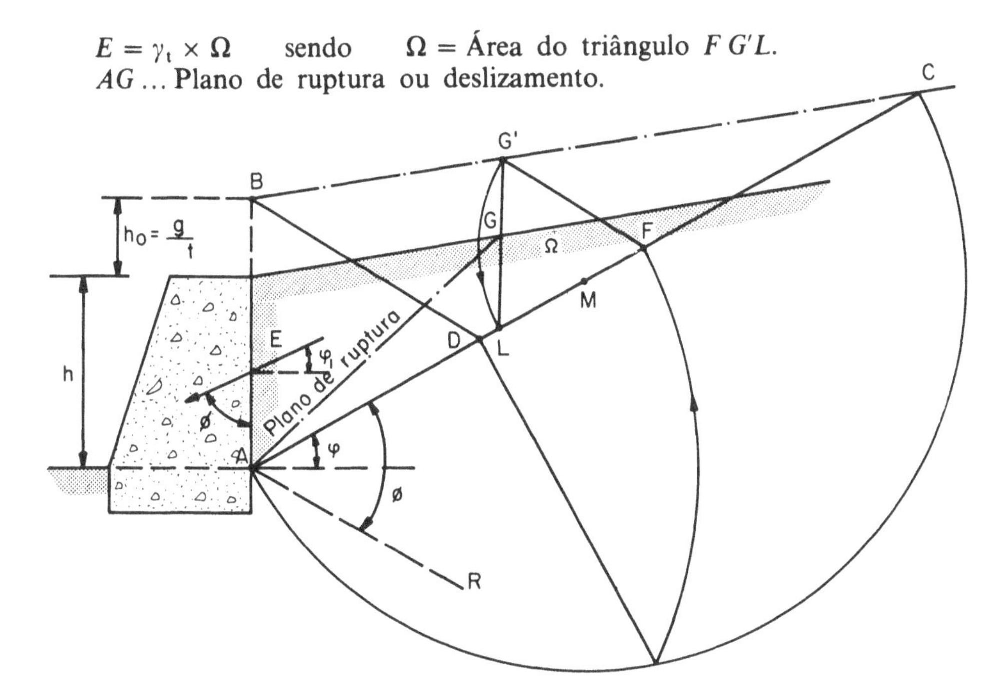

III – TIPOS DE MUROS DE ARRIMO

Para se equilibrar a resultante lateral das pressões que provocam o empuxo de terra, torna-se necessário fazer com que as cargas verticais sejam pelo menos iguais ao dobro da grandeza do empuxo. Isto somente poderá ser obtido, em se tratando de muros de arrimo, contando-se com o peso próprio do muro, ou então com parte do próprio peso da terra, responsável pela carga lateral. No primeiro caso temos o tipo por gravidade, estrutura maciça ou ciclópica, e no segundo caso estrutura elástica, de concreto armado.

III.1 – TIPOS DE MUROS DE ARRIMO POR GRAVIDADE OU PESO

III.1.1 – PERFIL RETANGULAR

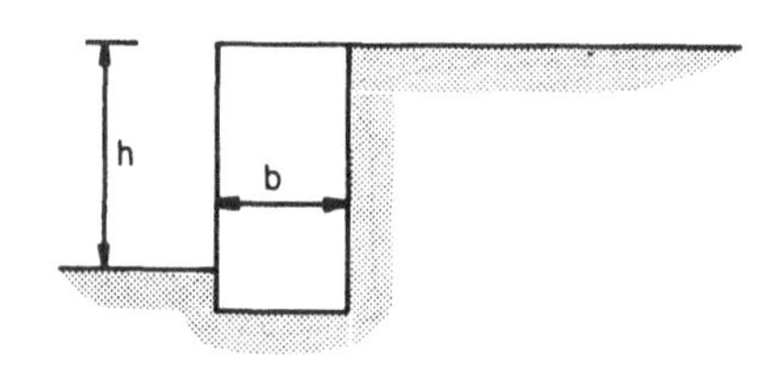

Econômico somente para pequeníssimas alturas.

Pré-dimensionamento:

a) Muro de alvenaria de tijolos:

$b = 0{,}40\,h$

b) Muro de alvenaria de pedra ou concreto ciclópico

$b = 0{,}30\,h$

III.1.2 – PERFIL TRAPEZOIDAL

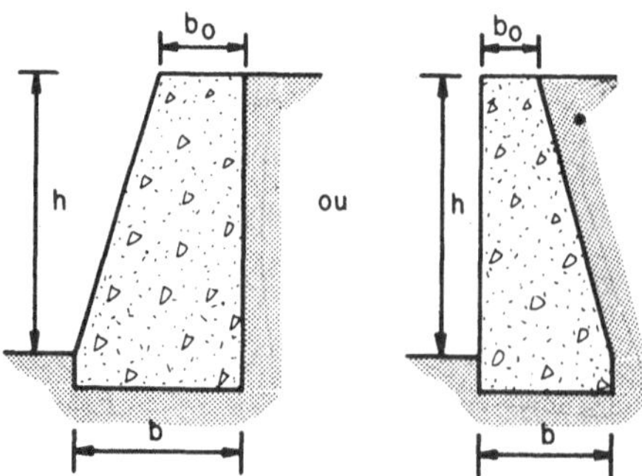

a) *Construção em concreto ciclópico Pré-dimensionamento:*

$b_0 = 0{,}14\,h$

$b = b_0 + \dfrac{h}{3}$

b) *Construção em alvenaria de pedra ou concreto ciclópico*

$$b = \frac{1}{3}h$$

$$t = \frac{1}{6}h$$

$$d \geqslant t$$

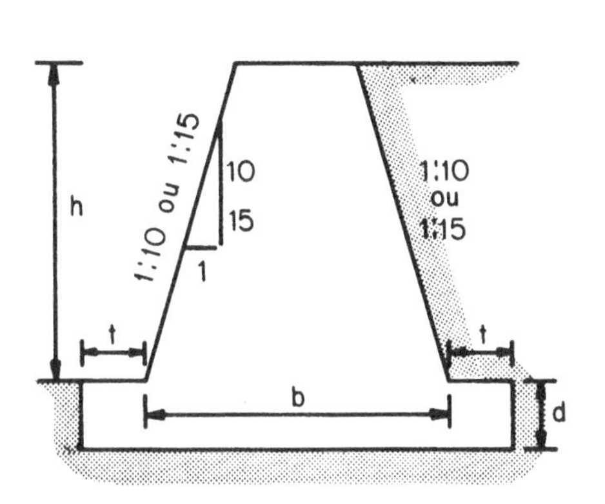

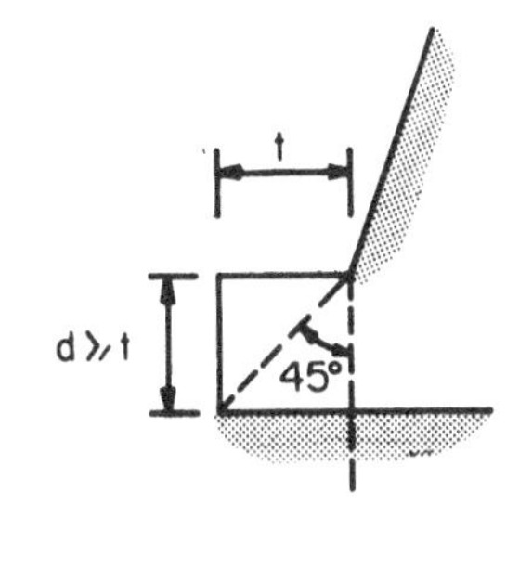

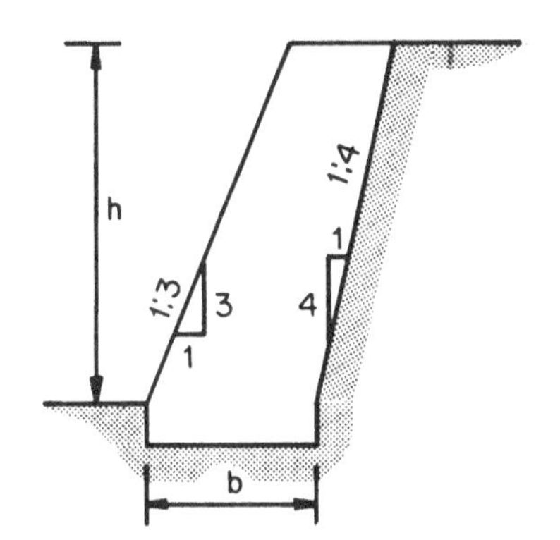

III.1.3 – PERFIL ESCALONADO

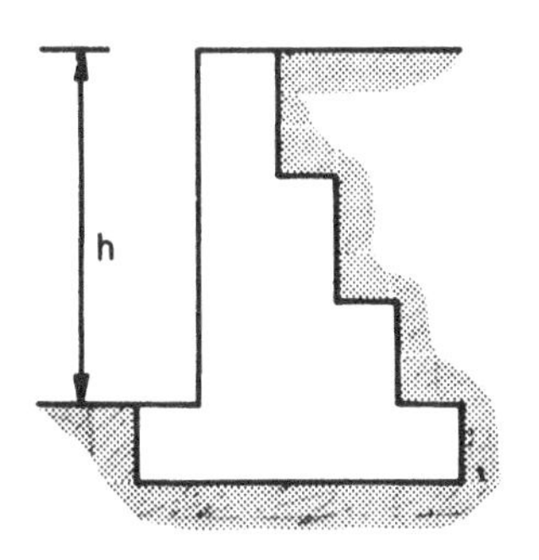

Construção em alvenaria de pedra

III.1.4 – ESTRUTURA DE PONTES

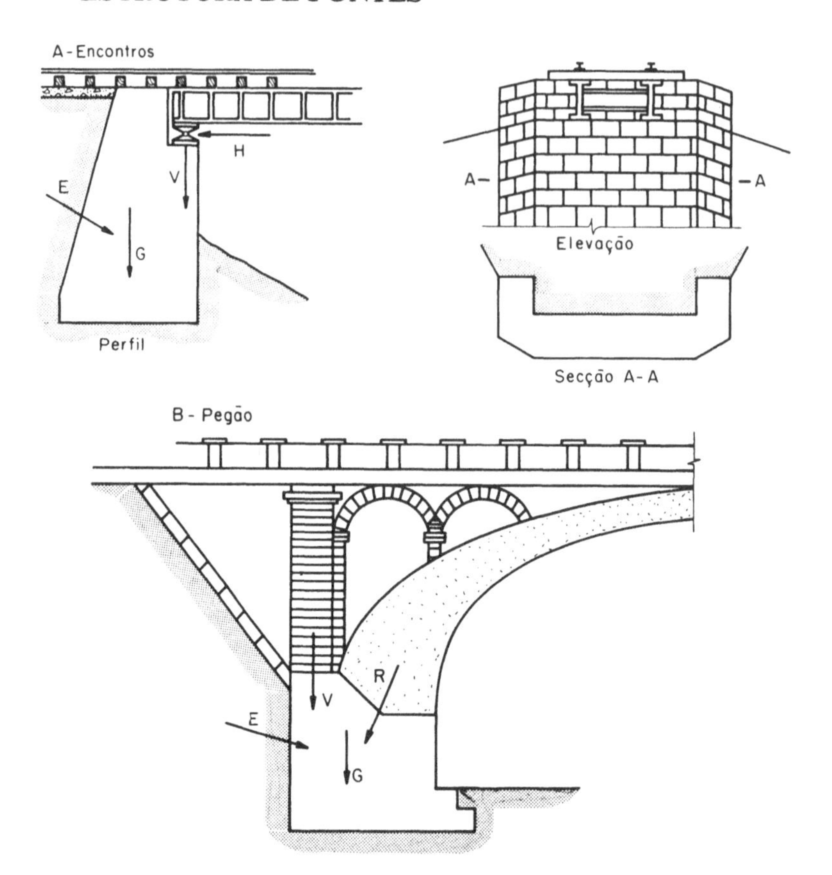

III.1.5 – MUROS CONTRAFORTES OU GIGANTES MUROS LIGADOS À ESTRUTURA

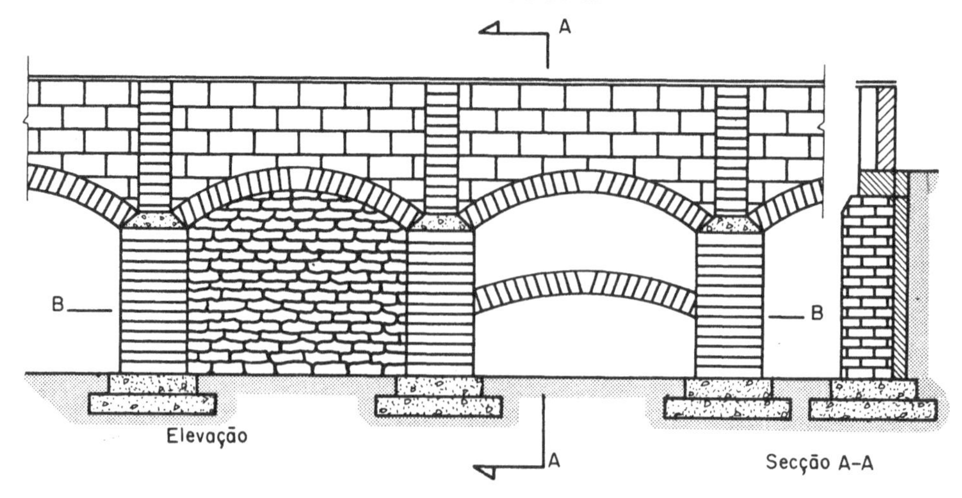

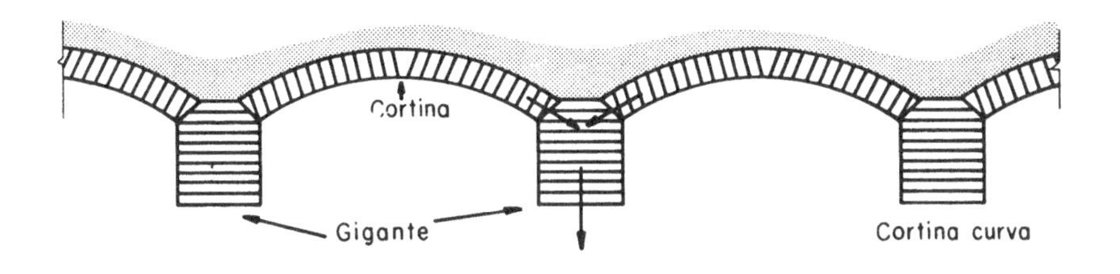

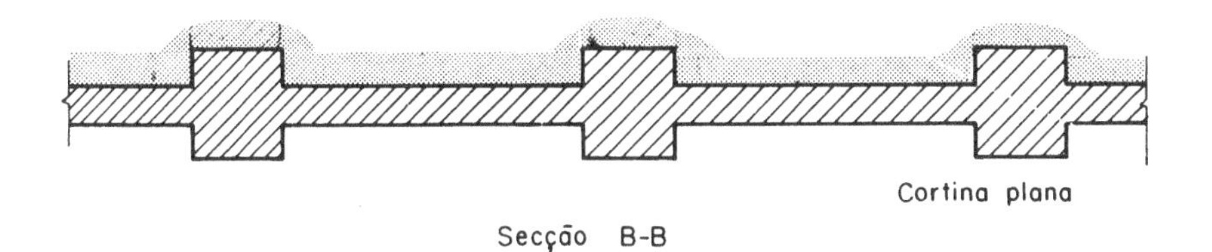

Secção B-B

III.2 – TIPOS DE MURO DE ARRIMO DE CONCRETO ARMADO

III.2.1 – MUROS ISOLADOS

III.2.1.1 — MUROS CORRIDOS OU CONTÍNUOS

A) *PERFIL L* – Utilizados para alturas até 2,00 m

PRÉ-DIMENSIONAMENTO:

E ... empuxo ... tf/ml
y ... ponto de aplicação (braço) m
$M = Ey$ ... tfm

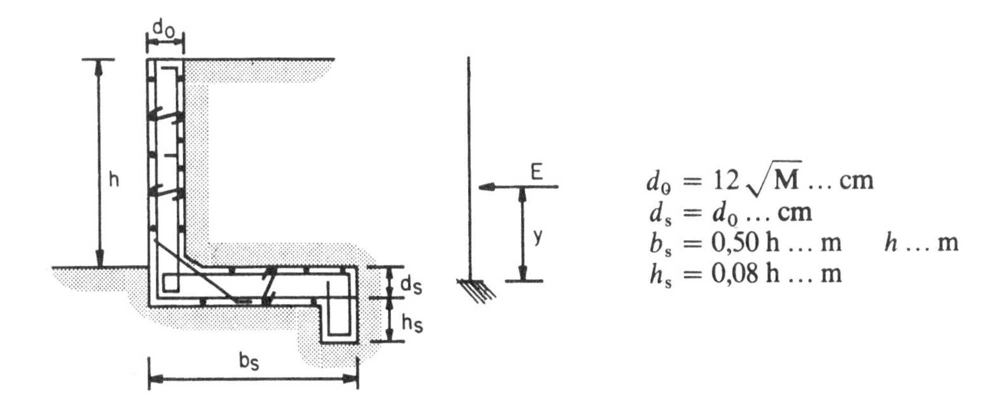

$d_0 = 12\sqrt{M}$ ... cm
$d_s = d_0$ ... cm
$b_s = 0{,}50$ h ... m h ... m
$h_s = 0{,}08$ h ... m

B) *PERFIL CLÁSSICO* – Utilizados para alturas entre 2,00 m e 4,00 m

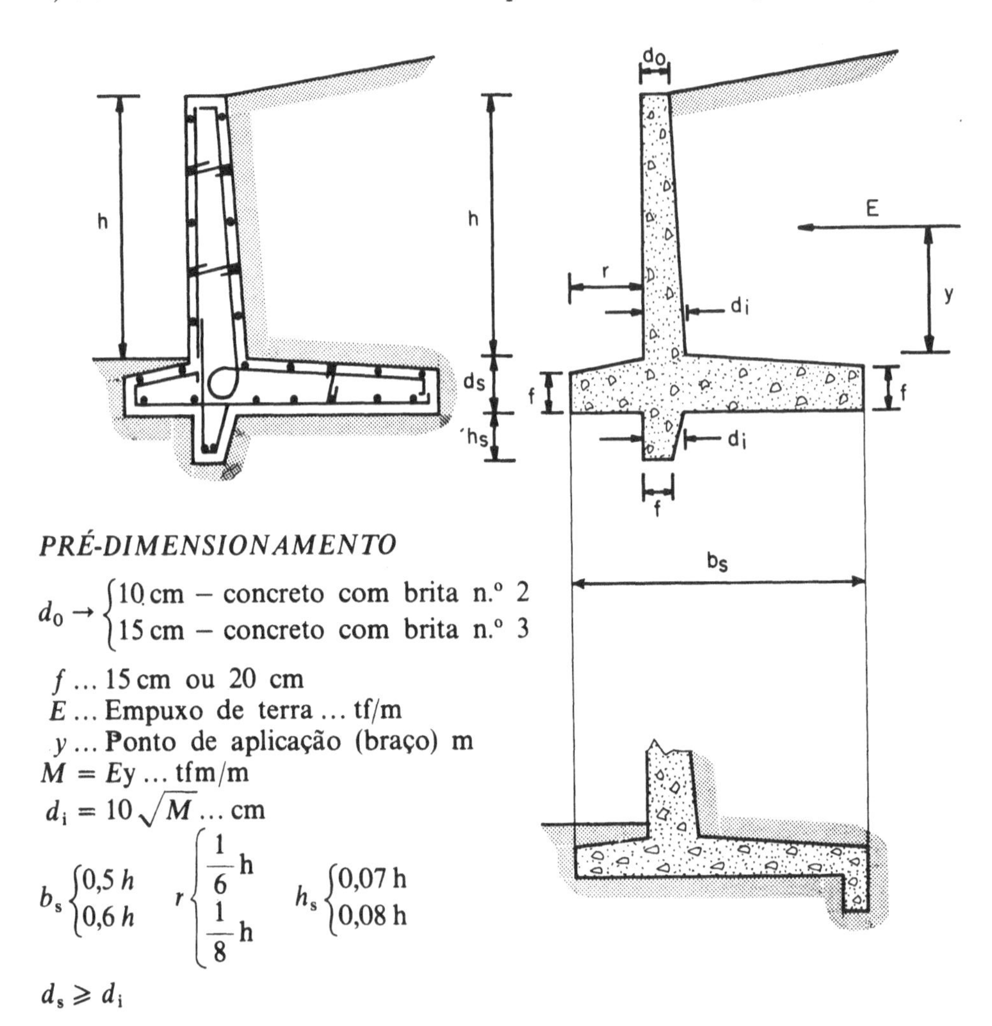

PRÉ-DIMENSIONAMENTO

$$d_0 \rightarrow \begin{cases} 10\text{ cm} - \text{concreto com brita n.º 2} \\ 15\text{ cm} - \text{concreto com brita n.º 3} \end{cases}$$

f ... 15 cm ou 20 cm
E ... Empuxo de terra ... tf/m
y ... Ponto de aplicação (braço) m
$M = Ey$ ... tfm/m
$d_i = 10\sqrt{M}$ ... cm

$$b_s \begin{cases} 0{,}5\,h \\ 0{,}6\,h \end{cases} \qquad r \begin{cases} \frac{1}{6}\text{h} \\ \frac{1}{8}\text{h} \end{cases} \qquad h_s \begin{cases} 0{,}07\text{ h} \\ 0{,}08\text{ h} \end{cases}$$

$d_s \geqslant d_i$

C) *PERFIS ESPECIAIS* – Utilizados para alturas de 2,00 m até 4,00 m.

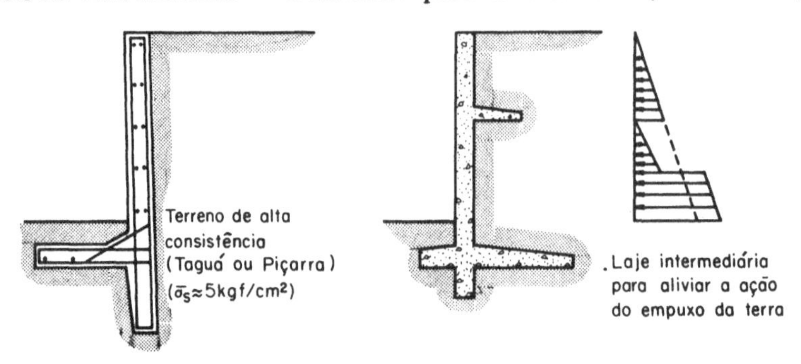

D) *MURO ATIRANTADO* – Para alturas de 4,00 a 6,00 m

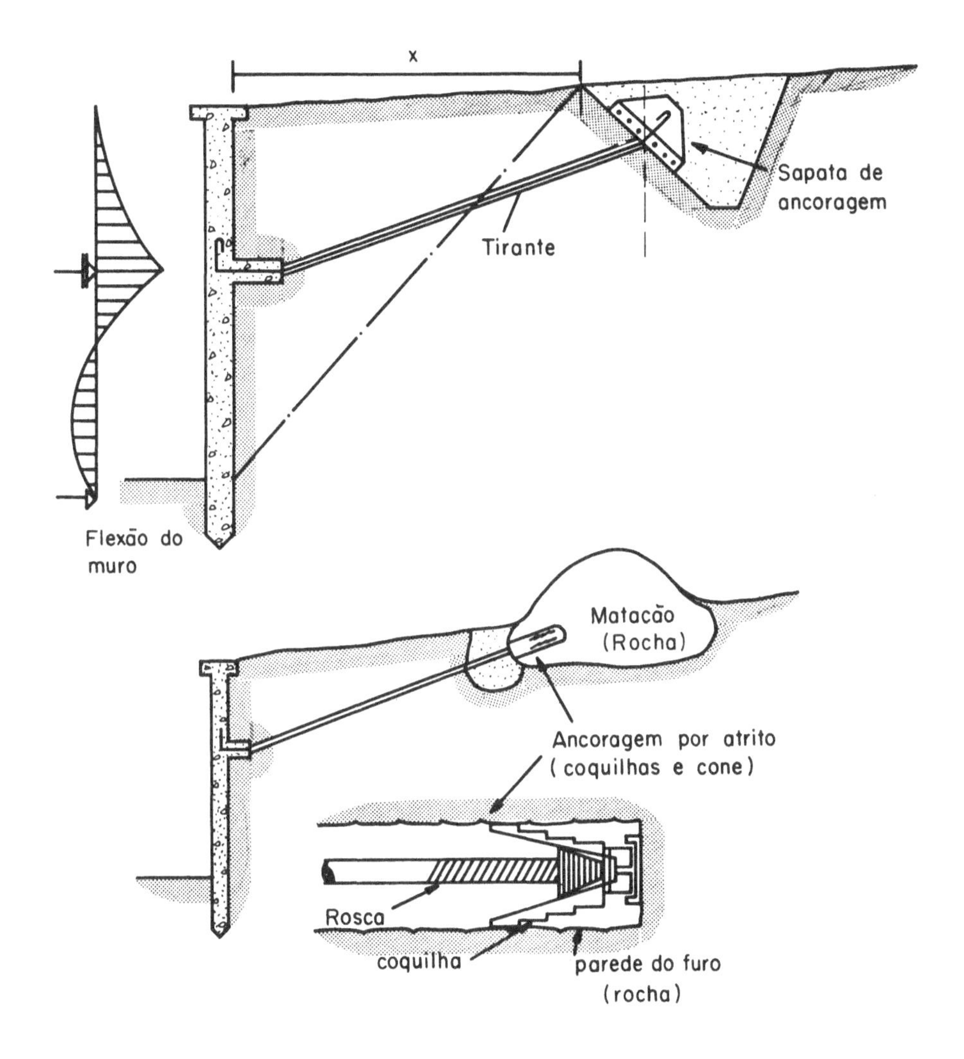

Estas soluções apresentadas para muros atirantados, são interessantes apenas sob o aspecto informativo, pois foram superadas pelo desenvolvimento da moderna técnica das cortinas atirantadas (cabos ou vergalhões pré-tracionados e ancorados).

III.2.1.2 — MUROS COM GIGANTES OU CONTRAFORTES

Para muros de 6,00 até 9,00 m de altura.

A) *CONTRAFORTES DO LADO DA TERRA*

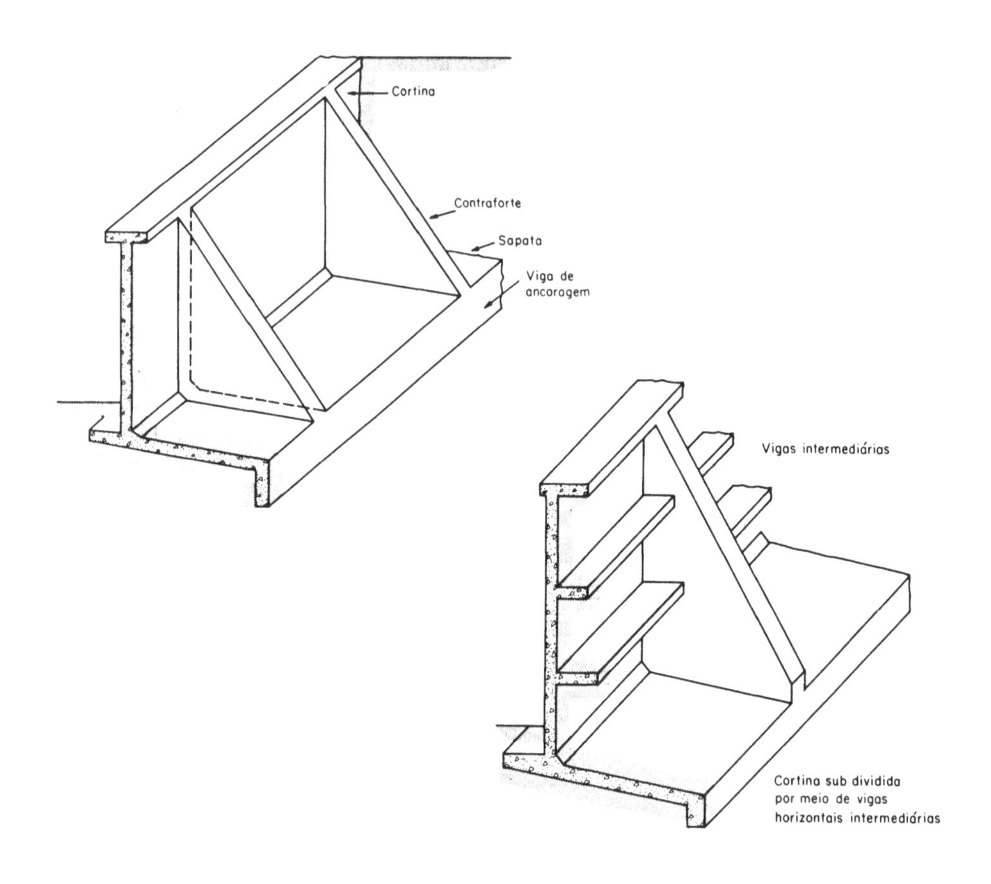

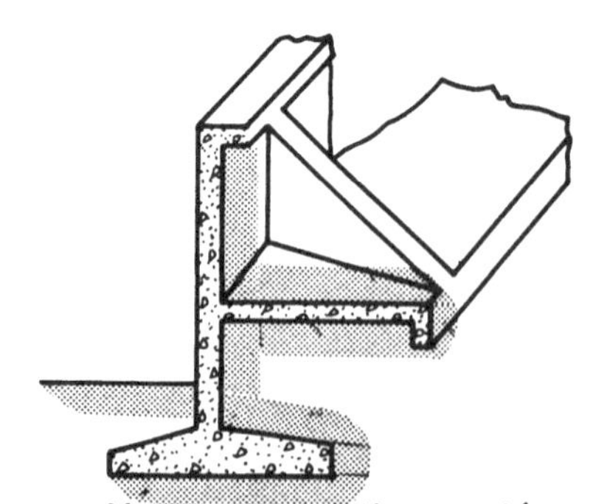

Muro com sapata intermediária no meio da altura do gigante

B) *CONTRAFORTES DO LADO EXTERNO*

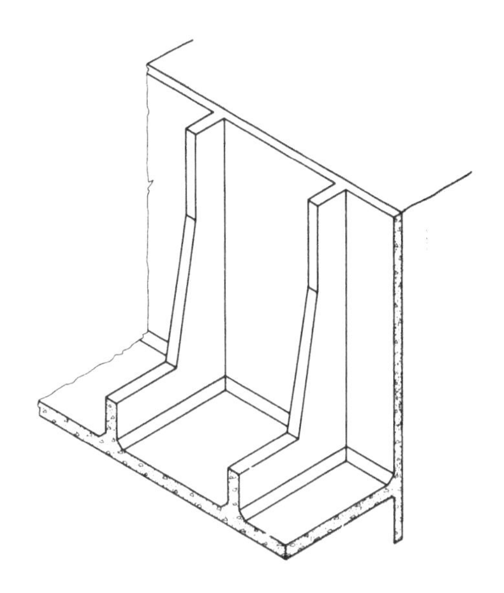

C) *CONTRAFORTES SOBRE ESTACAS*

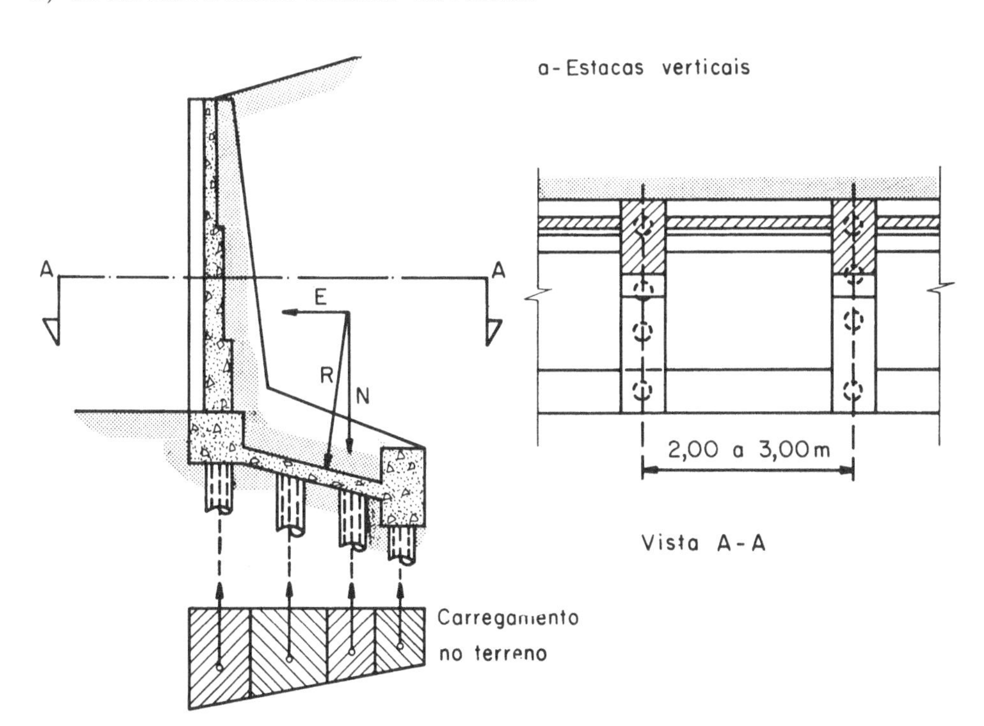

b - Estacas inclinadas

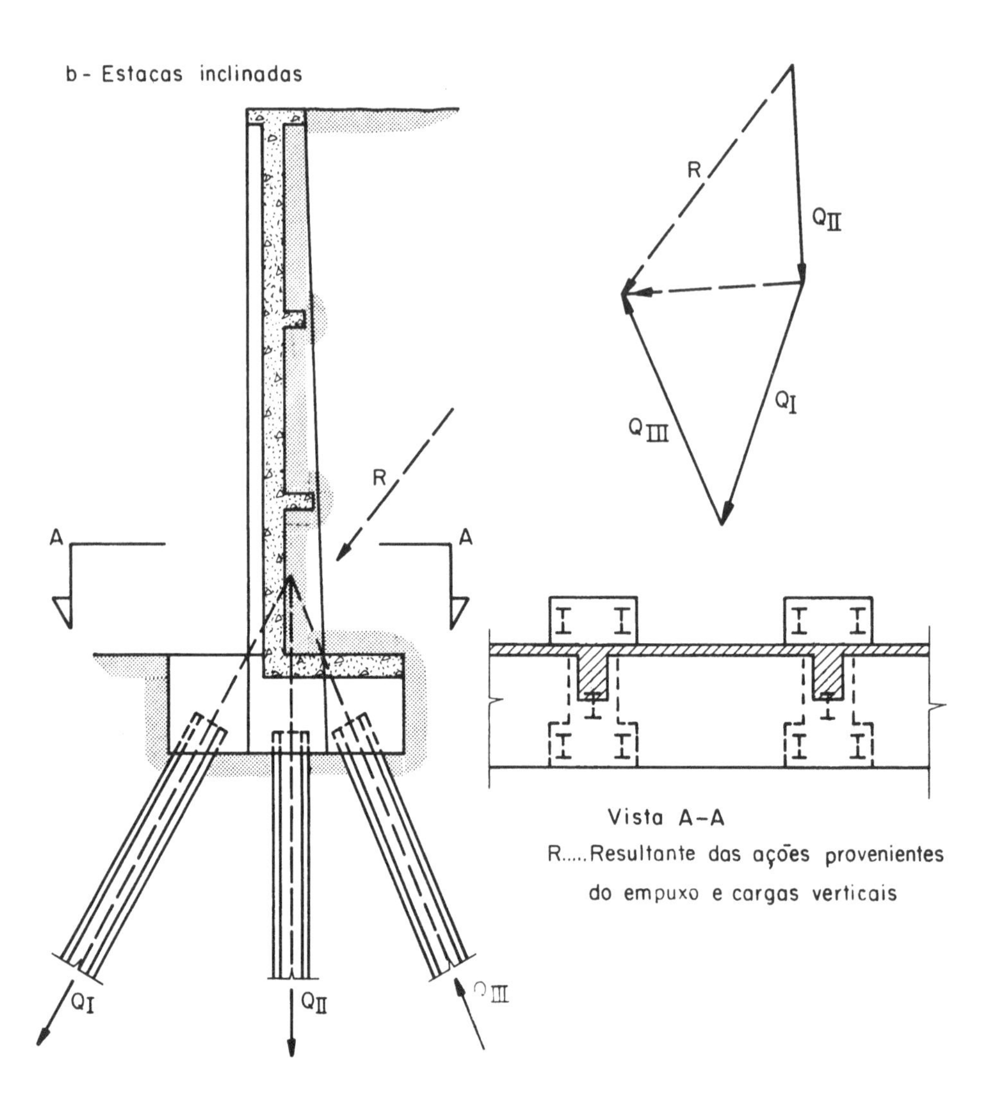

R.....Resultante das ações provenientes do empuxo e cargas verticais

III.2.1.3 — MUROS LIGADOS ÀS ESTRUTURAS

A) MUROS JUNTO ÀS ESTRUTURAS DE EDIFÍCIOS

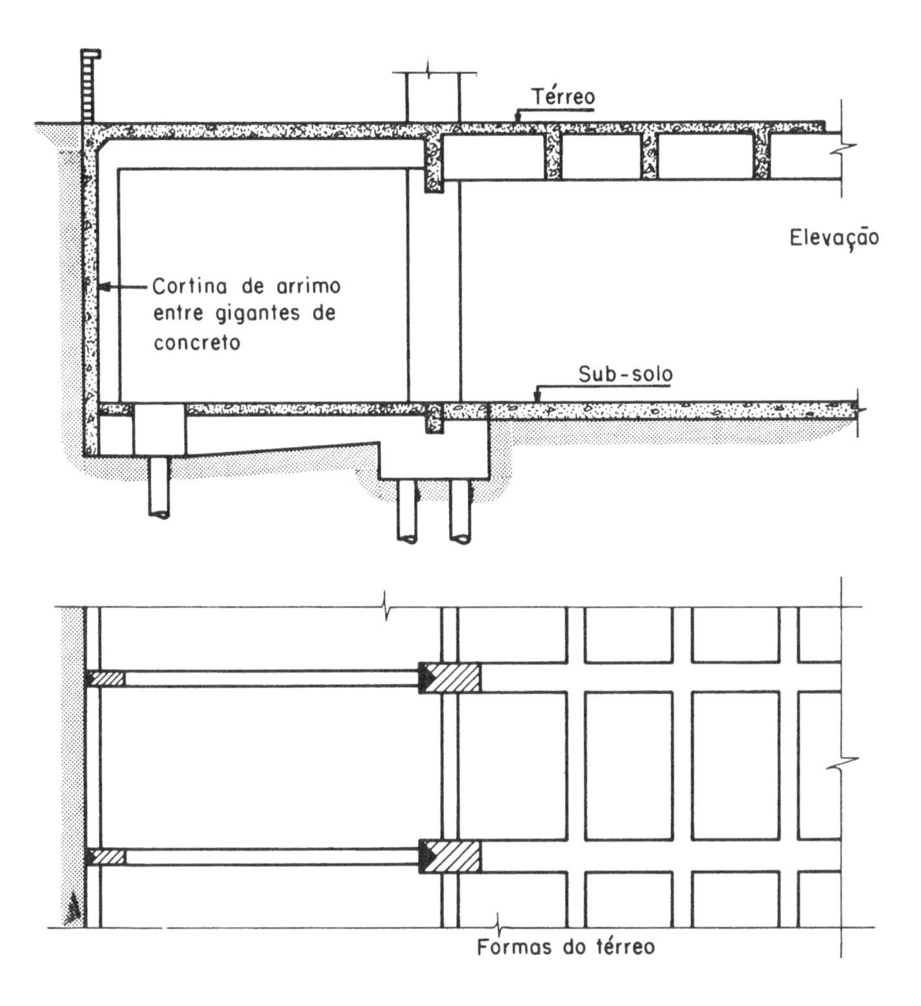

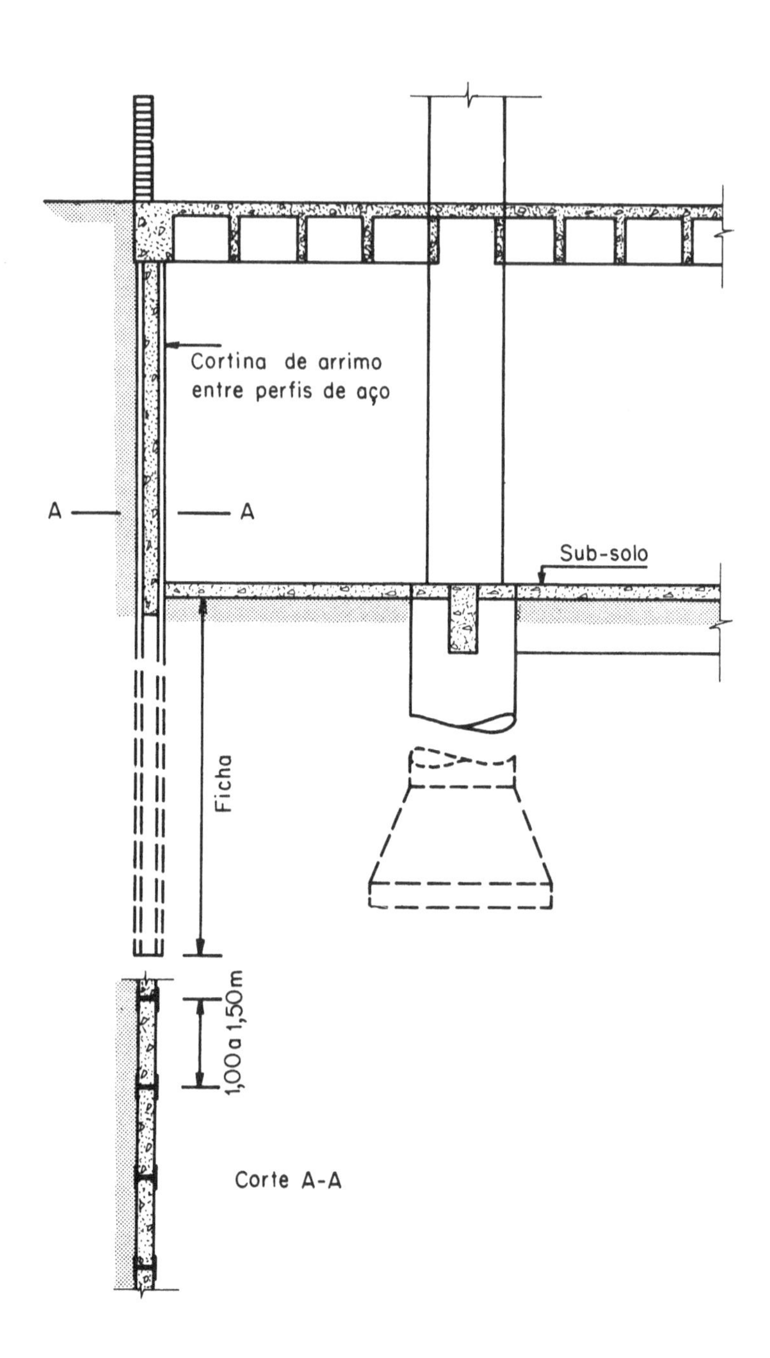
Cortina de arrimo
entre perfis de aço
A
A
Sub-solo
Ficha
1,00 a 1,50m
Corte A-A

B) *ENCONTROS DE PONTES OU VIADUTOS*

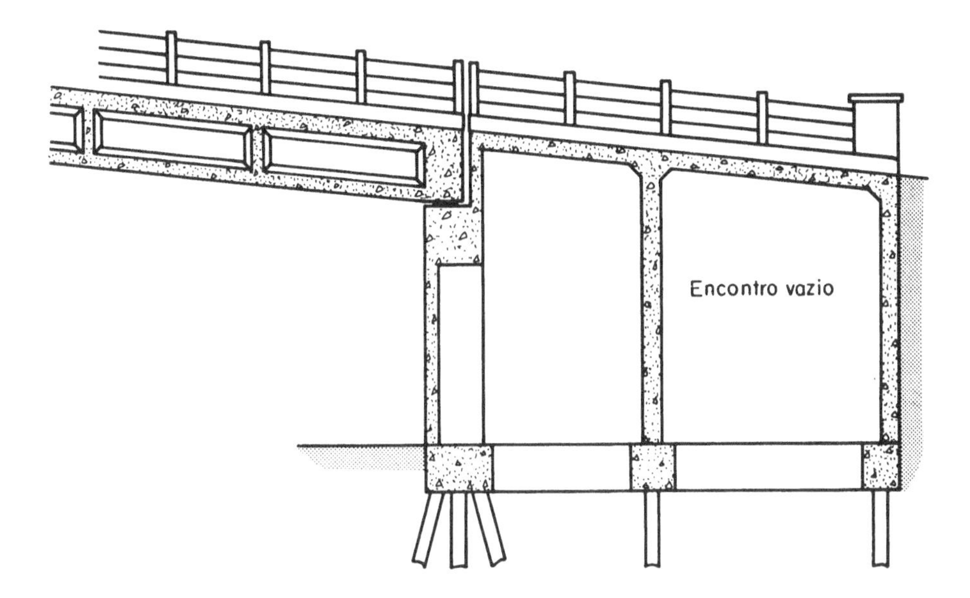

IV – ESTABILIDADE DAS ESTRUTURAS DE ARRIMO

IV.1 – CONSIDERAÇÕES PRELIMINARES

Os vários tipos clássicos de muros de arrimo, apresentados no capítulo anterior, podem ser executados empregando as técnicas de construção em alvenarias ou concreto armado.

Na verificação da estabilidade, qualquer que seja a opção adotada: muro de arrimo por gravidade ou elástico, deve-se considerar primeiramente "Equilíbrio Estático" e em seguida "Equilíbrio Elástico", tanto da estabilidade do conjunto como das secções intermediárias ao longo do muro e da fundação.

As secções intermediárias dos muros por gravidade ou peso, construídos em alvenaria, tijolos ou pedras, imaginam-se coincidentes com as juntas de argamassa, pois estas constituem os planos de menor resistência. Portanto, é segundo esses planos que deveremos estabelecer as "Equações de Equilíbrio".

Nestas condições, dividimos o muro numa série de secções ao longo da altura, para traçar a *curva de pressão* (ligação dos pontos de aplicação das resultantes das forças parciais, atuando nas respectivas secções intermediárias).

Como condição necessária e suficiente de estabilidade estática e elástica, a *curva de pressão* deverá passar pelo núcleo central de inércia das várias secções transversais analisadas.

Para os muros de arrimo de concreto armado, devemos analisar os esforços em algumas secções intermediárias ao longo da altura, para distribuir convenientemente as armaduras.

MARCHA DAS OPERAÇÕES

A verificação da estabilidade de um muro de arrimo, obedece a seguinte programação:

1 – *FIXAÇÃO DAS DIMENSÕES*

Partimos com a estrutura pré-dimensionada, para ser verificada.

As dimensões são obtidas, através de critérios empíricos e comparação com projetos executados.

2 – *VERIFICAÇÃO DO CONJUNTO*

Definidas as dimensões, calculam-se as cargas e verificamos as condições de estabilidade em relação ao terreno de fundação.

3 – *VERIFICAÇÃO DAS SECÇÕES INTERMEDIÁRIAS*

Confirmada a estabilidade do conjunto, calculam-se as solicitações nas secções intermediárias, tanto do muro como da fundação.

Nos muros por gravidade, chamamos esta operação de *verificação da estabilidade das juntas.*

IV.2 – CONDIÇÕES DE EQUILÍBRIO

IV.2.1 – EQUILÍBRIO ESTÁTICO

Sabemos da mecânica que um sistema de forças co-planares, atuando sobre um corpo rígido, estará em equilíbrio quando forem satisfeitas as equações:

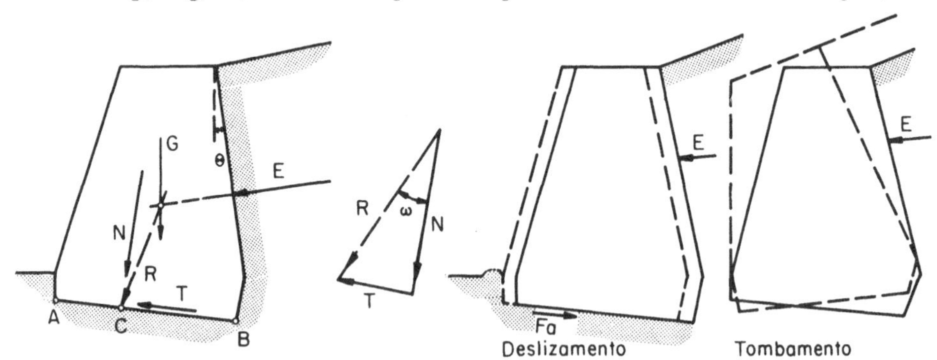

① $\Sigma N = 0$

② $\Sigma T = 0$

Estas equações representam o *equilíbrio de translação ou deslizamento.*

③ $\Sigma M = 0$

Esta última equação representa o *equilíbrio de rotação ou tombamento.*

Para simplificar a aplicação dessas equações, admitimos as seguintes restrições:

1.º – O muro de arrimo como corpo rígido (indeformável), hipótese exata para os muros por gravidade e tolerável para os muros elásticos de concreto armado.

2.º – No plano *A C B*, junta do terreno, prevalecem esforços de compressão, sendo desejável ausência absoluta de esforços de tração.

Façamos a análise dessas equações:

EQUILÍBRIO DE TRANSLAÇÃO

$\Sigma N = 0$ É necessário que N, componente normal de $\vec{R}$, resultante das forças na secção considerada, seja de compressão, e que o ponto C (centro de pressão) caia dentro da junta AB.

$\Sigma T = 0$ Sendo T a componente tangencial da resultante $\vec{R}$, já que não podemos contar com a resistência de cisalhamento e nem mesmo com a aderência no solo, pois isto nos obrigaria a executar ensaios de cisalhamento "in situ".

Neste caso, a única força que deve resistir à componente T é a força de atrito exercida sobre o plano $A\,C\,B$.

Sendo: F_a a força de atrito:

$$F_a = \mu N$$

μ Coeficiente de atrito:

Valores de μ:

$$\frac{\text{Alvenaria}}{\text{Alvenaria}} \quad \mu = 0{,}75 \text{ a } 0{,}70$$

$$\frac{\text{Alvenaria ou concreto}}{\text{Solo}} \quad \mu = \begin{cases} \text{seco.........} = 0{,}55 \text{ a } 0{,}50 \\ \text{saturado...} = 0{,}30 \end{cases}$$

$$\frac{\text{Alvenaria}}{\text{Concreto}} \quad \mu = 0{,}55$$

Para haver equilíbrio, devemos ter

$$F_a = T \quad \therefore \quad T = \mu N \ldots \text{(4)}$$

A expressão (4) representa a equação de equilíbrio limite. Para segurança $F_a > T$, daí termos que adotar um coeficiente de segurança contra escorregamento ou deslizamento.

Portanto, devemos ter:

$$\varepsilon_1 T = \mu N \therefore \boxed{\varepsilon_1 = \mu \frac{N}{T}} \text{(5)}$$

Coeficiente de segurança contra escorregamento

$$\varepsilon_1 \geqslant 1{,}5$$

Vejamos a interpretação geométrica da equação ⑤

Pela figura $\operatorname{tg}\omega = \dfrac{T}{N}$

Pela ⑤ $\dfrac{T}{N} = \dfrac{\mu}{\varepsilon_1}$

Portanto $\operatorname{tg}\omega = \dfrac{\mu}{\varepsilon_1} \ldots$ ⑥

O coeficiente de atrito μ, pode ser expresso em função da tangente do ângulo de atrito entre os materiais em contato.
Neste caso $\mu = \operatorname{tg}\rho$, sendo ρ o ângulo de atrito. A expressão ⑥ fica:

$\operatorname{tg}\omega = \dfrac{\operatorname{tg}\rho}{\varepsilon}$ Aproximadamente $\boxed{\omega = \dfrac{\rho}{\varepsilon_1}}$ ⑦

A expressão $\omega = \dfrac{\rho}{\varepsilon}$, exprime a condição do equilíbrio de translação, isto é, que a resultante $\vec{R}$ faça com a normal à junta $A\ C\ B$; um ângulo ω, ε_1 vezes inferior ao ângulo ρ de atrito entre as materiais:

Valores de ρ:

$\dfrac{\text{Alvenaria}}{\text{Alvenaria}} \ldots \rho = 35°$

$\dfrac{\text{Alvenaria ou concreto}}{\text{Solo}} \begin{cases} \text{Seco} \ldots\ldots\ldots \rho = 28° \\ \text{Saturado} \ldots \rho = 16° \end{cases}$

$\dfrac{\text{Alvenaria}}{\text{Concreto}} \ldots \rho = 30°$

$\Sigma M = 0 \ldots$ *EQUILÍBRIO DE ROTAÇÃO*

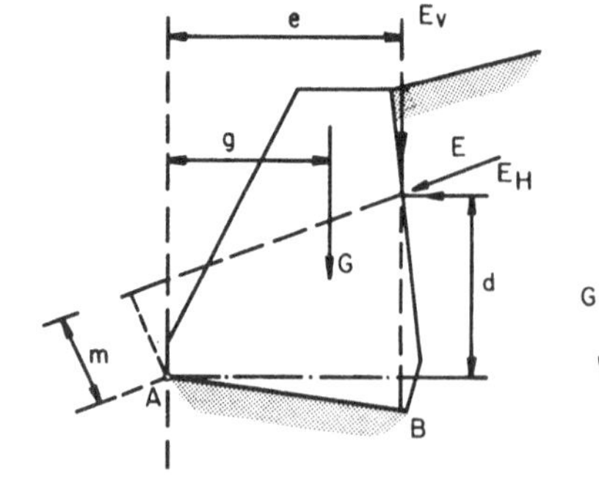

A rotação do muro, como bloco indeformável, só pode se dar em torno do ponto A, da junta AB.
Temos:
$M_G \ldots$ Momento de G em torno do ponto A (contra rotação).
$M_E \ldots$ Momento de E em torno do ponto A (favor da rotação)

Para o equilíbrio devemos ter:

$M_G = M_E$

Isto significa que a resultante $\vec{R}$ de $\vec{G}$ e $\vec{E}$ deve passar por A.

Entretanto, para maior segurança devemos ter $M_G > M_E$, ou seja, $\vec{R}$ deve cair no interior da junta AB, satisfazendo assim também a condição de ausência de esforços de tração.

Adotando-se um coeficiente de segurança ε_2, chamado de *coeficiente de segurança contra rotação ou tombamento*

$$\boxed{\varepsilon_2 = \frac{M_G}{M_E}} \quad (8) \qquad \varepsilon_2 \geqslant 1{,}5$$

Para obtermos ε_2, devemos considerar as forças $\vec{G}$ e $\vec{E}$, nas suas verdadeiras direções, e não pelas componentes, afirmação que poderíamos chamar de paradoxo estático, vamos provar:

Tomando as forças nas suas verdadeiras direções: $\varepsilon_2 = \dfrac{M_G}{M_E}$ ....(a)

Considerando as componentes de E

$$\varepsilon_2' = \frac{G_g + E_v e}{E_H d} \text{ ....} \quad (b)$$

Lembrando a física, pelo Teorema de Varignon, o momento estático da resultante é igual à soma dos momentos estáticos das componentes.

$$-Em = E_v e - E_H d$$

$$\therefore E_H d = Em + E_v e$$

Substituindo-se na (b)

$$\varepsilon_2' = \frac{G_g + E_v e}{Em + E_v e} \ldots \quad (c)$$

Comparando-se as expressões (a), (b) e (c), convém lembrar um teorema da Aritmética:

"Somando-se o mesmo número aos termos de uma fração própria ou imprópria, ela aumenta ou diminui".

Como na expressão (c) temos o valor constante $E_v e$, somado ao numerador e denominador, o valor ε_2', em relação a junta AB, não exprime o coeficiente de segurança real, dessa forma só é válido tomando-se as forças nas suas verdadeiras direções, representadas pela expressão (8) c.q.d.

CONSIDERAÇÕES SOBRE O EQUILÍBRIO ESTÁTICO

A estabilidade resultante da aplicação do Equilíbrio Estático, é uma estabilidade incerta e incompleta.

Se assumirmos coeficientes de segurança ε_1 e ε_2 elevados demais, pode ainda ocorrer uma estabilidade precária. Este fato se dá quando o valor da força N, componente de R, se eleva de tal forma que possa produzir esmagamento da junta.

Existe portanto uma incerteza que deve ser eliminada, estudando-se a estabilidade elástica ou, em outros termos, as tensões solicitantes devido ao carregamento.

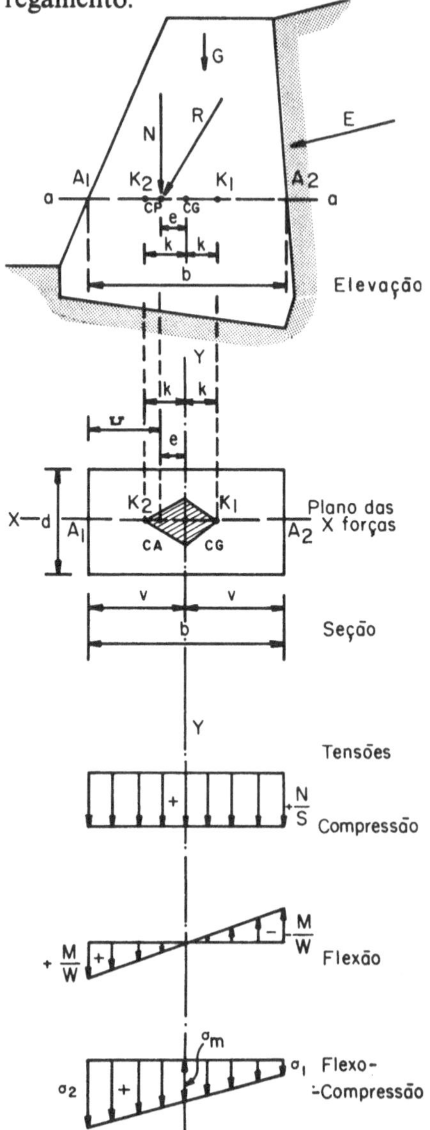

IV.2.2 – EQUILÍBRIO ELÁSTICO

$a - a$... secção transversal qualquer, junta.

$\vec{R}$... Resultante das forças que atuam na secção $a - a$.

CP... Centro de pressão (ponto de aplicação de $\vec{R}$ em $a - a$).

CG... Baricentro da secção transversal $a - a$.

$S = bd$... Área da secção resistente.

$W = \dfrac{db^2}{6}$ Módulo de resistência.

v... Distância do centro de gravidade aos bordos, respectivamente A_1 e A_2.

e... Excentricidade.

u ... Distância do CP ao bordo comprimido A_1.

N... Componente normal de $\vec{R}$.

$k = \dfrac{W}{S} = \dfrac{b}{6}$ Raio resistente.

K_1, K_2... Pontos nucleares.

Lembrando o estudo da *flexão composta* ou *presso-flexão*, abordado nos tratados de resistência dos materiais. temos as tensões nos bordos:

$$\sigma = -\frac{N}{S} \mp \frac{M}{W}$$

Como nos problemas que vamos enfrentar deverão prevalecer tensões de compressão, convencionamos

Sinal (+) positivo... tensão de compressão

Sinal (−) negativo... tensão de tração

Nestas condições, para uma secção intermediária qualquer, teremos:

Tensão máxima... $\sigma_1 = \dfrac{N}{S}\left(1 + \dfrac{e}{k}\right)$

Tensão média (no baricentro da secção)... $\sigma_m = \dfrac{N}{S}$

Tensão mínima... $\sigma_2 = \dfrac{N}{S}\left(1 - \dfrac{e}{k}\right)$

Os valores de σ_1 e σ_2, variam com a relação $\dfrac{e}{k}$, chamada de *módulo de excentricidade.*

De acordo com a variação $\dfrac{e}{k}$, podemos considerar os seguintes casos de distribuição das tensões, indicadas na Tabela 2.

1.º *CASO* – COMPRESSÃO SIMPLES... $e = 0$

2.º *CASO* – COMPRESSÃO EXCÊNTRICA... $e < k$

Este 2.º caso, corresponde ao "caso geral para as secções intermediárias dos muros de alvenaria ou concreto ciclópico", portanto poderemos chamá-lo de *flexão composta* ou *presso-flexão,* caso geral.

3.º *CASO* – COMPRESSÃO EXCÊNTRICA OU FLEXÃO COMPOSTA........... $e = k$.

Este caso corresponde a situação limite das tensões nas secções intermediárias (juntas) dos muros de alvenaria ou concreto ciclópico.

4.º *CASO* – FLEXÃO COMPOSTA COM TRAÇÃO $e > k$.

Dividimos esta distribuição de tensões nos seguintes itens:

A) Flexão composta com tração

B) Flexão composta excluindo tração

Na Tabela 2, apresentamos as características de cada caso de acordo com a relação $\dfrac{e}{k}$, designada por *quadro geral das leis de distribuição das tensões.*

CONCLUSÃO – Pela análise do caso geral da flexão composta, $\sigma_{1,2} = \dfrac{N}{S} \pm \dfrac{M}{W} = \dfrac{N}{S}\left(1 \pm \dfrac{e}{k}\right)$, concluimos que a compressão simples, $\sigma_{1,2} = \dfrac{N}{S}$ e a flexão simples $\sigma_{1,2} = \pm \dfrac{M}{W}$, são casos particulares da flexão composta.

TABELA 2

Designações

- N .... Componente normal da resultante das forças
- S .... Área da Secção tranversal
- k .... Raio resistente .... $k = \frac{b}{6}$
- e .... Excentricidade
- σ_1, σ_2 ..... Tensões nos bordos da secção transversal

Casos	Elevação / Diagrama das tensões / Secção	Condição de excentricidade	Posição do centro de pressão	Posição da linha neutra	Leis de distribuição das tensões / Casos de solicitação	Diagrama das tensões	Tensões Máxima σ_1	Tensões Mínima σ_2
I	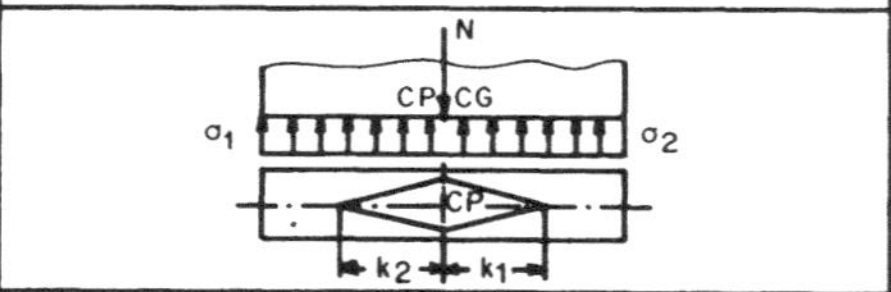	$e = 0$	Coincide com o centro de gravidade	No infinito	Lei retangular ou uniforme Compressão axial		$\frac{N}{S}$	$\frac{N}{S}$
II	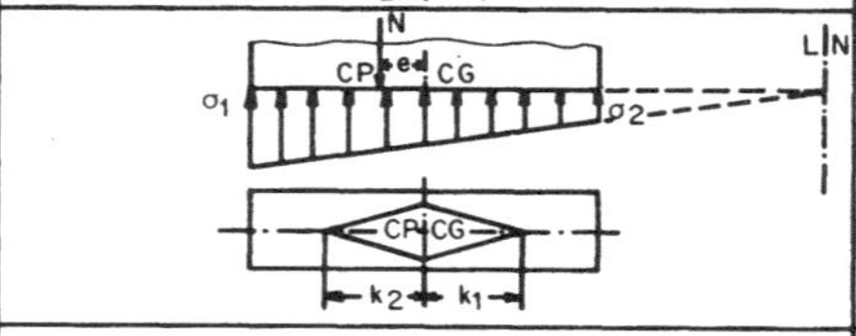	$e < k$	Dentro do núcleo central de inércia	Fora da secção	Lei do trapézio Compressão excêntrica Θ Caso geral nos maciços de alvenaria		$\frac{N}{S}\left(1 + \frac{e}{k}\right)$	$\frac{N}{S}\left(1 - \frac{e}{k}\right)$
III	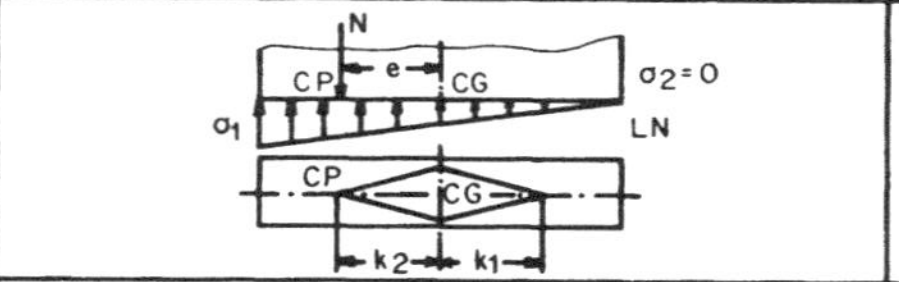	$e = k$	No limite do núcleo central de inércia	Tangente a secção	Lei triangular Compressão excêntrica ou flexão composta		$\frac{2N}{S}$	Zero
IV	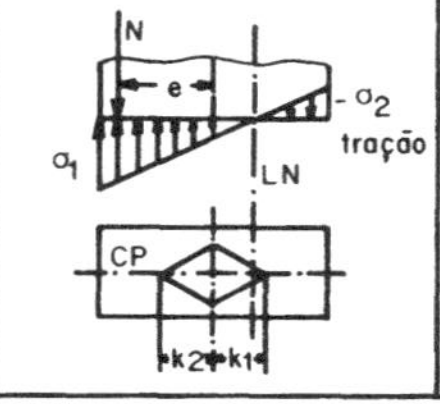 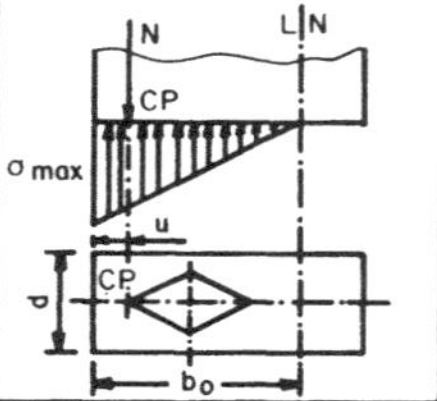 A	$e > k$	Fora do núcleo central de inércia	Corta a secção	A - Lei triangular Flexão composta com tração		$\frac{N}{S}\left(1 + \frac{e}{k}\right)$	$\frac{N}{S}\left(1 - \frac{e}{k}\right)$ Tração
	B - Excluindo zona tracionada				B - Lei triangular Flexão composta excluindo zona tracionada	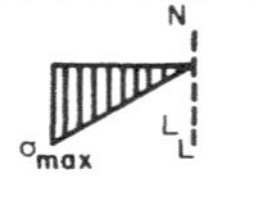	$\sigma_{MAX} \frac{2N}{3\,du}$	Zero

IV.2.3 - SOLUÇÃO GRÁFICA

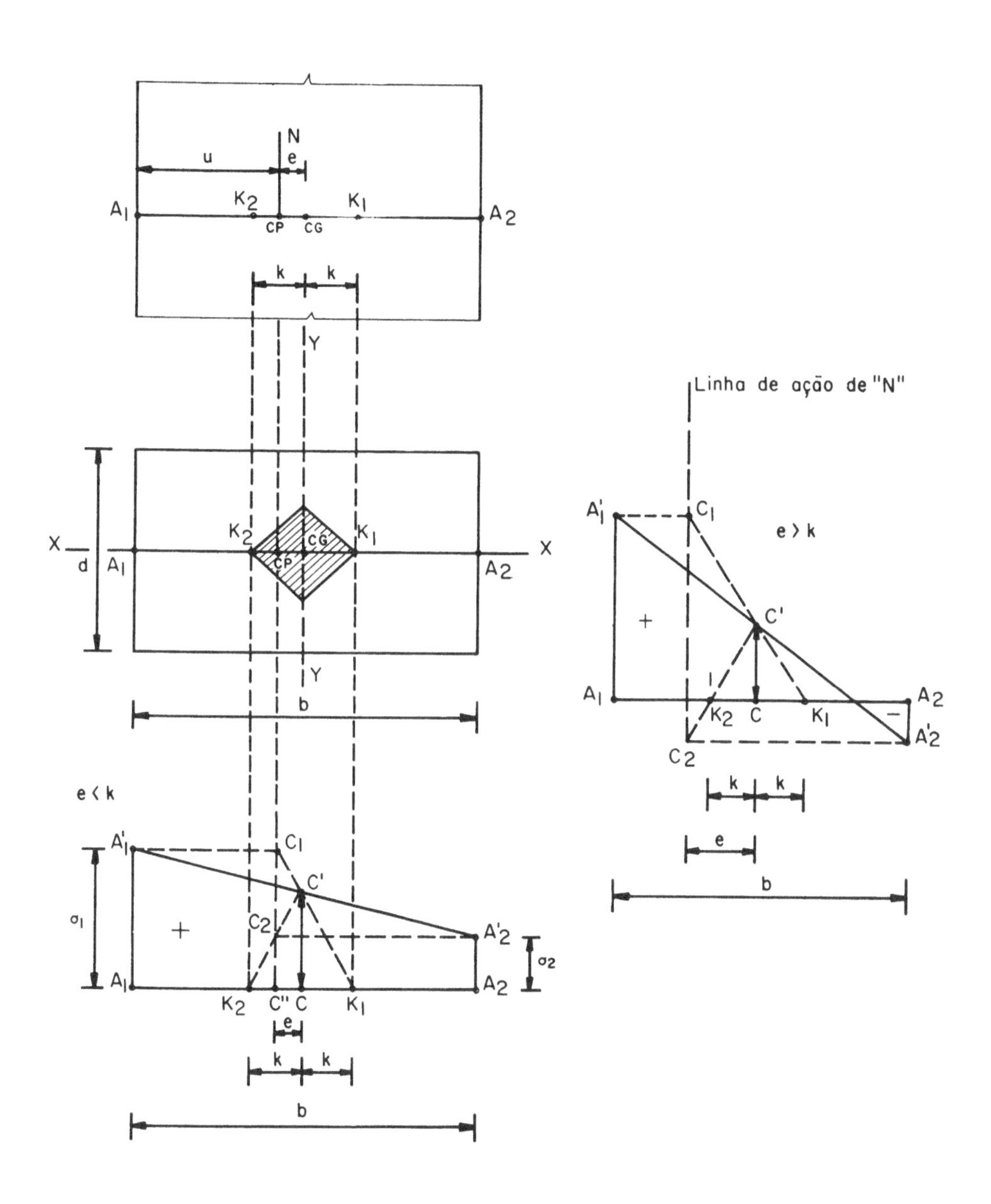

MOMENTOS NUCLEARES

Nas aplicações práticas, verificação das tensões nos bordos dos arcos e vigas de concreto protendido, é usual se determinar as tensões em relação aos pontos nucleares K_1 e K_2, como se a flexão composta fosse flexão simples.

Da expressão: $\sigma_1 = \frac{N}{S}\left(1 + \frac{e}{k}\right)$

$$\sigma_1 = \frac{N}{S}\left(\frac{k + e}{k}\right) \qquad W = Sk \qquad \mathrm{S = bd}$$

$$\sigma_1 = \frac{N(k + e)}{W}$$ Pela figura, fazemos:

$M_{k_1} = N(k + e)\ldots$ Momento em relação ao ponto nuclear K_1

Nestas condições:

$$\sigma_1 = \frac{M_{k_1}}{W}$$

Analogamente

$$\sigma_1 = \frac{N}{S}\left(1 - \frac{e}{k}\right) = \frac{N}{S}\left(\frac{k - e}{k}\right)$$

Fazendo $M_{k_2} = N(k - e)$

$$\sigma_2 = \frac{M_{k_2}}{W}$$

CONSTRUÇÃO GRÁFICA

1) Numa escala conveniente marcamos b, largura da secção transversal.

2) Sobre o segmento b, marcamos o centro C, os pontos nucleares k_1 e $k_2 \left(k = \frac{b}{6}\right)$.

Marcamos a excentricidade "e", temos a *linha de ação de "N"*.

3) Numa escala conveniente marcamos $C\,C' = \frac{N}{S}$.

4) Ligamos K, C' até interceptar a linha de ação de N, no ponto C_1, depois rebatemos C_1 na *linha do bordo*, obtemos A'_1.

5) Ligamos K_2C', até interceptar a linha de ação de N, no ponto C_2, depois rebatemos C_2 na linha de bordo oposto, obtemos A'_2.

6) Ligamos os pontos A'_1 e A'_2, a reta $A'_1\,A'_2$, deverá passar por C', como confirmação da precisão do traçado.

A figura $A_1A'_1C'A'_2A_2C$, representa o diagrama de tensões procurado.

No caso de $e > k$, procede-se de forma análoga, como se observa na figura ao lado.

DEMONSTRAÇÃO

O triângulo retângulo $C'CK_1$ é semelhante ao triângulo retângulo $K_1C''C_1$.

$$\frac{CC'}{C_1C''} = \frac{CK_1}{C''K_1} \qquad CC' = \frac{N}{S}$$

$$C_1C'' = \sigma_1, \qquad C_1C'' = A_1A'_1$$

$$CK_1 = k$$

$$C''K_1 = k + e$$

Substituindo-se

$$\frac{N}{S\sigma_1} = \frac{k}{k+e} \quad \therefore \quad \sigma_1 = \frac{N}{Sk}(b+e)$$

$$Sk = W$$

$$N(k+e) = M_{k_1}$$

Portanto $\sigma_1 = \dfrac{M_{k_1}}{W}$

Portanto o segmento $C''C_1 = A'_1A_1$ representa o valor da tensão σ_1.

c. q. d.

Analogamente, demonstra-se que o segmento $CC' = A_2A'_2$ representa σ_2.

IV.2.4 – TENSÃO MÁXIMA EXCLUINDO A ZONA TRACIONADA

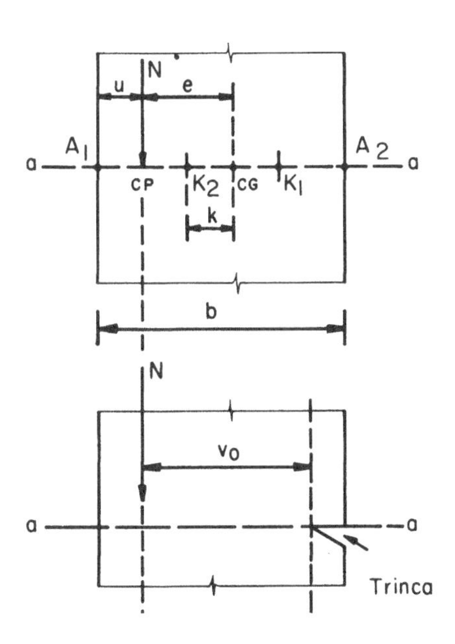

A matéria a respeito dos materiais não resistentes à tração é assunto abordado na Flexão Composta, estudada nos cursos de resistência dos materiais.

Seja o caso de uma secção intermediária de um muro onde, devido ao carregamento, ocorre num dos bordos a tensão σ_2 de tração, maior do que aquela que alvenaria ou concreto simples pode suportar.

Neste trecho tracionado, evidentemente, haverá uma trinca, até o ponto onde não for ultrapassada a reduzida resistência à tração de que a alvenaria possui.

Na verificação da exclusão da zona de tração, procuramos compensá-la com o excesso de compressão $\Delta\sigma_1$, devido a redução da largura de b para b_0.

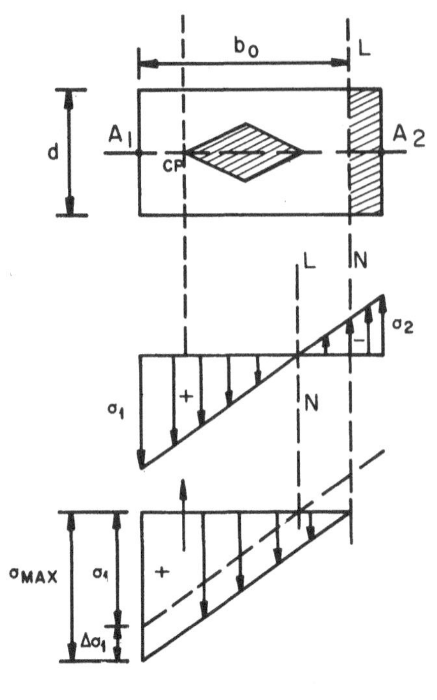

Isto equivale a admitir a hipótese do deslocamento da linha neutra ($L - N$).
Portanto $\sigma_{max} = \sigma_1 + \Delta\sigma_1$
Condição $\sigma_{max} \leqslant \bar{\sigma}_c$

$\bar{\sigma}_c$... Tensão admissível à compressão da alvenaria ou concreto simples.

As mesmas considerações são válidas para a junta da sapata com o terreno de fundação.

Neste caso $\sigma_{max} \leqslant \bar{\sigma}_s$

$\bar{\sigma}_s$... tensão admissível no solo.

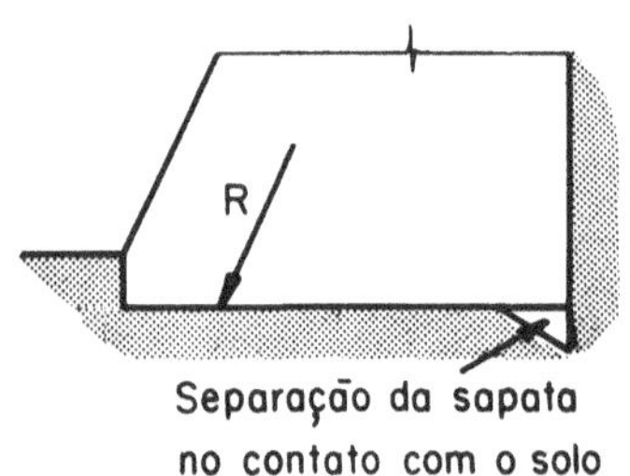

Separação da sapata no contato com o solo

Lembrando a resistência dos materiais; a nova posição da *linha neutra* é dada pela expressão:

$$v_0 = \frac{J_0}{Z_0} = \frac{\text{momento da inércia da área da secção comprimida}}{\text{momento estático da área da secção comprimida}}$$

$$J_0 = \frac{db_0^3}{3}, \quad Z_0 = \frac{db_0^2}{2} \quad \therefore \quad v_0 = \frac{2}{3} b_0$$

$$b_0 = u + v_0 = u + \frac{2}{3} b_0$$

$$3\,b_0 = 3u + 2\,b_0 \quad \therefore \quad \boxed{b_0 = 3u}$$

Nestas condições, temos o C.P. (centro de pressão), no limite do núcleo central da secção comprimida.

De acordo com o 3.º caso: $\sigma_{max} = \dfrac{2N}{S_0}$ sendo $S_0 = db_0 \therefore S_0 = 3\,du$

Resulta $\boxed{\sigma_{max} = \dfrac{2N}{3\,du}}$ **Tensão máxima excluindo tração, para o caso da secção retangular.**

Condição necessária $\sigma_{max} \leqslant \bar{\sigma}_c$

$\bar{\sigma}_c \ldots$ tensão admissível à compressão

IV.3 – MUROS DE ARRIMO POR GRAVIDADE

Vejamos inicialmente um exemplo genérico de um muro de arrimo de alvenaria ou concreto ciclópico, como marcha das operações.

O que se faz é admitir as dimensões conforme foi apresentado no Capítulo III (tipos de muros de arrimo) e em seguida passa-se à verificação da estabilidade.

Dividimos a verificação da estabilidade em duas partes:
1.ª Parte – Verificação do conjunto
2.ª Parte – Verificação das juntas

IV.3.1 – 1.ª Parte – VERIFICAÇÃO DO CONJUNTO

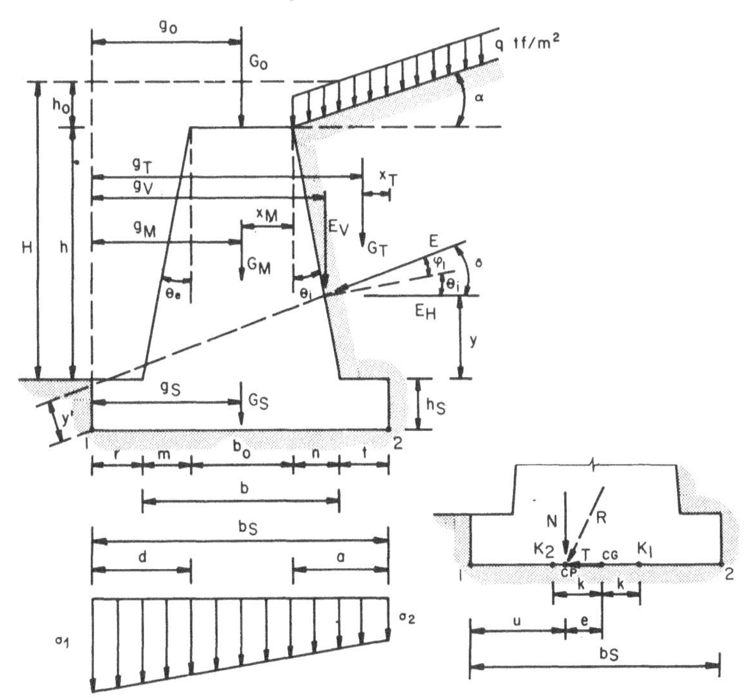

1) *VALORES DADOS*

G_0... Carga eventualmente aplicada no topo
h... Altura do muro
q... Sobrecarga eventualmente aplicada no terreno adjacente
φ... Ângulo de talude natural
φ_1... Ângulo de rugosidade da parede
α... Ângulo de inclinação do terreno adjacente
$\bar{\sigma}_s$... Taxa do terreno
γ_t... Massa específica aparente da terra
$\bar{\sigma}_c$... Tensão admissível à compressão da alvenaria ou concreto ciclópico
μ... Coeficiente de atrito
$\varepsilon_1 > 1{,}5$... Coeficiente de segurança contra escorregamento
$\varepsilon_2 > 1{,}5$... Coeficiente de segurança contra rotação

2) *VALORES ESCOLHIDOS*

h_s... Altura da sapata
r... Ponta da sapata
t... Talão da sapata

$$r = \begin{cases} \dfrac{1}{6}h \\[2mm] \dfrac{1}{8}h \end{cases}$$

$$t = \mathrm{r} \qquad h_s \geqslant r$$

θ_i, θ_e... Inclinação dos paramentos, respectivamente interno (tardoz) e externos.

3) *CÁLCULOS PRELIMINARES*

A – Elementos geométricos

a) Altura de terra equivalente à sobrecarga

$$h_0 = \frac{\mathrm{q}}{\gamma_t} \ldots \frac{\mathrm{tf}}{\mathrm{m}^2} \times \frac{1}{\dfrac{\mathrm{tf}}{\mathrm{m}^3}} = \mathrm{m}$$

b) Altura total............... $H = h + h_0$

c) Dimensões – O muro será calculado para a faixa de 1,00 m de extensão.

Largura no topo... $b_0 = 0{,}14\,h$

Largura na base... $b = b_0 + \dfrac{h}{3}$

$n = h \operatorname{tg} \theta_i$ $\qquad d = r + m$
$m = h \operatorname{tg} \theta_e$ $\qquad a = t + m$
$m = (b - b_0) - n$

B – Pontos de aplicação das cargas

a) *Peso próprio do muro*

$$(b_0 + b)\frac{1}{2}h\,x_m = \frac{1}{2}hm\left(\frac{m}{3} + b_0\right) + b_0 h\left(\frac{b_0}{2}\right) - \frac{1}{2}hn\left(\frac{n}{3}\right)$$

Resulta:

$$x_m = \frac{m^2 + 3mb_0 + 3b_0^2 - n^2}{3(b_0 + b)}$$

Casos particulares:
Quando: $\theta_i = 0$, $n = 0$, $m = b - b_0$

$$x_m = \frac{b^2 + bb_0 + b_0^2}{3(b_0 + b)}$$

Quando: $\theta_i = 0 \qquad n = 0$

$\theta_e = 0 \qquad m = 0 \qquad b = b_0$

$$x_m = \frac{b}{2}$$

b) Peso da terra sobre o talão

Desprezando-se a inclinação do terreno adjacente

$$(a + t)\frac{1}{2}hx_t = (a - t)\frac{h}{2}\left[\left(\frac{a - t}{3}\right) + t\right] + \frac{1}{2}ht^2$$

Resulta:

$$x_T = \frac{a^2 + at + t^2}{3(a + t)}$$

Quando $\theta_i = 0 \therefore$ $x_T = \dfrac{t}{2}$

C – Cargas e respectivos braços

a) Empuxo de terra:

$E = \dfrac{1}{2}K\gamma_t(H^2 - h_0^2)$...... tf/m .... Grandeza

$\delta = \theta_i + \varphi_1$ .... Direção

$E_v = E \operatorname{sen} \delta$ .... Componente Vertical

$E_h = E \cos \delta$ .... Componente Horizontal

$y = \dfrac{h}{3}\left(\dfrac{2h_0 + H}{H + h_0}\right)$ .... Ponto de Aplicação

Quando $h_0 = 0 \qquad H = h$

$$E = \frac{1}{2}K\gamma_t h^2 \qquad y = \frac{h}{3}$$

Braços

$y' = (y + h_s)\cos\delta - g_v \operatorname{sen}\delta$
$g_v = b_s - t - y\,\operatorname{tg}\theta_i$

b) Carga no topo

G_0 .... Carga

$g_0 = r + m + \dfrac{b_0}{2}$ .... Braço

c) Peso próprio do muro

$G_M = \dfrac{h}{2}(b + b_0)\gamma$ .... Peso próprio

$g_M = r + b - x_M - n$ .... Braço

d) Peso da terra no talão – desprezando-se a inclinação do terreno

$G_T = \dfrac{h}{2}(t + a)\gamma_t$ .... Peso da terra

$g_T = b_s - x_T$ .... Braço

e) Peso próprio da sapata

$G_s = b_s h_s \gamma$ .... Peso da sapata

$g_s = \dfrac{1}{2} b_s$ .... Braço

γ ... massa específica aparente do material do muro

4) *CÁLCULO DAS CARGAS TOTAIS*

A – Componente normal

$N = G_0 + G_M + G_s + G_T + E_v$

B – Componente tangencial

$T = E_H$

5) *MOMENTOS TOTAIS*

$M_1 = G_0 g_0 + G_m g_m + G_s g_s + G_T g_T + E_v g_v - E_H(y + h_s)$

6) *POSIÇÃO DA RESULTANTE – CENTRO DE PRESSÃO*

$$u = \frac{M_1}{N}$$

7) *EXCENTRICIDADE*

$$e = \frac{b_s}{2} - u$$

8) *VERIFICAÇÃO DA ESTABILIDADE*

A – Equilíbrio estático

a) Coeficiente de segurança contra escorregamento:

$$\varepsilon_1 = \mu \frac{N}{T} \geqslant 1{,}5$$

b) Coeficiente de segurança contra rotação

$$\varepsilon_2 = \frac{G_0 g_0 + G_m g_m + G_s g_s + G_T g_T}{E y'} \geqslant 1{,}5$$

B – Equilíbrio elástico

a) Tensão média ...... $\sigma_m = \dfrac{N}{S}$ $S = 1{,}00 \times b_s$......m^2

b) Tensão máxima...... $\sigma_1 = \sigma_m \left(1 + \dfrac{6e}{b_s}\right) \leqslant \sigma_s$

$$k = \frac{b_s}{6}$$

c) Tensão mínima...... $\sigma_2 = \sigma_m \left(1 - \dfrac{6e}{b_s}\right) \geqslant 0$

d) Se $\sigma_2 < 0$ (tração) – Verificação excluindo a zona de tração

$$\sigma_{max} = \frac{2N}{3u} \leqslant \bar{\sigma}_s$$

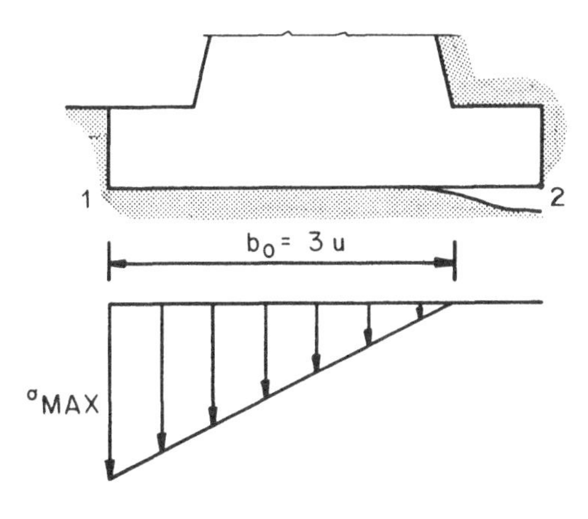

Nota – Inclinação do terreno adjacente

Na marcha do cálculo apresentada, desprezamos a inclinação do terreno, simplificação válida para $\alpha < 20°$.

Levando em conta a inclinação do terreno, deve ser acrescido ao peso da terra, a carga G_t.

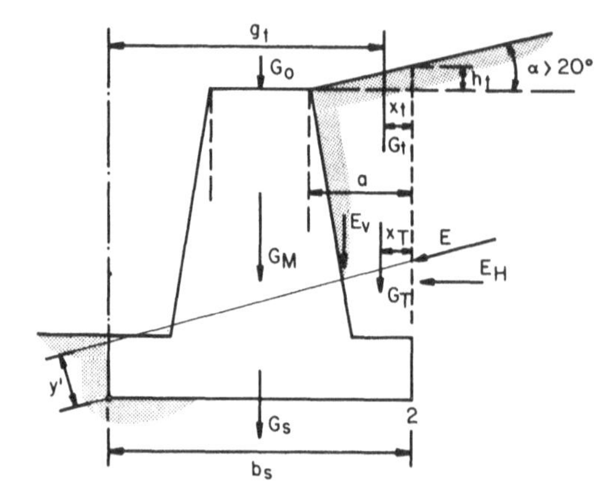

$$h_t = a \operatorname{tg} \alpha$$
$$x_t = \frac{a}{3}$$
$$g_t = b_s - x_t$$
$$G_t = \frac{1}{2} a h_t \gamma_t = \frac{1}{2} a^2 \gamma_t \operatorname{tg} \alpha$$

Valores acrescidos

$$N = G_0 + G_M + G_s + G_T + G_t + E_v$$

$E = \dfrac{1}{2} K \gamma_t (H^2 + h_0^2)$ .... Valor de K alterado (ver cálculo do empuxo)

$$E_v = E \operatorname{sen} \delta$$
$$E_H = E \cos \delta$$
$$M_1 = G_0 g_0 + G_M g_m + G_s g_s + G_T g_T + G_t g_t + E_v g_v - E_H (y + h_s)$$

IV.3.2 – 2.ª Parte – VERIFICAÇÃO DAS JUNTAS

Confirmada a verificação da estabilidade do conjunto (1.ª parte), isto é, satisfeitas as condições:

$\varepsilon_1 \geqslant 1{,}5$

$\varepsilon_2 \geqslant 1{,}5$ $\quad\quad$ $\bar{\sigma}_s$... Taxa do terreno

$\sigma_1 \leqslant \bar{\sigma}_s$

$\sigma_2 > 0$ ou $\sigma_{max} \leqslant \bar{\sigma}_s$ (excluindo zona tracionada)

Dividimos o muro numa série de secções, juntas, e passamos à verificação, devendo-se satisfazer as seguintes condições:

$\left.\begin{array}{l}\varepsilon_1 \geqslant 1{,}5\\ \varepsilon_2 \geqslant 1{,}5\end{array}\right\}$ Equilíbrio estático $\quad\quad$ $\left.\begin{array}{l}\sigma_1 \leqslant \sigma_c\\ \sigma_2 \geqslant 0 \text{ ou } \sigma_{max} \leqslant \bar{\sigma}_c\end{array}\right\}$ Equilíbrio elástico

$\bar{\sigma}_c$... Tensão admissível à compressão do material

A verificação das juntas pode ser elaborada analiticamente, ou graficamente.

O objetivo consiste no traçado da linha de pressão.

Para melhor visualização do problema, mostram-se as diretrizes do cálculo gráfico.

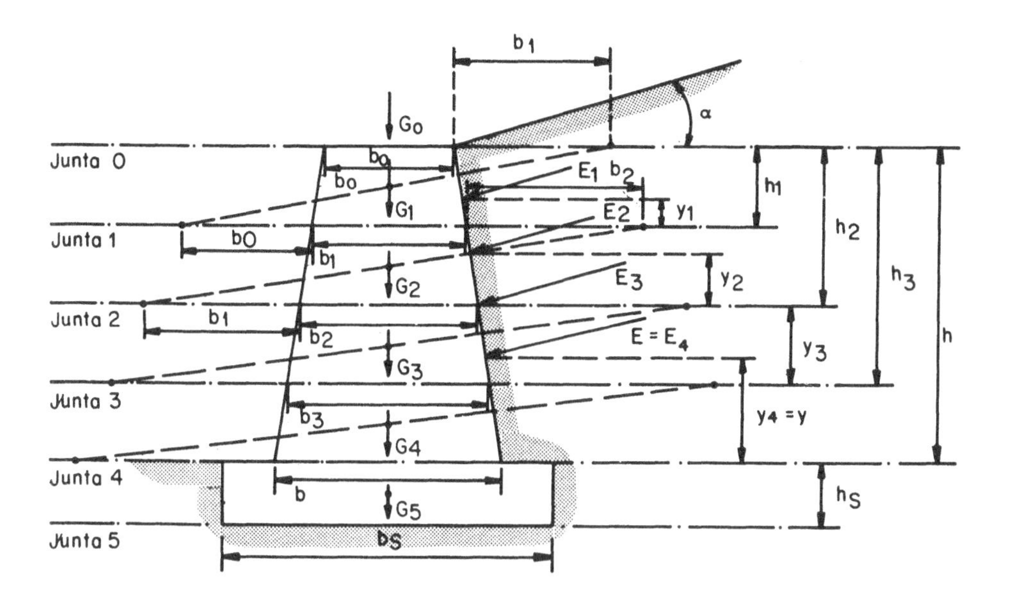

FIGURA A

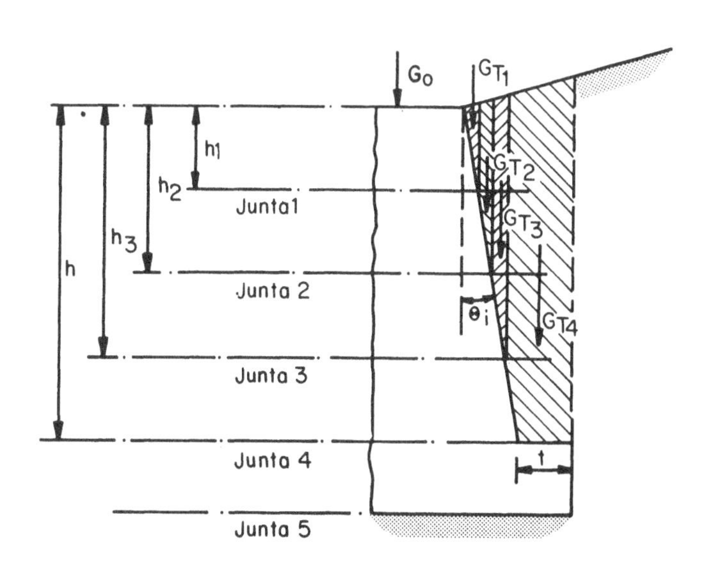

FIGURA B

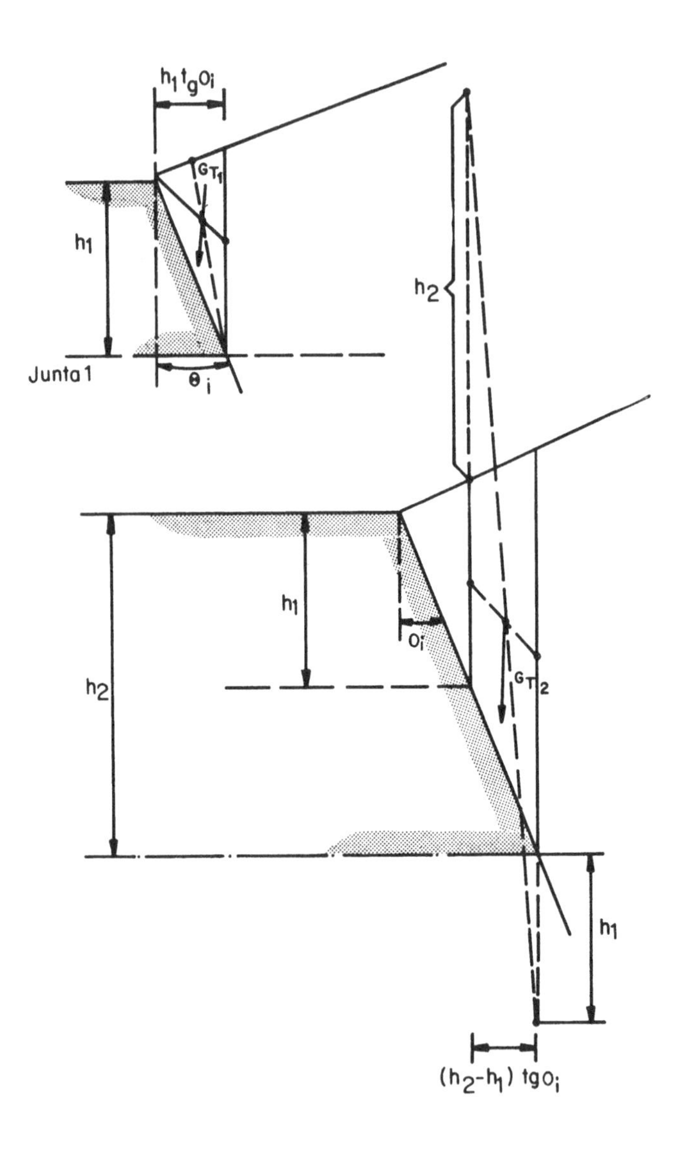

FIGURA C

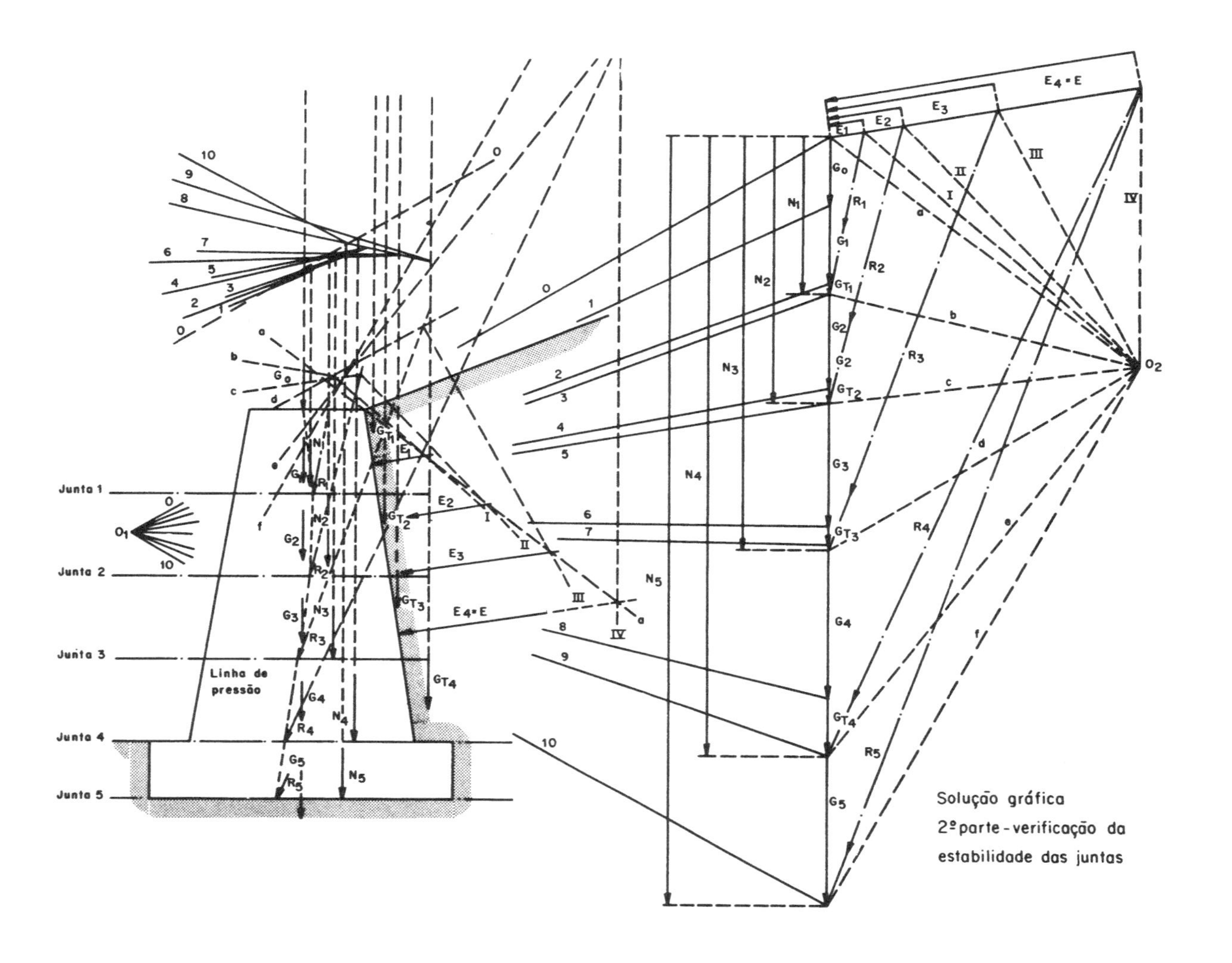

Solução gráfica
2ª parte - verificação da estabilidade das juntas

A escolha da divisão do número de juntas é arbitrária; quanto maior o número mais preciso será o traçado da linha de pressão.

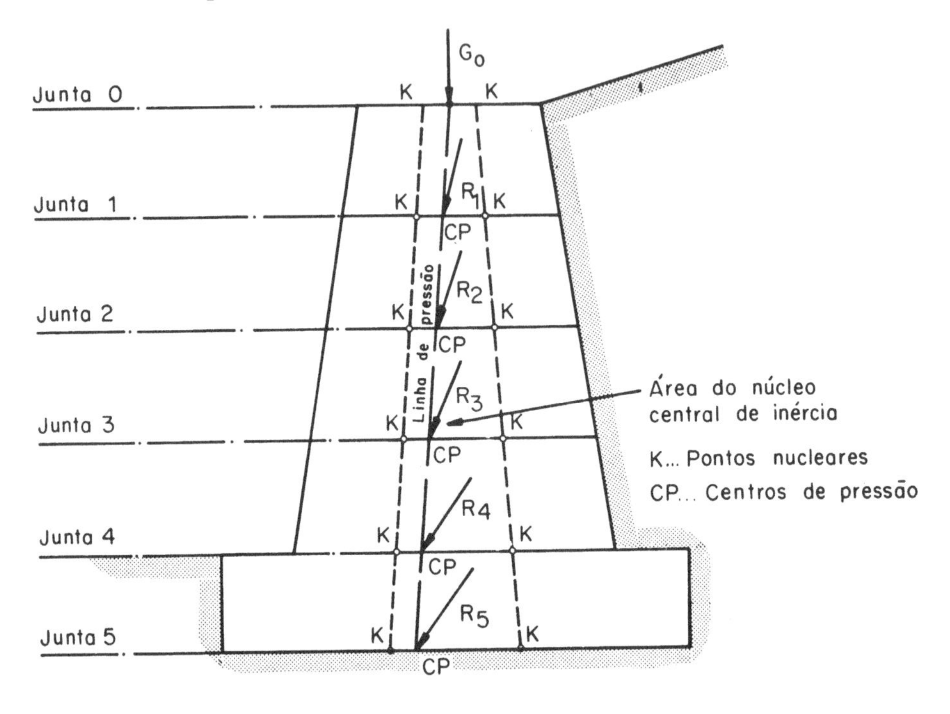

FIGURA D

Como condição de estabilidade estática e elástica, a linha de pressão deverá se situar dentro do perímetro do núcleo central de inércia das secções transversais das várias juntas.

CÁLCULO DAS CARGAS PARCIAIS

a) *Peso próprio dos blocos sobre as juntas*:

$$G_1 = \frac{1}{2}\gamma h_1 \ (b_0 + b_1) \ldots\ldots\ldots\ldots \text{Junta 1}$$

$$G_2 = \frac{1}{2}\gamma h_2 \ (b_1 + b_2) \ldots\ldots\ldots\ldots \text{Junta 2}$$

$$G_3 = \frac{1}{2}\gamma h_3 \ (b_2 + b_3) \ldots\ldots\ldots\ldots \text{Junta 3}$$

$$G_4 = \frac{1}{2}\gamma h_4 \ (b_3 + b_4) \ldots\ldots\ldots\ldots \text{Junta 4}$$

$$G_5 = \gamma h_s b_s \ldots\ldots\ldots\ldots\ldots\ldots\ldots \text{Junta 5}$$

Ponto de aplicação e respectivas linhas de ação, conforme indicação gráfica da Fig. A.

b) *Peso da terra sobre o tardoz do muro*

$G_{T_1} = \frac{1}{2}\gamma_t h_1^2 \operatorname{tg}\theta_i$ .... Junta 1

$G_{t_2} = \frac{1}{2}\gamma_t (h_2^2 - h_1^2) \operatorname{tg}\theta_i$.............. Junta 2

$G_{T_3} = \frac{1}{2}\gamma_t (h_3^2 - h_2^2) \operatorname{tg}\theta_i$ .... Junta 3

$G_{T_4} = \frac{1}{2}\gamma_t (h^2 - h_3^2) \operatorname{tg}\theta_i$ .... Junta 4

Ponto de aplicação e respectivas linhas de ação, conforme indicações das figuras B e C.

c) *Empuxos parciais*:

$E_1 = \frac{1}{2}K\gamma_t (H_1^2 - h_0^2)$................. Junta 1 $\qquad H_1 = h_1 + h_0$

$E_2 = \frac{1}{2}K\gamma_t (H_2^2 - h_0^2)$................. Junta 2 $\qquad H_2 = h_2 + h_0$

$E_3 = \frac{1}{2}k\gamma_t (H_3^2 - h_0^2)$ .... Junta 3 $\qquad H_3 = h_3 + h_0$

$E = E_4 = \frac{1}{2}K\gamma_t (H^2 - h_0^2)$........... Junta 4 $\qquad H_4 = h + h_0$

d) *Forças normais*:

$N_1 = G_0 + G_1$ .... Junta 1
$N_2 = N_1 + G_2$ .... Junta 2
$N_3 = N_2 + G_3$ .... Junta 3
$N_4 = N_3 + G_4$ .... Junta 4
$N_5 = N_4 + G_5$ .... Junta 5

e) *Resultantes parciais*:

$\vec{R}_1 = \vec{N}_1 + \vec{E}_1$ .... Junta 1
$\vec{R}_2 = \vec{N}_2 + \vec{E}_2$ .... Junta 2
$\vec{R}_3 = \vec{N}_3 + \vec{E}_3$ .... Junta 3
$\vec{R}_4 = \vec{N}_4 + \vec{E}_4$ .... Junta 4
$\vec{R}_5 = \vec{N}_5 + \vec{E}_5$ .... Junta 5

Ligando-se os vários pontos de aplicação das resultantes parciais nas respectivas juntas, determina-se a linha de pressão, Fig. D.

IV.3.3 – EXEMPLO PRÁTICO – CÁLCULO DO PROJETO DE UM MURO DE ARRIMO DE CONCRETO CICLÓPICO

IV.3.3.1 — DADOS

1) *Materiais* – Pedras de mão ou rachão, perfeitamente limpas, adequadamente assentadas, sem juntas verticais superpostas.

Os blocos de pedra rachão, deverão ficar envolvidas por uma camada de concreto com espessura mínima de 15 cm, servindo de material ligante. Isto significa ocupar os vazios da massa do concreto, com pedras de diâmetros acima das usuais da série granulométrica.

O concreto empregado, deverá ser confeccionado para um traço que ofereça resistência mínima de $fc_{28} = 160\ kgf/cm^2$.

2) *Drenagem* – Tubos de cimento amianto ou de PVC – rígido, $\phi = 75$ mm ou 100 mm, atravessando o muro, dispostos nos espaçamentos de cada 2,00 m no sentido horizontal e cada 1,00 m ao longo da altura.

Do lado da terra, esses tubos deverão ser tampados com tela de náilon ou latão, malha 1/8″ (3 mm), para evitar a fuga do material filtrante, composto de pedra britada $\phi_{max} = 25$ mm e pedrisco, adequadamente colocado.

3) *Elementos do projeto*:

a) Altura do muro .... $h = 5{,}00$ m
b) Inclinação do terreno adjacente .... $\alpha = 0$ (horizontal)
c) Carga aplicada no topo .... $G_0 = 0$
d) Sobrecarga no terreno junto ao muro .... $q = 400\ kgf/m^2$
e) Ângulo de talude natural .... $\varphi = 30°$
f) Paramento interno (tardoz) vertical .... $\theta_i = o$
g) Ângulo de rugosidade – (paramento interno liso) ... $\varphi_1 = o$
h) Massa específica aparente do terreno .... $\gamma_t = 1{,}6\ tf/m^3$
i) Massa específica aparente do concreto .... $\gamma = 2{,}2\ tf/m^3$
j) Taxa do terreno de fundação .... $\bar{\sigma}_s = 2\ kgf/cm^2$
l) Tensão admissível do concreto .... $f_{cd} = 30\ kgf/cm^2$
m) Coeficientes de atrito:

1) $\dfrac{\text{concreto}}{\text{concreto}} \ldots \mu = 0{,}70$ 2) $\dfrac{\text{concreto}}{\text{solo}}\ \mu = 0{,}55$

n) Coeficientes de segurança

1) Segurança contra escorregamento ... $\varepsilon_1 \geqslant 1{,}5$
2) Segurança contra rotação.............. $\varepsilon_2 \geqslant 1{,}5$

IV.3.3.2 — FIXAÇÃO DAS DIMENSÕES

Perfil transversal

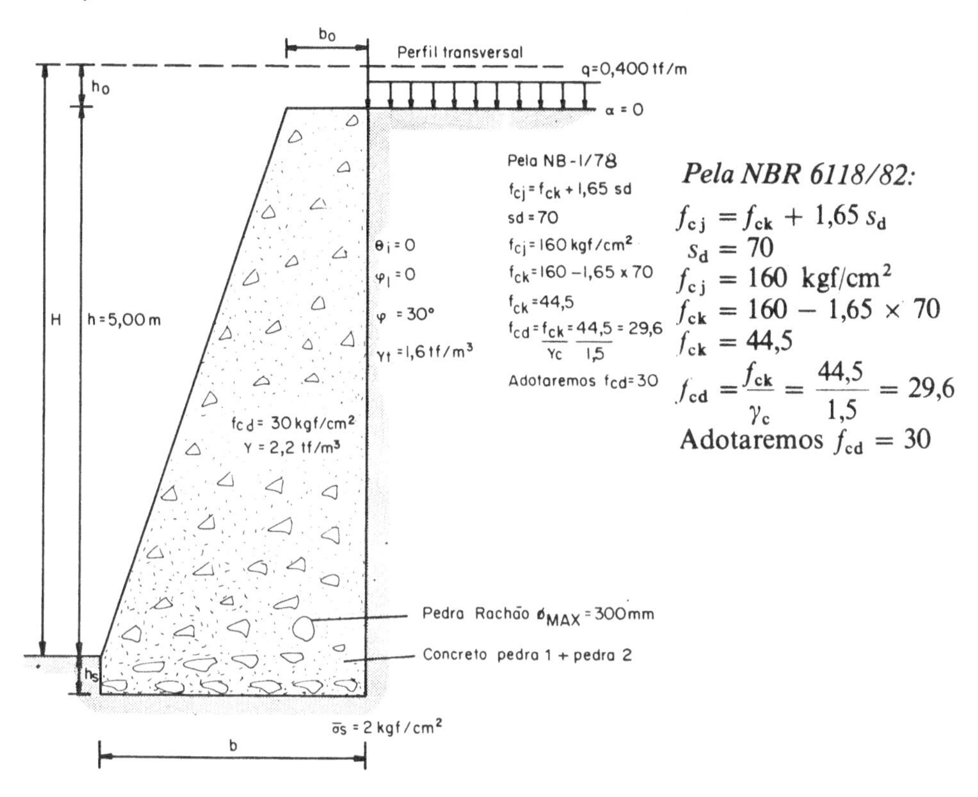

Pela NBR 6118/82:

$$f_{cj} = f_{ck} + 1{,}65\, s_d$$
$$s_d = 70$$
$$f_{cj} = 160 \text{ kgf/cm}^2$$
$$f_{ck} = 160 - 1{,}65 \times 70$$
$$f_{ck} = 44{,}5$$
$$f_{cd} = \frac{f_{ck}}{\gamma_c} = \frac{44{,}5}{1{,}5} = 29{,}6$$

Adotaremos $f_{cd} = 30$

Detalhe da drenagem

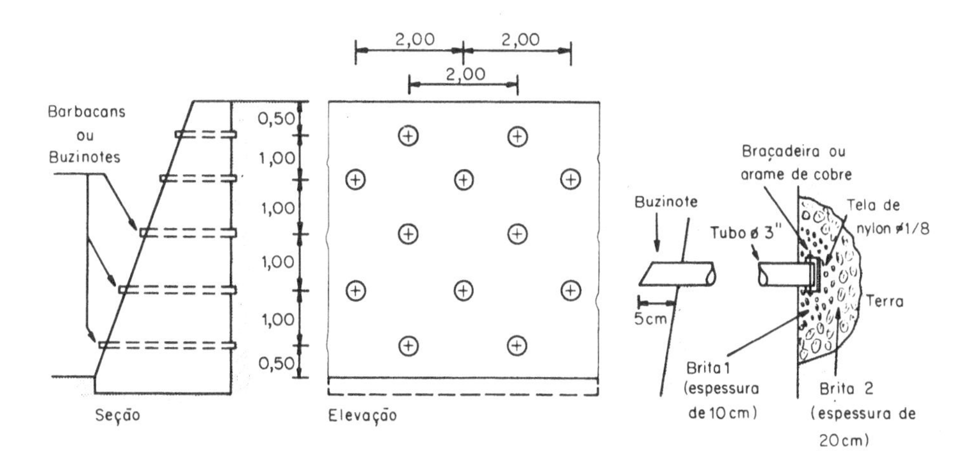

Fórmulas empíricas:

$b_0 = 0{,}14\,h$ $\qquad$ $b_0 = 0{,}14 \times 5{,}00 = 0{,}70\ \text{m}$

$b = b_0 + \dfrac{h}{3}$ $\qquad$ $b = 0{,}70 + \dfrac{5{,}00}{3} = 0{,}70 + 1{,}67 = 2{,}37\ \text{m}$

b_0 ... largura do topo $\qquad$ Adotamos:
b ... largura da base $\qquad$ $b = 2{,}50\ \text{m}$
h ... altura do muro $\qquad$ $h_s = 0{,}30\ \text{m}$
h_s ... trecho enterrado, servindo de sapata (depende do solo)

IV.3.3.3 — VERIFICAÇÃO DA ESTABILIDADE

PARTE I – VERIFICAÇÃO DA ESTABILIDADE DO CONJUNTO – (junta do terreno de fundação)

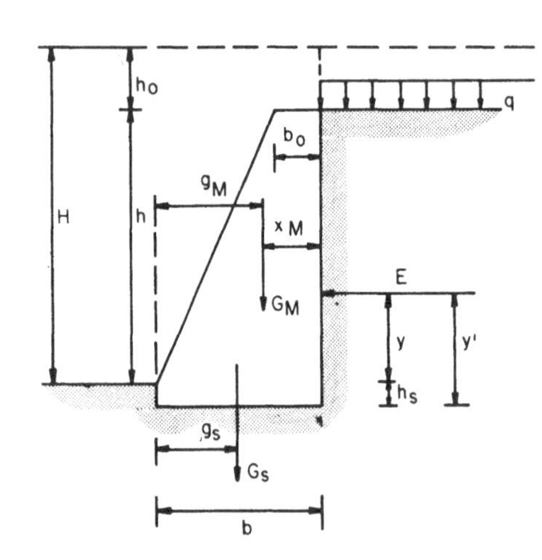

1) *CÁLCULO DO EMPUXO*

A) Coeficiente de Coulomb

$\alpha = 0$

$\theta_i = 0 \quad K = \text{tg}^2\left(45^0 - \dfrac{\varphi}{2}\right)$

$\varphi_1 = 0 \quad K = \text{tg}^2\left(45^0 - \dfrac{30}{2}\right) = \text{tg}^2 30^0$

$$K = \left(\frac{1}{\sqrt{3}}\right)^2 = \frac{1}{3} = 0{,}333$$

B) Altura de terra equivalente à sobrecarga

$$h_0 = \frac{q}{\gamma_t} = \frac{0{,}400}{1{,}600} = 0{,}25\ \text{m}$$

C) Altura total

$H = h + h_0 = 5{,}00 + 0{,}25 = 5{,}25\,\text{m}$

D) Grandeza ... $E = \dfrac{1}{2} k\gamma_t (H^2 - h_0^2)$

$$E = \frac{1}{2} 0{,}33 \times 1{,}6\,[(5{,}25)^2 - (0{,}25)^2] = 7{,}3\ \text{tf/m}$$

E) Ponto de aplicação

$$y = \frac{h}{3} \times \frac{2h_0 + H}{h_0 + H} \qquad y = \frac{5{,}00}{3} \times \frac{2 \times 0{,}25 + 5{,}25}{0{,}25 + 5{,}25} = 1{,}75\ \text{m}$$

F) Direção ...... $\delta = \varphi_1 + \theta_i = 0$

G) Componentes – $E_v = E \operatorname{sen} \delta = 0$
$E_H = E \cos \delta = E = 7{,}3\ \text{tf/m}$

H) Braço ... $y' = y + h_s = 1{,}75 + 0{,}30 = 2{,}05\ \text{m}$

2) *CARGAS E RESPECTIVOS BRAÇOS*

A) MURO ... $G_M = \frac{1}{2} h\gamma (b_0 + b) = \frac{1}{2} \times 5{,}00 \times 2{,}2\,(0{,}70 + 2{,}50)$

$G_M = 17{,}6$ tf/m

Ponto de aplicação: $x_M = \dfrac{b_0^2 + bb_0 + b^2}{3\,(b + b_0)}$

$$x_M = \frac{0{,}49 + 2{,}50 \times 0{,}70 + 6{,}25}{3\,(2{,}50 + 0{,}70)} = 0{,}88 \text{ m}$$

Braço ...... $g_m = b - x_m = 2{,}50 - 0{,}88 = 1{,}62$ m

B) SAPATA... $G_s = h_s \gamma\, b = 0{,}30 \times 2{,}2 \times 2{,}50 = 1{,}65$ tf/m

Braço ... $g_s = \dfrac{b}{2} = 1{,}25$ m

3) *MOMENTOS*

$M_i = G_M g_M + G_s g_s = 17{,}6 \times 1{,}62 + 1{,}65 \times 1{,}25 = 30{,}57$ tfm

$M_e = Ey' = -\ 7{,}3 \times 2{,}05\ \ldots = -\ 14{,}96$ tfm

$M = M_i - M_e = 15{,}61$ tfm

4) *POSIÇÃO DO CENTRO DE PRESSÃO*

$u = \dfrac{M}{N} = \dfrac{15{,}61}{19{,}25} = 0{,}81$ m

$N = G_M + G_s = 17{,}6 + 1{,}65 = 19{,}25$ tf

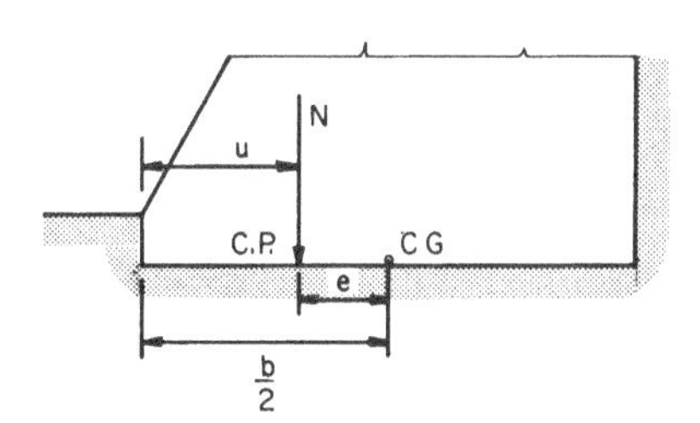

5) *EXCENTRICIDADE*

$e = \dfrac{b}{2} - u = \dfrac{2{,}50}{2} - 0{,}81 = 0{,}44$ m

6) *EQUILÍBRIO ESTÁTICO*

a) coeficiente de segurança contra escorregamento

$\varepsilon_1 = \mu \dfrac{N}{T} = 0{,}55 \dfrac{19{,}25}{7{,}3} = 1{,}45$

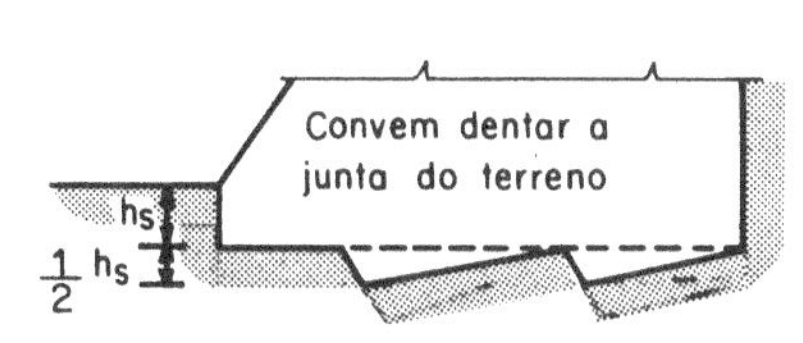

$T = E$ Condição $\varepsilon_1 \geqslant 1{,}5$ – aceitável.
Esta condição é a mais trabalhosa para ser cumprida, no caso consideramos aceitável.

b) Coeficiente de segurança contra rotação

$$\varepsilon_2 = \frac{G_M g_M + G_s g_s}{Ey'} = \frac{M_i}{M_e} = \frac{30{,}57}{14{,}96} = 2{,}0 > 1{,}5 \text{ satisfaz}$$

7) *EQUILÍBRIO ELÁSTICO*

Cálculos auxiliares

$$\frac{N|}{S} = \frac{N}{b} = \frac{19{,}25}{2{,}50} = 7{,}7 \text{ tf/m}^2 \qquad \frac{6e}{b} = \frac{6 \times 0{,}44}{2{,}50} = 1{,}06$$

TENSÕES:

Máxima ...... $\sigma_1 = \frac{N}{S}\left(1 + \frac{6e}{b}\right) = 7{,}7\,(1 + 1{,}06) = 15{,}8 \text{ tf/m}^2 < \bar{\sigma}_s$

Mínima ... $\sigma_2 = \frac{N}{S}\left(1 - \frac{6e}{b}\right) = 7{,}7\,(1 - 1{,}06) = -\,0{,}5 \text{ tf/m}^2 < 0$ (Tração)

EXCLUINDO TRAÇÃO:

$$\sigma_{max} = \frac{2N}{3u} = \frac{2 \times 19{,}25}{3 \times 0{,}81} = 16 \text{ tf/m}^2 < \bar{\sigma}_s = 20 \text{ tf/m}^2$$

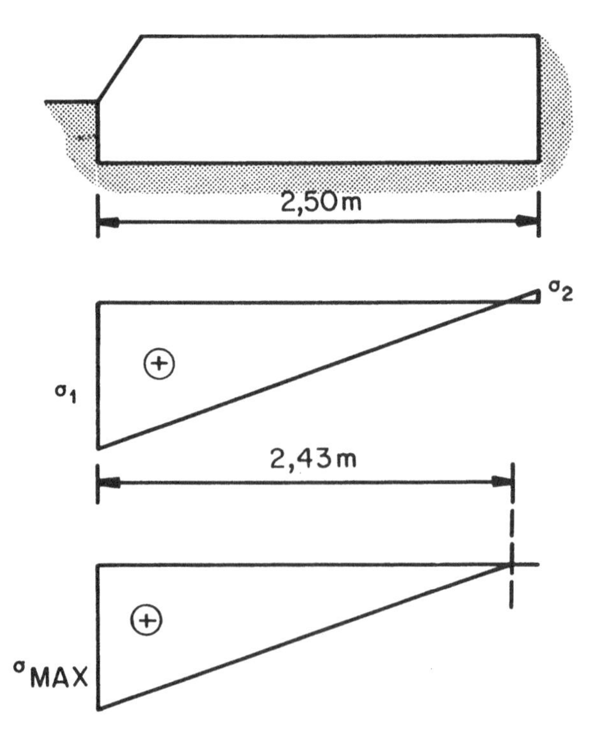

PARTE II – VERIFICAÇÃO DA ESTABILIDADE DAS JUNTAS

Vamos verificar as juntas indicadas no desenho, para cada 1,25 m a partir do topo do muro.

O cálculo será analítico, e os resultados serão resumidos na tabela final.

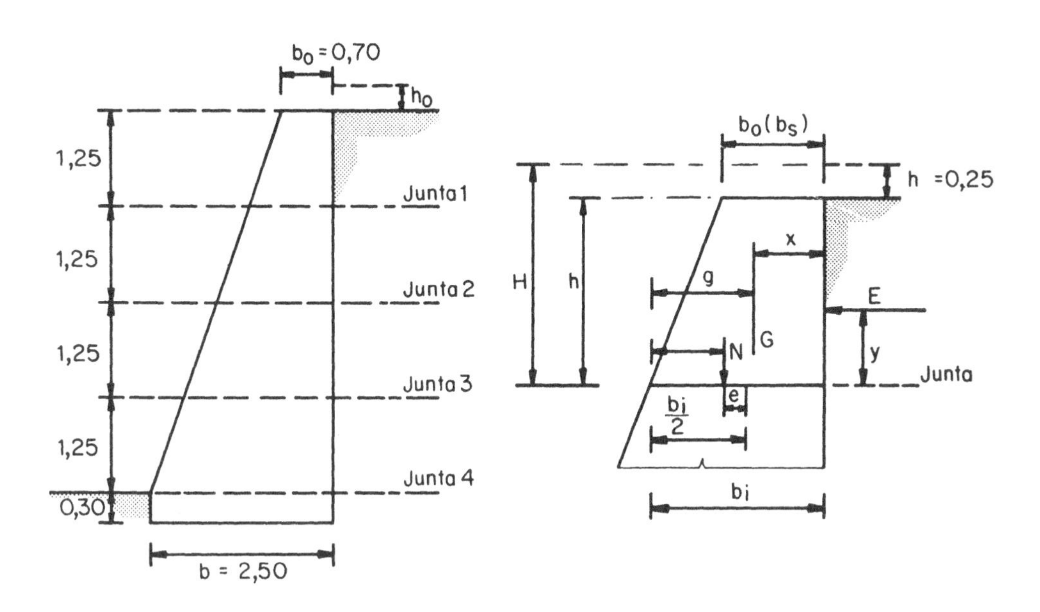

FÓRMULAS

$$\Delta b = \frac{b - b_0}{4} = \frac{2{,}50 - 0{,}70}{4} = \frac{1{,}80}{4} = 0{,}45\ \text{m}$$

$$b_i = b_s + 0{,}45\ \text{m}$$

$$G = \frac{1}{2} h\gamma (b_s + b_i) \ldots \text{tf/ml} \quad \frac{1}{2}\gamma = 1{,}1$$

$$x = \frac{b_s^2 + b_s b_i + b_i^2}{3(b_s + b_i)}$$

$$g = b_i - x$$

$$M_G = G_g$$

$$E = \frac{1}{2} K\gamma_t (H^2 - h_0^2) = \frac{1}{2} 0{,}33 \times 1{,}6 (H^2 - 0{,}25^2) = 0{,}264 (H^2 - 0{,}0625)$$

$$y = \frac{h}{3} \times \frac{2h_0 + H}{h_0 + H} = \frac{h}{3} \times \frac{H + 0{,}50}{H + 0{,}25} \qquad H = h + h_0 = h + 0{,}25$$

$M_E = Ey$

$M = M_G - M_E \qquad u = \dfrac{M}{G} \qquad e = \dfrac{b_i}{2} - u$

$\varepsilon_1 = \mu \dfrac{G}{E} = 0{,}70 \dfrac{G}{E} \geqslant 1{,}5 \qquad \varepsilon_2 = \dfrac{M_G}{M_E} \geqslant 1{,}5$

$\dfrac{N}{S} = \dfrac{G}{b_i} \qquad \dfrac{6e}{b_i} \qquad \sigma_1 = \dfrac{G}{b_i}\left(1 + \dfrac{6e}{b_i}\right) \leqslant f_{cd} = 30 \text{ kgf/cm}^2$

$\sigma_2 = \dfrac{G}{b_i}\left(1 - \dfrac{6e}{b_i}\right) > 0$

1) *CÁLCULO DAS CARGAS PARCIAIS*

a) EMPUXOS

Junta – 1 ...... $H = 1{,}25 + 0{,}25 = 1{,}50$ m $H^2 = 2{,}25$
$E = 0{,}264\ (2{,}25 - 0{,}06) = 0{,}58$ tf/m

Junta – 2 ...... $H = 2{,}50 + 0{,}25 = 2{,}75$ m ...... $H^2 = 7{,}56$
$E = 0{,}264\ (7{,}56 - 0{,}06) = 1{,}98$ tf/m

Junta – 3 ...... $H = 3{,}75 + 0{,}25 = 4{,}00$ m ...... $H^2 = 16{,}00$
$E = 0{,}264\ (16{,}00 - 0{,}06) = 4{,}20$ tf/m

Junta – 4 ...... $H = 5{,}00 + 0{,}25 = 5{,}25$ m $H^2 = 27{,}56$
$E = 0{,}264\,(27{,}56 - 0{,}06) = 7{,}26 \sim 7{,}3$ confere

b) PESOS:

Junta – 1 ...... $b_i = b_0 + \Delta b = 0{,}70 + 0{,}45 = 1{,}15$ m $h = 1{,}25$
$G = 1{,}1 \times 1{,}25 \times (0{,}70 + 1{,}15) = 2{,}54$ tf/m

Junta – 2 ...... $b_i = 1{,}15 + 0{,}45 = 1{,}60$ m
$G = 1{,}1 \times 2{,}50 \times (0{,}70 + 1{,}60) = 6{,}33$ tf/m

Junta – 3 ...... $b_i = 1{,}60 + 0{,}45 = 2{,}05$ m
$G = 1{,}1 \times 3{,}75 \times (0{,}70 + 2{,}05) = 11{,}34$ tf/m

Junta – 4 ...... $b_i = 2{,}05 + 0{,}45 = 2{,}50$
$G = 1{,}1 \times 5{,}00 \times (0{,}70 + 2{,}50) = 17{,}60$ tf/m

2) *CÁLCULO DOS BRAÇOS*

a) EMPUXOS

Junta – 1 ...... $y = 0{,}42 \times \dfrac{1{,}75}{1{,}50} = 0{,}49$ m

Junta – 2 ...... $y = 0{,}83 \times \dfrac{3{,}00}{2{,}75} = 0{,}91$ m

Junta – 3 ...... $y = 1{,}25 \times \dfrac{4{,}25}{4{,}00} = 1{,}33$ m

Junta – 4 ...... $y = 1{,}67 \times \dfrac{5{,}50}{5{,}25} = 1{,}75$ m

b) PESOS

$$\text{Junta} - 1 \ldots x = \frac{0{,}49 + 0{,}81 + 1{,}32}{5{,}55} = 0{,}47 \ldots g = 1{,}15 - 0{,}47 = 0{,}68\ \text{m}$$

$$\text{Junta} - 2 \ldots x = \frac{0{,}49 + 1{,}12 + 2{,}56}{6{,}90} = 0{,}60 \ldots g = 1{,}60 - 0{,}60 = 1{,}00\ \text{m}$$

$$\text{Junta} - 3 \ldots x = \frac{0{,}49 + 1{,}44 + 4{,}20}{8{,}25} = 0{,}74 \ldots g = 2{,}05 - 0{,}74 = 1{,}31\ \text{m}$$

$$\text{Junta} - 4 \ldots x = \frac{0{,}49 + 1{,}75 + 6{,}25}{9{,}60} = 0{,}88 \ldots g = 2{,}50 - 0{,}88 = 1{,}62\ \text{m}$$

3) *MOMENTOS*

a) PESOS: ...... $M_G = G \times g$
Junta 1 .... $M_G = 2{,}54 \times 0{,}68 = 1{,}70$ tfm
Junta 2 .... $M_G = 6{,}33 \times 1{,}00 = 6{,}33$ tfm
Junta 3 .... $M_G = 11{,}34 \times 1{,}31 = 14{,}86$ tfm
Junta 4 .... $M_G = 17{,}60 \times 1{,}62 = 28{,}51$ tfm

b) EMPUXOS: ...... $M_E = Ey$
Junta 1 .... $M_E = 0{,}58 \times 0{,}49 = 0{,}28$ tfm
Junta 2 .... $M_E = 1{,}98 \times 0{,}91 = 1{,}80$ tfm
Junta 3 .... $M_E = 4{,}20 \times 1{,}33 = 5{,}59$ tfm
Junta 4 .... $M_E = 7{,}30 \times 1{,}75 = 12{,}78$ tfm

4) *TABELA GERAL – RESULTADOS*

Juntas	Dimensões			Cargas tf/m		Momentos tfm			Posição C · P_m	Excent. e_m	Coefic. de seg.		Tensões tf/m²	
	b_i	h	H	G	E	M_G	M_E	M			ε_1	ε_2	σ_1	σ_2
1	1,15	1,25	1,50	2,54	0,58	1,70	−0,28	1,42	0,56	0,02	3,0	6,0	2,4	2,0
2	1,60	2,50	2,75	6,33	1,98	6,33	−1,80	4,53	0,72	0,08	2,2	3,5	5,2	2,8
3	2,05	3,75	4,00	11,34	4,20	14,86	−5,59	9,27	0,82	0,21	1,9	2,6	8,9	2,2
4	2,50	5,00	5,25	17,88	7,30	28,51	−12,78	15,73	0,91	0,34	1,7	2,2	13,0	1,3

CONCLUSÃO:

1) Equilíbrio estático – Os valores de ε_1 e ε_2 estão acima de 1,5
2) Equilíbrio elástico – Não temos tração $\sigma_2 > 0$ e estamos abaixo da tensão admissível à compressão $\sigma_1 < f_{cd} = 300\ \text{tf/m}^2$

3) Na junta do terreno estamos com $\sigma_{max} = 13\ tf/m^2 < \bar{\sigma}_s = 20\ tf/m^2$, também de acordo com as condições inicialmente especificadas.

VOLUME DE CONCRETO POR METRO LINEAR DE MURO = $= 15\ m^3/m$ de muro.

ÁREA DE FORMAS POR METRO LINEAR DE MURO = $10{,}31\ m^2/m$ de muro (no cálculo do preço da madeira, deverá ser levado em conta o seu reaproveitamento, mínimo de 4 vezes)

IV.4 – MURO DE ARRIMO ELÁSTICO DE CONCRETO ARMADO – TIPO CORRIDO OU CONTÍNUO

IV.4.1 – CONSIDERAÇÃO PRELIMINAR

Esse tipo de estrutura, é o que apresenta maior facilidade de execução, sendo sua aplicação economicamente vantajosa para alturas até 4,00 m, embora nada há em contrário sob o aspecto técnico quanto ao seu emprego para maiores alturas.

A) *TERMINOLOGIA*

a) Trecho *AB* – Muro ou parede
b) Trecho *CD* – Sapata
c) *G*........... – Mísula
d) Trecho *EF* – Dente de Ancoragem
e) Trecho *CE* – Ponta da sapata – parte que se projeta fora da terra (talude)
f) Trecho *HD* – Talão da sapata – parte que se projeta do lado da terra (talude)

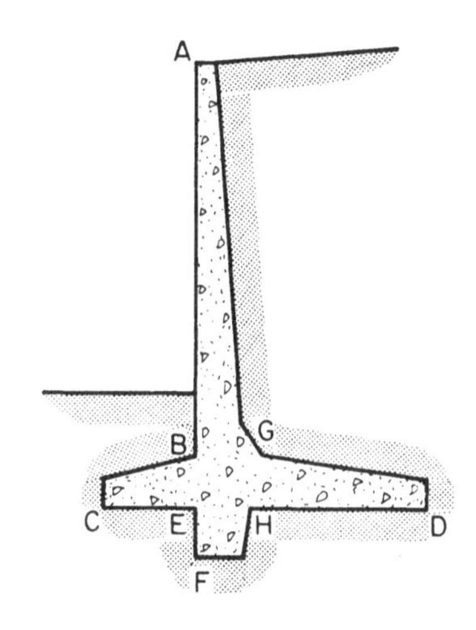

B) *DETALHES DE EXECUÇÃO*

Podemos aumentar a resistência contra o efeito de escorregamento, recorrendo aos seguintes detalhes construtivos:

a) *Dente na sapata* – garantimos maior ancoragem no terreno.

b) *Inclinando-se convenientemente a sapata* – Aumenta-se a ação de resultante normal, melhorando-se assim, pelas condições de atrito, a resistência contra escorregamento

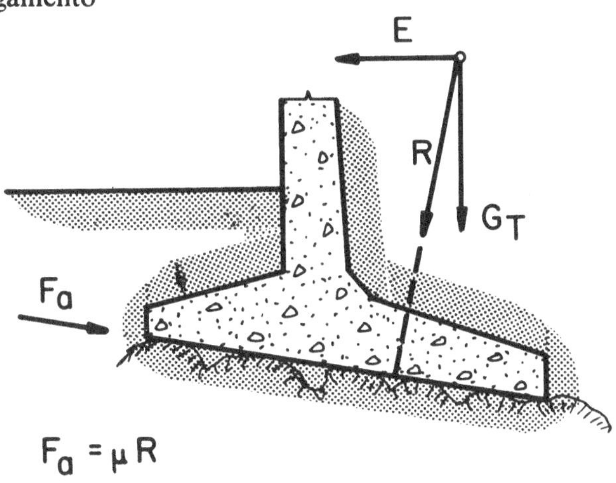

C) *DRENAGEM* – A fim de conservar o terreno enxuto e não provocar aumentos de empuxo, convém colocar, ao longo da interseção da sapata com a parede, um dreno com derivações atravessando a parede em certos intervalos, permitindo o rápido escoamento das águas para o lado externo. Essa saída, em muitos casos, é conectada a uma tubulação e dirigida para uma galeria de águas pluviais.

Detalhe da drenagem

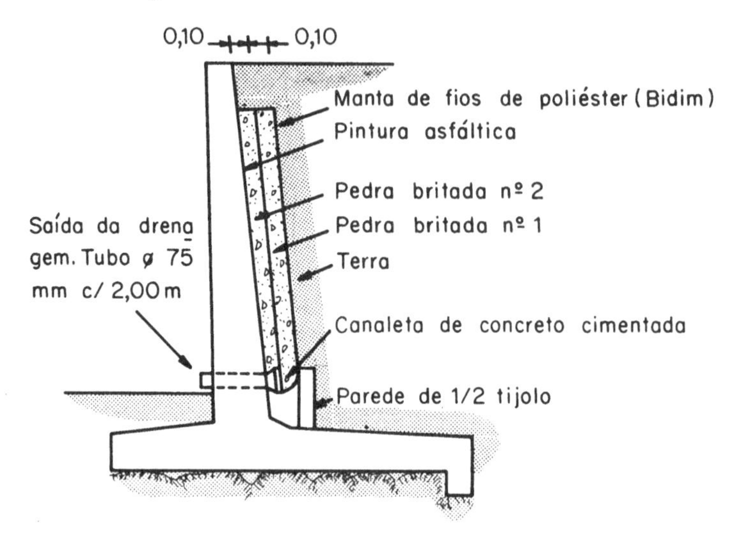

Existem outros tipos de detalhes para drenagem, mais eficiente, porém de difícil execução, conforme indicação abaixo. Emprega-se apenas areia grossa, que poderá ficar envolvida em manta de fios de poliéster.

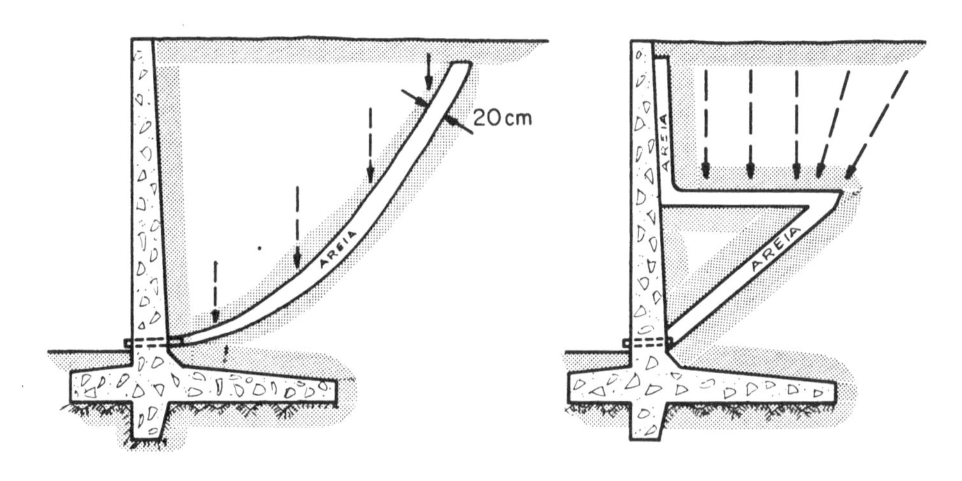

D) *JUNTAS DE DILATAÇÃO*

No caso de muros de grande comprimento, a fim de combater aos esforços causados pelas variações de temperatura, convém deixarmos juntas de dilatação cada 25,00 m ou colocar uma armadura suplementar do lado da face externa da parede, que está sujeita a essas variações.

As juntas de dilatação poderão ser preenchidas com massa elástica, preparada na base de mastique e silicone, espessura mínima 25 mm.

IV.4.2 – CARGAS SOLICITANTES

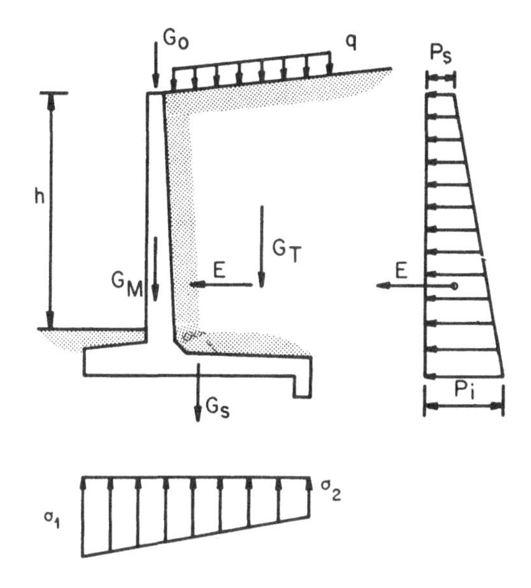

G_0 .... Carga concentrada, eventualmente aplicada no topo
E .... Empuxo de terra
G_T .... Peso da terra sobre o talão
G_M .... Peso próprio do muro
G_s .... Peso próprio da sapata
σ_1, σ_2 ...... Reações do solo – Diagrama
P_s, P_i ...... Pressões da terra sobre o muro (carga equivalente ao empuxo E) – Diagrama.

IV.4.3 – MARCHA DOS CÁLCULOS

O cálculo é elaborado para a extensão de 1,00 m de muro. A única dimensão previamente conhecida é a altura h do muro.

Resumidamente, a marcha dos cálculos obedece as seguintes partes:

1.ª *parte – Fixação das dimensões* – elaboração do projeto da estrutura.

2.ª *parte – Verificação da estabilidade do conjunto.*

Cumprida esta parte, teremos condições para elaborar um orçamento estimativo da estrutura.

3.ª *parte – Cálculo dos esforços internos solicitantes no muro, e dimensionamento das armaduras* – O muro é calculado como uma laje em balanço, engastada na sapata. A compressão, devida G_0 e G_M, pode ser desprezada.

4.ª *parte – Cálculo dos esforços internos solicitantes na sapata e dimensionamento das armaduras* – Colocamos armaduras independentes para a ponta e talão da sapata, aproveitando parte para ancoragem da ferragem do muro ...

IV.4.4 – PROJETO DE UM MURO DE ARRIMO DE CONCRETO ARMADO – TIPO CORRIDO

IV.4.4.1 — DADOS E ESPECIFICAÇÕES

A – DADOS

a) *Perfil do terreno*

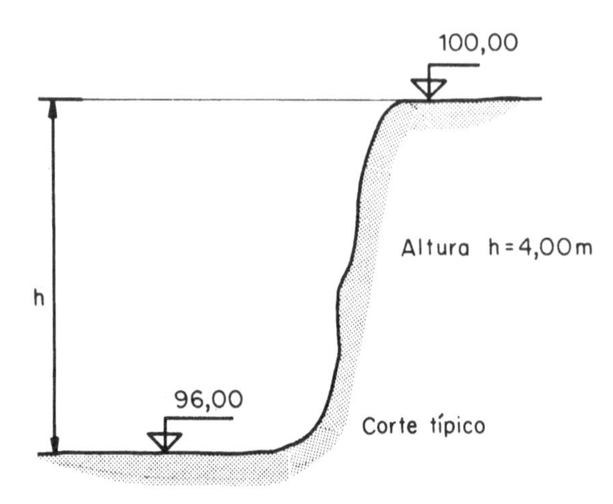

b) *Tipo de solo* – Pelos resultados de alguns furos de sondagem, o solo foi caracterizado como de profunda camada de argila silto-arenosa.

Consultando bibliografia especializada, adotou-se os seguintes parâmetros para o solo:

Ângulo de talude natural ... $\varphi = 30^{\circ}$
Massa específica aparente da terra ... $\gamma_t = 1{,}6\ \text{tf/m}^3$
Tensão admissível no solo (Cota 95,70) $\bar{\sigma}_s = 1{,}5\ \text{kgf/cm}^2$

c) *Cargas adicionais*

Deverá ser previsto no topo do muro um parapeito de alvenaria de tijolos (espessura de 1/2 tijolo – altura de 1,20 m).

Deverá ser prevista a possibilidade de uma sobrecarga no terreno de 320 kgf/m^2.

B – ESPECIFICAÇÕES

a) *Aço — CA — 50 B* (aço encruado sem patamar de escoamento no diagrama Tensão-Deform.)

Resistência do escoamento à tração $f_{yk} = 5.000\ \text{kgf/cm}^2$
Resistência de cálculo do aço à tensão $f_{yd} = 4\,300\ \text{kgf/cm}^2$

$\gamma_s = 1{,}15$ — NBR 6118/82 item 5.3, inciso 5.3.1.1.

b) *Concreto* – Amassado em betoneira na própria obra.

Resistência caracterizada do concreto à compressão (antigamente designada σ_R)

$$f_{cK} = 135 \text{ kgf/cm}^2$$

Resistência da dosagem — NBR 6118/82 — art. 8.3.

Cimento medido em peso, agregados (volume e umidade dos agregados estimada visualmente, com assistência de profissional legalmente habilitado).

$f_{cj} = f_{ck} + 1{,}65\, S_d$ .... kgf/cm²
$j = 28$ dias
$S_d = 55$
$f_{cj} = 135 + 1{,}65 \times 55 = 225{,}75$
$f_{c28} = 225 \text{ kgf/cm}^2$

COEFICIENTES DE MINORAÇÃO E SEGURANÇA

NBR 6118/82 — item 5.4.
$\gamma_c = 1{,}4$
$\gamma_s = 1{,}15$
$\gamma_f = 1{,}4$

c) *Controle tecnológico* – Verificação da resistência dos materiais de acordo com as normas da A.B.N.T.

d) *Metodologia executiva* – Retirar parte da terra, para construção do muro no alinhamento determinado pelo projeto arquitetônico.

Construir o muro, respeitando as normas de execução para reduzir os efeitos de retração do concreto, etc.

Reaterrar, apiloando o terreno com soquete manual em camadas superpostas de 20 cm de espessura.

Controlar a umidade do aterro, por qualquer processo expedito.

Executar a drenagem concomitantemente com o aterro junto ao muro.

Cumprir as normas gerais de execução das estruturas de concreto armado, conforme NBR 6118.

IV.4.4.2 — PROJETO ESTRUTURAL

PARTE I – FIXAÇÃO DAS DIMENSÕES

A – CÁLCULO DO EMPUXO DE TERRA

a) Altura de terra equivalente à sobrecarga no terreno adjacente ao topo do muro.

$q = 320 \text{ kgf/m}^2$

$$h_0 = \frac{q}{\gamma_t} = \frac{320}{1\,600} = 0{,}20 \text{ m}$$

b) Coeficiente de empuxo (coeficiente de Coulomb)

Tratando-se de obras de grande vulto, torna-se interessante o estudo das características físicas do solo em laboratório; quando, porém, a importância da obra for relativa, podemos aplicar diretamente a teoria de Coulomb, adotando-se parâmetros recomendados nos manuais técnicos.

Nos casos mais comuns da prática, fazemos $\alpha = 0$ (inclinação do terreno adjacente); $\theta_i = 0$ (despreza-se a inclinação do tardoz); $\varphi_1 = 0$ (considera-se a superfície do tardoz lisa).

Nestas condições, o empuxo será considerado horizontal e o coeficiente de empuxo será calculado pela fórmula:

$$K = \operatorname{tg}^2\left(45^\circ - \frac{\varphi}{2}\right)$$

$$K = \operatorname{tg}^2\left(45^\circ - \frac{30^\circ}{2}\right) = \operatorname{tg}^2(30^\circ) = \left(\frac{1}{\sqrt{3}}\right)^2 = 0{,}333$$

c) Altura total ... $H = h + h_0$

$H = 4{,}00 + 0{,}20 = 4{,}20\ \text{m}$

d) Grandeza do empuxo

$$E = \frac{1}{2} K \gamma_t (H^2 - h_0^2) = 0{,}5 \times 0{,}33 \times 1{,}6\,(4{,}\overline{20}^2 - 0{,}\overline{20}^2)$$

$E = 4{,}7\ \text{tf/m}$

e) Direção ... $\delta = \theta_i + \varphi_1 = 0$ ... Horizontal

f) Ponto de aplicação:

$$y = \frac{h}{3} \times \frac{2h_0 + H}{h_0 + H} = \frac{4{,}00}{3} \times \frac{0{,}40 + 4{,}20}{0{,}20 + 4{,}20} = 1{,}39\ \text{m}$$

B – MOMENTO FLETOR NA BASE DO MURO DEVIDO AO EMPUXO:

Como foi dito, o muro será calculado como uma laje vertical, em balanço, e engastada na sapata.

$M = E \cdot y$

$M = 4{,}7 \times 1{,}39 = 6{,}533\ \text{tfm/m}$

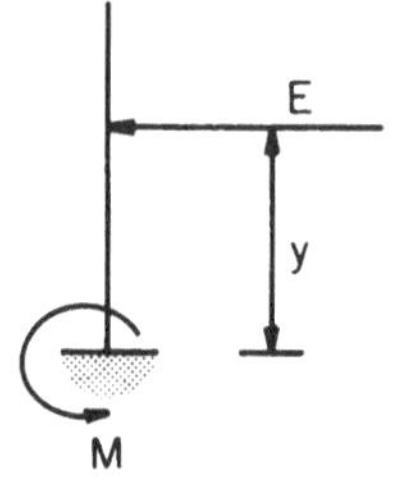

C – PRÉ-DIMENSIONAMENTO

a) Base do muro: –

Altura útil da seção de concreto:

$d = 10\sqrt{M} = 10\sqrt{6{,}533} = 25{,}5\ \text{cm}$

Adotamos $d = 27\ \text{cm}$

Cobrimento de concreto — NBR 6118 — art. 6.3.3, item c

$d_i = d + 3\ \text{cm} = 27 + 3 = 30\ \text{cm}$

b) topo do muro — (De acordo com a NBR 6118 — art. 8 — inciso 8.1.2.3.)
Admitindo o diâmetro máximo do agregado graúdo 25 mm (pedra n.º 2)

$d_0 = 4 \times 25\,\text{mm} = 100\,\text{mm} = 10\,\text{cm}$

Medidas práticas para o topo do muro, atendendo a Norma, de acordo com o agregado graúdo empregado:

Brita n.º 2 .... $d_0 = 10\,\text{cm}$
Brita n.º 3 .... $d_0 = 15\,\text{cm}$

c) Sapata:

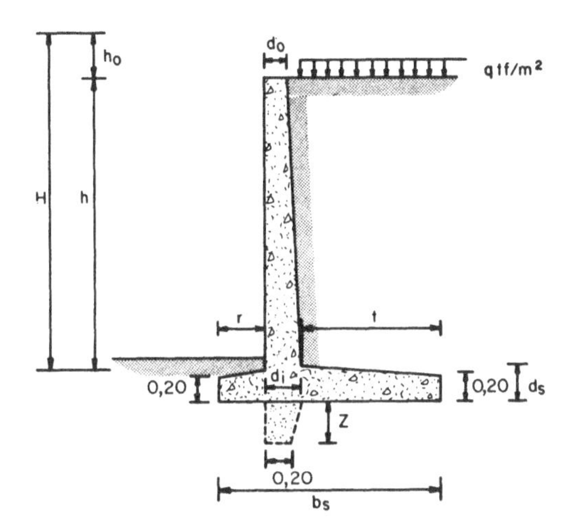

Largura – A experiência nos tem dado valores para b_s, entre 50% a 60% da altura do muro e para a ponta entre 1/6 a 1/8 de h.

Portanto, temos:

$$b_s = 0{,}5\,h = 0{,}5 \times 4{,}00 = 2{,}00\,\text{m}$$

$$r = \frac{1}{6}h = \frac{1}{6} \times 4{,}00 = 6{,}66 \sim 0{,}70\,\text{m}$$

$$t = b_s - (r + d_i) = 2{,}00 - (0{,}70 + 0{,}30) = 1{,}00\,\text{m}$$

Espessura – A sapata poderá ter espessura variável

Como condição de engastamento do muro na sapata, é necessário que $d_s > d_i$.

No caso temos $d_i = 30\,\text{cm}$

Adotamos $d_s = d_i = 30\,\text{cm}$

As espessuras das extremidades são adotadas entre 10 a 30 cm; dependendo a espessura d_s, deve ser dado um chanfro suave na face superior da sapata. Adotamos 20 cm nas extremidades.

O dente de ancoragem será oportunamente determinado, na verificação do equilíbrio estático.

PARTE II – VERIFICAÇÃO DO CONJUNTO

PROJETO

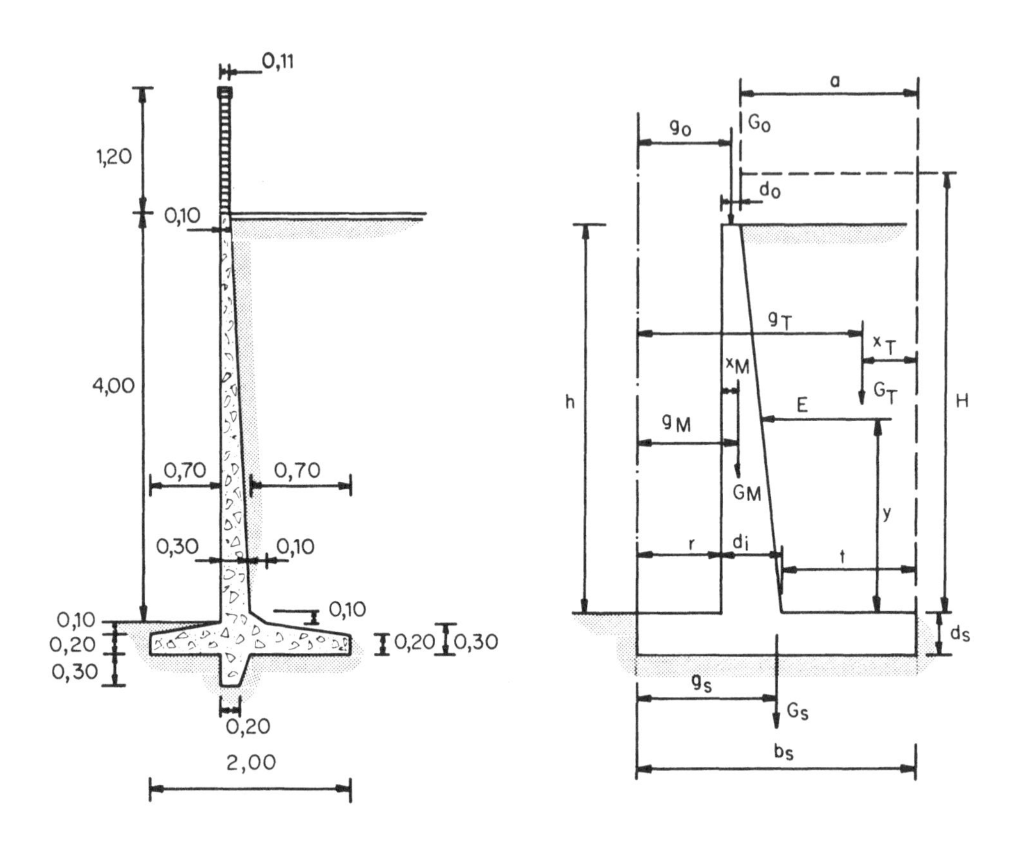

Antes de calcular os esforços para a determinação das armaduras, será necessário verificar-se, com as dimensões adotadas, se o conjunto apresenta estabilidade.

Nesta verificação, desprezamos as inclinações da sapata e a mísula junto à parede.

A – CARGAS VERTICAIS

a) No topo – Parapeito de alvenaria:

$$G_0 = 0{,}11 \times 1{,}20 \times 1{,}6 = 0{,}21 \text{ tf/m}$$

b) Peso do muro:

$$G_m = \frac{1}{2} h \gamma_c (d_0 + d_i) = \frac{4{,}00}{2} \times 2{,}5\,(0{,}10 + 0{,}30) = 2{,}00 \text{ tf/m}$$

c) Peso da sapata

$G_s = d_s \gamma_c b_s = 0{,}30 \times 2{,}5 \times 2{,}00 = 1{,}50 \text{ tf/m}$

d) Peso da terra sobre o talão da sapata

$a = (t + d_i) - d_0 = (1{,}00 + 0{,}30) - 0{,}10 = 1{,}20 \text{ m}$

$$G_T = \frac{h}{2}\gamma_t (t + a) = \frac{4{,}00}{2} \times 1{,}6\,(1{,}00 + 1{,}20) = 7{,}04 \text{ tf/m}$$

B – CARGA HORIZONTAL

Empuxo ativo .... $E = 4{,}7$ tf/m

C – BRAÇOS

a) Parapeito .... $g_0 = r + \dfrac{d_0}{2} = 0{,}70 + \dfrac{0{,}10}{2} = 0{,}75 \text{ m}$

b) Muro ...

$$x_M = \frac{d_0^2 + d_0 d_i + d_i^2}{3\,(d_0 + d_i)} = \frac{\overline{0{,}10}^2 + 0{,}10 \times 0{,}30 + \overline{0{,}30}^2}{3\,(0{,}10 + 0{,}30)} = 0{,}108 \text{ m}$$

$g_M = r + x_M = 0{,}70 + 0{,}108 = 0{,}808 \sim 0{,}81 \text{ m}$

c) Sapata .... $g_s = \dfrac{b_s}{2} = \dfrac{2{,}00}{2} = 1{,}00 \text{ m}$

d) Terra sobre o talão da sapata

$$x_T = \frac{a^2 + at + t^2}{3(a + t)} = \frac{1{,}20^2 + 1{,}20 \times 1{,}00 + \overline{1{,}00}^2}{3(1{,}20 + 1{,}00)} = 0{,}55 \text{ m}$$

$g_T = b_s - x_T = 2{,}00 - 0{,}55 = 1{,}45 \text{ m}$

e) Empuxo .... $y' = y + d_s = 1{,}39 + 0{,}30 = 1{,}69 \text{ m}$

D – MOMENTOS

$G_0 g_0 = 0{,}21 \times 0{,}75 \ldots = 0{,}157$
$G_M g_M = 2{,}00 \times 0{,}81 \ldots = 1{,}620$
$G_s g_s = 1{,}50 \times 1{,}00 \ldots = 1{,}500$
$G_T g_T = 7{,}04 \times 1{,}45 \ldots = 10{,}208$

$M_i = G_0 g_0 + G_M g_M + G_s g_s + G_T g_s = 13{,}485 \text{ tfm}$
$M_e = -\,E.y' = 4{,}7 \times 1{,}69 = -\,7{,}943 \text{ tfm}$
$M = M_i - M_e = 5{,}542 \text{ tfm}$

E – COMPONENTES

a) Componente normal:

$N = G_0 + G_M + G_s + G_T = 10{,}75 \text{ tf/m}$

b) Componente tangencial

$T = E = 4{,}7 \text{ tf/m}$

F – POSIÇÃO DO CENTRO DE PRESSÃO

(Ponto de aplicação da resultante)

$$u = \frac{M}{N} = \frac{5{,}542}{10{,}75} = 0{,}51 \text{ m}$$

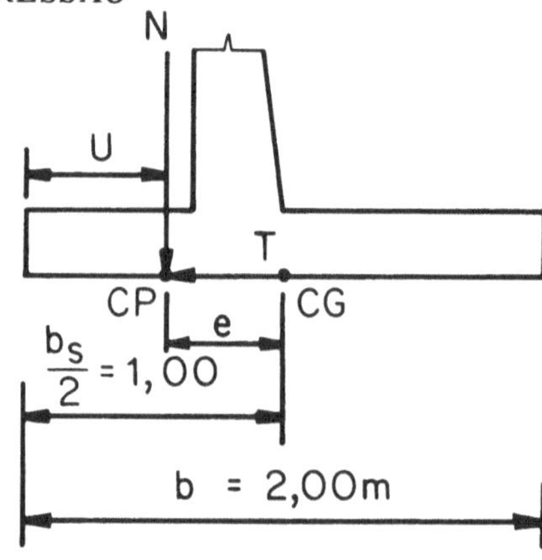

G – EXCENTRICIDADE

$$e = \frac{b_s}{2} - u = \frac{2{,}00}{2} - 0{,}51 = 0{,}49 \text{ m}$$

H – EQUILÍBRIO ESTÁTICO

Coeficiente de segurança.

a) *Escorregamento*:

$$\varepsilon_1 = \mu \frac{N}{T} = 0{,}55 \frac{10{,}75}{4{,}7} = 1{,}25$$

$\mu = 0{,}55$ ... Coeficiente de atrito, concreto sobre terra seca.

O coeficiente de segurança para garantir a estabilidade estática, adotado pela maioria das normas técnicas, é no mínimo 1,5, portanto devemos dentar a sapata, para aproveitar a ação do empuxo passivo.

1.ª Tentativa – Dente de 0,30 m p/ancoragem, mais a altura da sapata de 0,30 temos a altura total $z_0 = z + h_s = 0{,}60$ m

Coeficiente de Empuxo Passivo:

$$K_0 = \text{tg}^2\left(45 + \frac{\varphi}{2}\right) = \text{tg}^2 60° = 3$$

$$E_0 = \frac{1}{2} K_0 \gamma_t Z_0^2 = 0{,}5 \times 3 \times 1{,}6 \times 1{,}60^2 = 0{,}86 \text{ tf/m}$$

Corrigindo a componente tangencial, temos $T = E - E_0 = 4{,}70 - 0{,}86 = 3{,}84$ tf/ml.

Nova verificação do coeficiente de segurança contra escorregamento $\varepsilon_1 = 0{,}55 \dfrac{10{,}75}{3{,}84} = 1{,}5$. Satisfaz

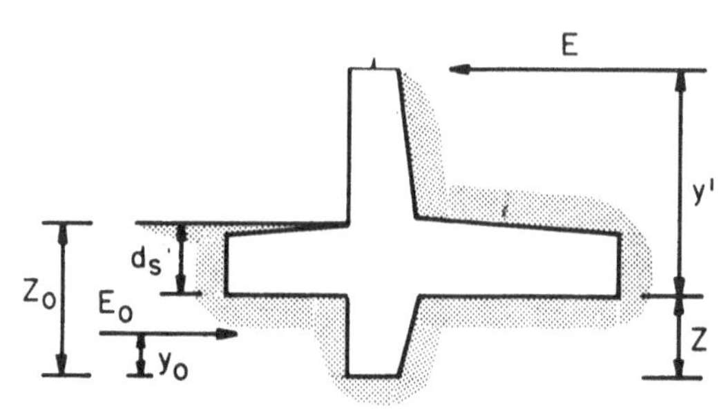

Corrigindo os momentos, visto que M_e aumenta
Ponto de aplicação do empuxo passivo:

$$Y_0 = \frac{z_0}{3} = \frac{0,60}{3} = 0,20 \text{ m}$$

$$E_0 (z_0 - y_0 - d_s) = 0,86 (0,60 - 0,20 - 0,30) = 0,086 \text{ tfm}$$

$$M_i = G_0 g_0 + G_M g_M + G_s g_s + G_T g_T = 13,485 \text{ tfm}$$

$$Ey' = \dots\dots\dots\dots\dots = 7,943 \text{ tfm}$$

$$E_0 \times (z_0 - y_0 - d_s) = 0,086 \text{ tfm}$$

$$M_e = 8,029 \text{ tfm}$$

$$M = M_i - M_e = 13,485 - 8,029 = 5,46 \text{ tfm}$$

Correção da excentricidade

$$u = \frac{M}{N} = - \frac{5,46}{10,75} = 0,52$$

$$e = \frac{b_s}{2} - u = 0,48 \text{ m}$$

b) *Rotação ou tombamento*

$$\varepsilon_2 = \frac{M_i}{M_e} \geqslant 1,5 \qquad \varepsilon_2 = \frac{13,485}{7,857} = 1,7 > 1,5 \text{ satisfaz}$$

I – EQUILÍBRIO ELÁSTICO

a) Cálculos auxiliares:

$$\sigma_m = \frac{N}{b_s} = \frac{10,75}{2,00} = 5,375 \text{ tf/m}^2$$

$$\frac{6_e}{b_s} = \frac{6 \times 0,48}{2,00} = 1,44$$

b) Tensão máxima $\sigma_i = \sigma_m \left(1 + \frac{6_e}{b_s}\right) = 5,375 \times 2,44 = 13 \text{ tf/m}^2$

$$\sigma_1 < \sigma_s = 15 \text{ tf/m}^2 \text{ satisfaz}$$

c) Tensão mínima $\sigma_2 = \sigma_m \left(1 - \frac{6_e}{b_s}\right)$

$$\sigma_2 = 5,375 (-0,440) = - 2,4 \text{ tf/m}^2 < 0 \text{ (Tração)}$$

d) Tensão máxima excluindo a zona tracionada:

$$\sigma_{max} = \frac{2N}{3u} \leqslant \bar{\sigma}_s \qquad b_0 = 3u = 1,56 \text{ m}$$

$$\sigma_{max} = \frac{2 \times 10,75}{3 \times 0,52} = 14 \text{ tf/cm}^2 < \bar{\sigma}_s = 15 \text{ tf/m}^2$$

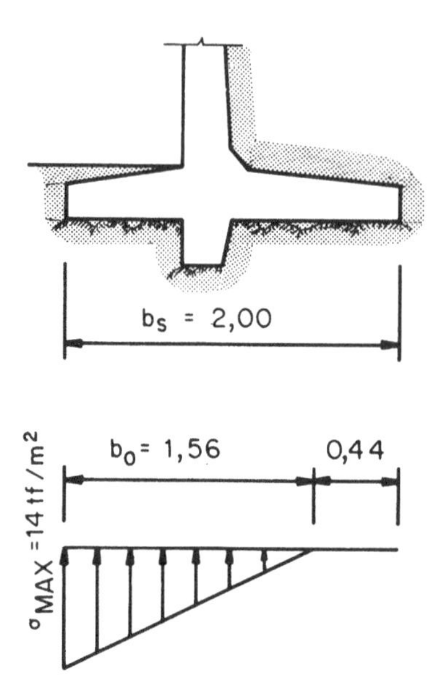

Confirmada a estabilidade do conjunto, de acordo com as dimensões pré-estabelecidas, já é possível se estimar com toda a segurança o custo do muro de arrimo.

Determina-se o volume de concreto, volume do movimento de terra, quantifica-se o serviço de drenagem e, finalmente, aplicam-se os respectivos preços unitários, taxas de administração e encargos fiscais, para se chegar ao valor do orçamento e decidir-se sobre a viabilidade esconômica do projeto.

PARTE III – CÁLCULO DOS ESFORÇOS INTERNOS SOLICITANTES E PROJETO DA ARMAÇÃO DO MURO

A – CÁLCULO DOS ESFORÇOS

a) Fórmulas: — Viga em Balanço – Carregamento Trapezional

$P_s = K\gamma_t h_0 \ldots \text{tf/m}^2$

$P_i = K\gamma_t H \ldots \text{tf/m}^2$

$Q_v = \frac{v}{2}(P_s + P_v)$

$M_v = Q_v \bar{v} = \frac{v}{2}(P_s + P_v) \times \bar{v}$

$\bar{v} = \frac{v}{3}\left(\frac{2P_s + P_v}{P_s + P_v}\right)$

$M_v = \frac{v^2}{6}(2p_s + p_v)$

Fazendo $p = p_i - p_s$

$P_v = p_s + \frac{v}{h}p$

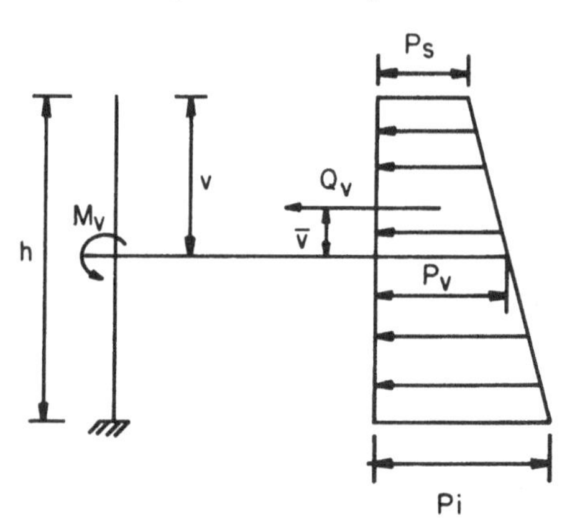

Temos: *Valores máximos*
$M_{max} = E_y = 4{,}7 \times 1{,}39 = 6{,}54$ tfm/m
$Q_{max} = E = 4{,}7$ tf/m

Para obtenção dos diagramas, convém calcular os esforços para as seções intermediárias, de metro, a partir do topo do muro.

$p_s = 0{,}33 \times 1{,}6 \times 0{,}20 = 0{,}11$ tf/m²   h $= 4{,}00$ m
$P_i = 0{,}33 \times 1{,}6 \times 4{,}20 = 2{,}22$ tf/m² $h_0 = 0{,}20$ m
$p = p_s - p_i = 2{,}11$ tf/m² $H = 4{,}20$ m

$$P_v = 0{,}11 + \frac{2{,}11}{4{,}00} v = 0{,}11 + 0{,}53\, v$$

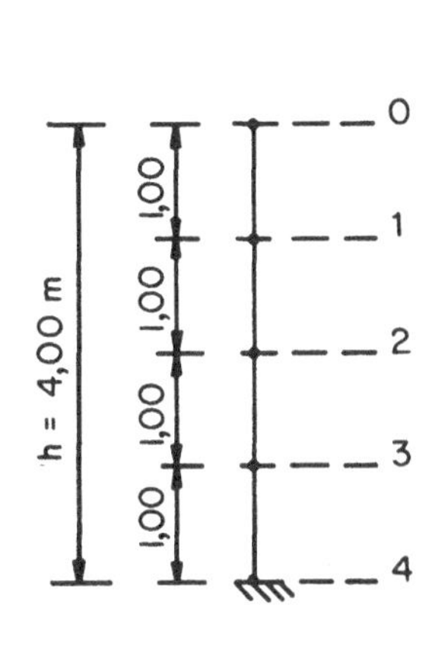

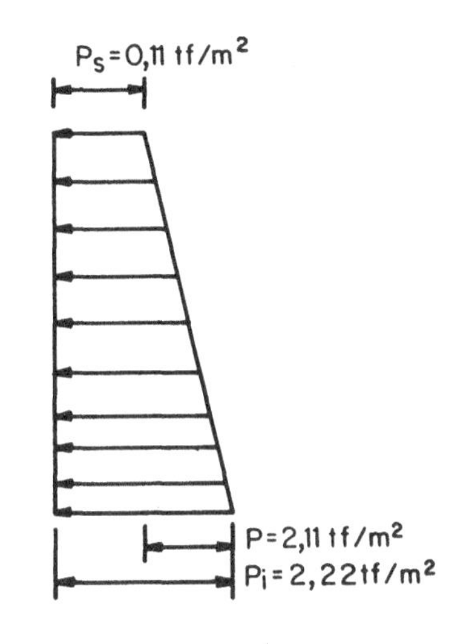

QUADRO DOS ESFORÇOS

SEÇÃO		CÁLCULOS AUXILIARES						ESFORÇOS	
N.°	v	$\frac{p}{h}v$	P_v	v^2	$\frac{v^2}{6}$	$P_s + P_v$	$2P_s + P_v$	F. CORT. Q_v (tf)	M. FLETOR M_y (tfm)
0	0,00		0,11					0,00	0,00
1	1,00	0,53	0,64	1,00	0,167	0,75	0,86	0,43	0,14
2	2,00	1,06	1,17	4,00	0,667	1,28	1,39	1,39	0,93
3	3,00	1,59	1,70	9,00	1,500	1,81	1,92	2,72	2,88
4	4,00	2,12	2,23	16,00	2,667	2,34	2,45	4,70	6,54

DIAGRAMAS:

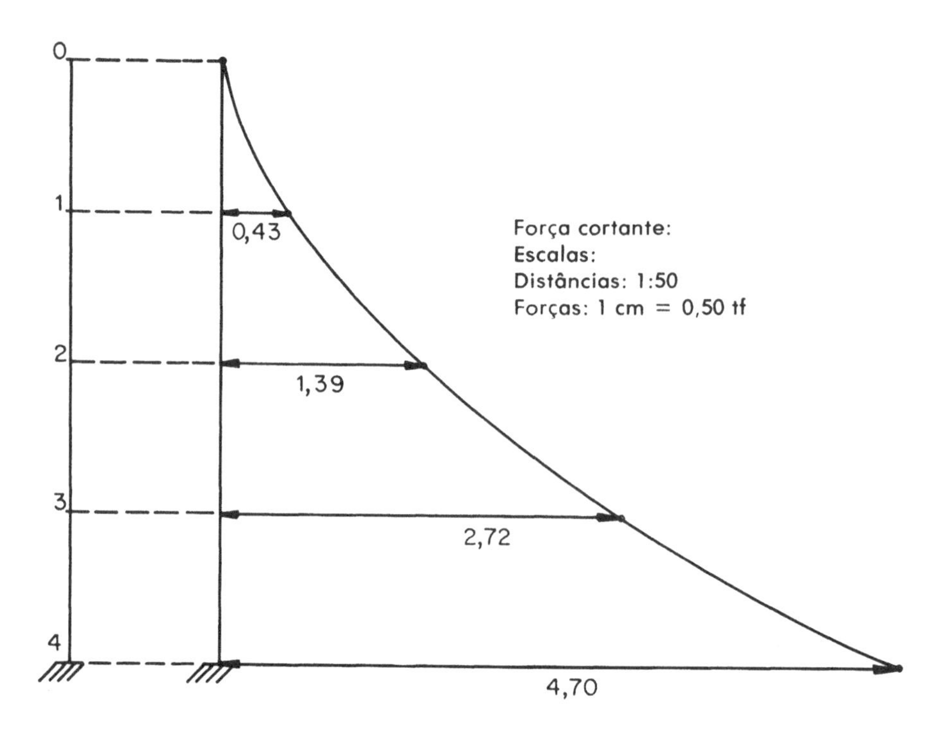
0
1
2
3
4
0,43
1,39
2,72
4,70
Força cortante:
Escalas:
Distâncias: 1:50
Forças: 1 cm = 0,50 tf

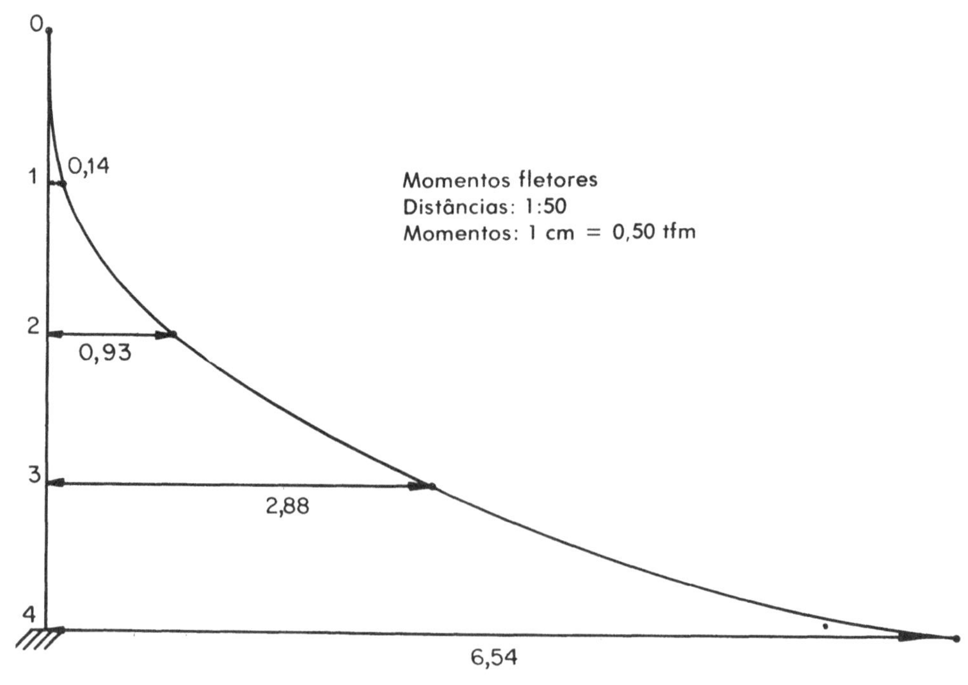
0
1
2
3
4
0,14
0,93
2,88
6,54
Momentos fletores
Distâncias: 1:50
Momentos: 1 cm = 0,50 tfm

B – ARMAÇÃO DO MURO PRINCIPAL

FORMULÁRIO DO ANEXO 12

De acordo com as especificações pré-estabelecidas: $f_{ck} = 135\ \text{kgf/cm}^2$ CA – 50 – B; $f_{yk} = 5\,000\ \text{kgf/cm}^2$.

Pode-se calcular as respectivas áreas de aço para as secções em que foram determinados os esforços solicitantes.

As espessuras das seções intermediárias, poderão ser calculadas considerando o acréscimo de metro em metro, a partir do topo, assim determinada:

$$\Delta d = \frac{d_i - d_0}{n} = \frac{30 - 10}{4} = 5\ \text{cm}$$

$d_i = 30$ cm... Espessura da parede na base
$d_0 = 10$ cm ... Espessura da parede no topo
$n = 4$......... número de seções consideradas

Aplicando-se as fórmulas do Anexo 11, obtemos os resultados indicados no quadro Resumo.

SÍMBOLOS ADOTADOS:

Espessura h ... (Notação da NBR 6118)
Altura útil de flexão, pela notação da Norma: d
Área da seção transversal da armadura ... A_s
k_2, k_3, k_z ... Coeficientes – Tabela Anexo A-11

$$k_2 = \frac{d}{\sqrt{\frac{M}{100}}} \rightarrow \begin{cases} k_3 \\ k_z \end{cases}$$

$f_{ck} = 135\ \text{kgf/cm}^2$
CA – 50 – B
$\gamma_s = 1{,}15$
$\gamma_c = 1{,}4$
$\gamma_f = 1{,}4$

$A_s = k_3 \dfrac{M}{d}$ ... cm^2 ... – Bitola ϕ mm

$z = k_z d$ ... cm ... Braço de alavanca

$\overline{M}_d = A_s z f_{yd}$ ... tf × cm ... $f_{yd} = \dfrac{5.000}{1{,}15}$

$= 4348\ \text{kgf/cm}^2$

$\overline{M}_d$ • Momento resistente ...

Observações: Disposições construtivas
NB-1 – 6.3.1. Área mínima da armadura
$A_s = 0{,}15\ \%\ \times b_w h$
$b_w = 100$ cm ...... Largura
NBR 6118/82 — 6.3.3. Cobrimento = 3 cm, concreto em contato com o solo
Adotou-se 4,5 cm de cobrimento teórico
$d = h - 4{,}5$ ... cm

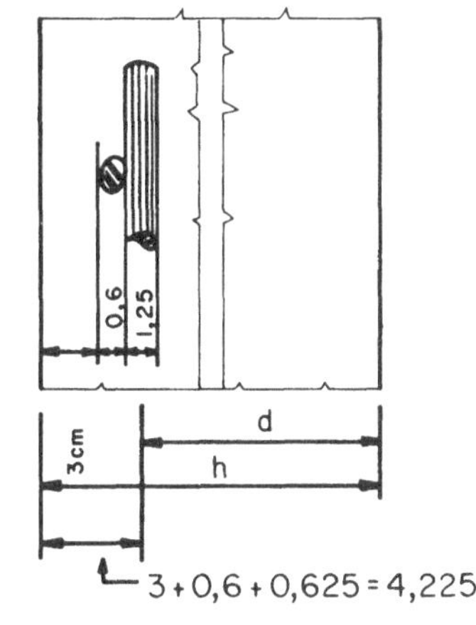

ESPAÇAMENTOS — NBR 6118/82 — item 6.3.2.1

QUADRO RESUMO

Seção	Momentos fletores M...tf cm	Espessuras h...cm	Altura útil d...cm	COEFICIENTES			Braço de alav. Z...cm	Área das armad. A_s...cm²	BITOLAS		Momentos resist. $M_d = A_s\, z\, f_{yd}$
				k_2	k_3	k_z			ϕ mm	Área cm²	
0	–	10	5,5	–	–	–			8 c/25	2,00	
1	14	15	10,5	28,3	⊛	0,9	9,4	2,25	8 c/125	4,00	113,4
2	93	20	15,5	16,1	⊛⊛	0,9	13,9	3,00	10 + 8 c/25	5,20	217,6
3	288	25	20,5	12,0	0,35	0,9	18,4	4,91	12,5 + 10 c/25	8,20	453,9
4	654	30	25,5	9,9	0,36	0,9	22,9	9,23	12,5 c/125	10,00	688 5

⊛ $A_{s_{min}} = \frac{\quad}{100} \times 100 \times 15 = 2{,}25\ \text{cm}^2$

⊛⊛ $A_{s_{min}} = \frac{\quad}{100} \times 100 \times 20 = 3{,}00\ \text{cm}^2$

Marcamos os momentos resistentes, sobre o diagrama dos momentos fletores, para verificar a cobertura e corte das barras, atendendo as exigências da NB – 1, item 4.1.6.2.

Quanto às condições de ancoragem

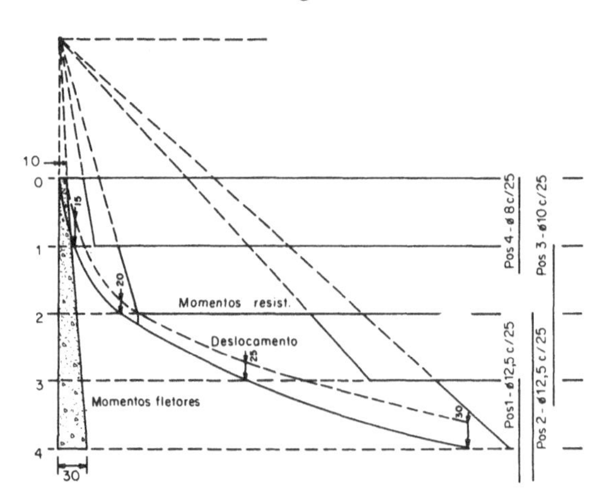

POSIÇÃO DAS ARMADURAS EM ELEVAÇÃO

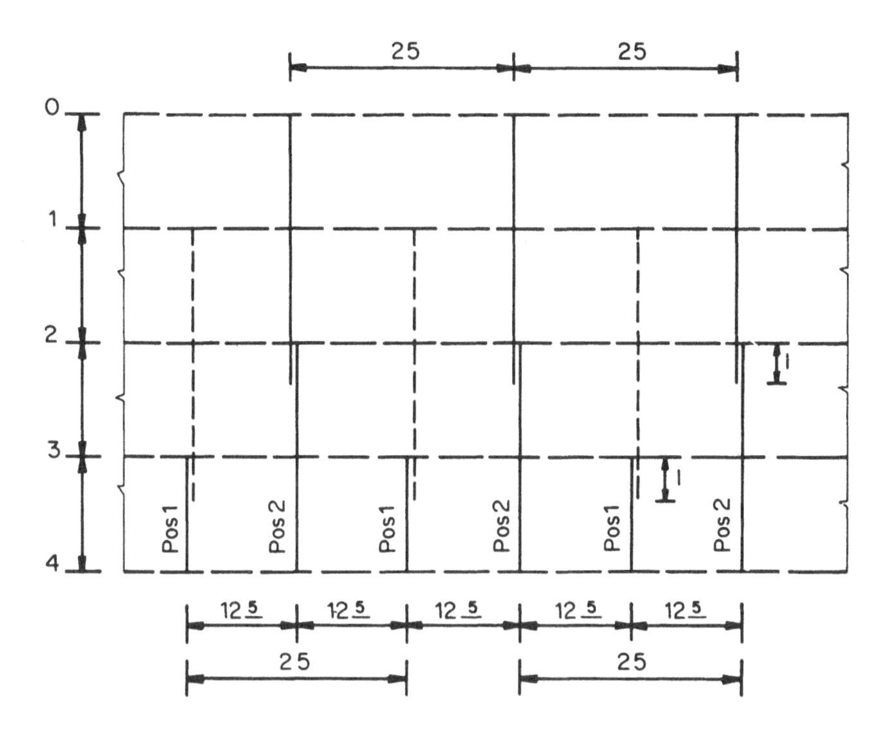

Nota — Estes espaçamentos atendem as exigências da NBR 6118, art. 6.3., item 6.3.2, inciso 6.3.2.1.

C – ARMADURA DE DISTRIBUIÇÃO

De acordo com a Norma:

$A = \frac{1}{5} A_s$ (Área da armadura principal)

$A_s = 10{,}00\ \text{cm}^2 \equiv \phi\ 12{,}5$ c/ 12^5

$A = \frac{1}{5} \times 10{,}00 = 2{,}00\ \text{cm}^2$, adotamos $\phi = 8{,}0$ mm c/ 25

$A_{min} = 0{,}9\ \text{cm}^2$

$A_{min} = 3$ barras por metro linear; adotamos 4 barras por metro linear ao longo da altura.

D – ARMADURA DE CISALHAMENTO

Para facilitar a execução, convém projetar o muro com espessuras tais, de modo a não haver necessidade de ser colocada armadura transversal, para se combater tensões de cisalhamento.

Verificação: NBR 6118/82, art. 4, item 4.1.4, inciso 4.1.4.1 e art. 5.3, inciso 5.3.1.2, alínea b.

Tensão convencional de cisalhamento no concreto:

$$\boxed{\tau_d = \frac{1{,}15\, V_d}{b_w\, d} \leqslant \tau_c} \qquad V_d = \gamma_f \left(Q \mp \frac{M}{d} \operatorname{tg} \alpha\right)$$

No caso: $V_d = \gamma_f \left(Q - \frac{M}{d} \operatorname{tg} \alpha\right)$

$$\operatorname{tg} \alpha = \frac{d_i - d_0}{h} = \frac{30 - 10}{400} = 0{,}05$$

$\gamma_f = 1{,}4$
$b_w = 100\,\text{cm}$
$d \ldots$ variável

Se M em valor absoluto e d em valor absoluto crescem no mesmo sentido, a correção $\frac{M}{d} \operatorname{tg} \alpha$ é subtrativa.

Se M e d em valor absoluto crescem em sentidos opostos, será acrescida a correção. No caso:

Como não se pretende empregar armadura transversal, não pode ser considerada a diminuição $\frac{M}{d} \operatorname{tg} \alpha$, para $\tau_c > 0$

$\tau w_{u_1} \ldots$ Tensão última de cisalhamento

Tensão admissível $\tau_c = \frac{\tau w_{u_1}}{\gamma_c}$

Para lajes sem armadura transversal

$\tau w_{u_1} = \psi_4 \sqrt{f_{ck}}$ $\qquad f_{ck} = 135\,\text{kgf/cm}^2$

$f_{ck} = 135\,\text{kgf/cm}^2$ $\qquad \psi_4 = 2 \sqrt[4]{\rho_1} \ldots$ para $h \leqslant 15$

$\tau_c = \frac{\tau w_{u_1}}{\gamma_c} = \frac{\psi_4}{\gamma_c} \sqrt{f_{ck}}$ $\qquad \psi_4 = 1{,}4 \sqrt[4]{\rho_1} \ldots$ para $h \geqslant 60$ $\quad \rho_1 = \frac{A_s}{b_w h}$

$0{,}001 < \rho_1 \leqslant 0{,}015$

$K = \frac{\psi_4}{\gamma_c}$ $\qquad \boxed{\tau_c = \frac{K}{\gamma_c} \sqrt[4]{\rho_1} \sqrt{f_{ck}}}$ $\qquad$ Para $h = 15$ $K = \frac{2}{1{,}4} = 1{,}43$

Para $h = 60$ $K = \frac{1{,}4}{1{,}4} = 1{,}0$

Valores intermediários:

$$K = 1 + 0.43\left(1{,}33 - \frac{h}{45}\right)$$

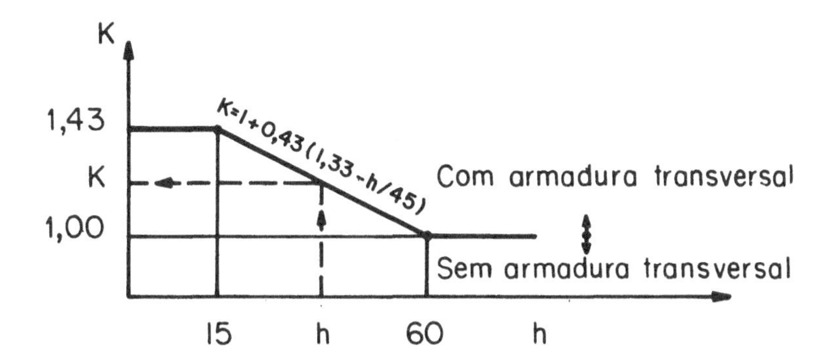

QUADRO RESUMO – CISALHAMENTO

Secção N.º	h cm	K	A_s cm²	$b_w h$ cm²	ρ_1	τ_c kgf/cm²	Q kgf	d cm	V_d kgf	τ_d kgf/cm²
0	10	–	2,00	–	–	–	–	–	–	
1	15	1,43	4,00	1 500	0.003	3,9	430	10,5	602	0,6
2	20	1,38	5,20	2 000	0,003	3,7	1 390	15,5	1 946	1,5
3	25	1,33	8,20	2 500	0.003	3,6	2 720	20,5	3 810	2,1
4	30	1,28	10,00	3 000	0.003	3,5	4 700	25,5	6 580	2,9

$$\sqrt[4]{\rho_i} = \sqrt[4]{0{,}003} = 0{,}234, \quad \sqrt{f_{ck}} = \sqrt{135} = 11{,}6$$

CONCLUSÃO – Fica confirmado que a armadura transversal neste caso é dispensável; temos em todas as seções $\tau_d < \tau_c$

E – ARMAÇÃO SUPLEMENTAR

Embora teoricamente desnecessária, sob o ponto de vista da resistência, deve ser colocado ao lado externo do muro (face fora da terra) uma armadura suplementar. A escolha, embora a sentimento, pode amenizar os efeitos da diferença de temperatura entre as faces interna e externa e da retração do concreto.

Temos adotado uma malha, simétrica com a armação resistente, variando de 0,1 % a 0,3 % da *seção transversal* colocada ao longo da altura. Pode ser maior ou igual a armadura de distribuição, porém nos dois sentidos (não se trata de armadura de pele).

$$A'_s = 0{,}001\ \frac{(d_0 + d_i)}{2} h = 0{,}001 \times \frac{(10 + 30)}{2} \times 400 = 8\ \text{cm}^2$$

Escolhemos $\phi = 8$ mm/c $25 = 7{,}8\ \text{cm}^2$

F – CÁLCULO DOS DETALHES

NBR 6118 — Capítulo 4, art. 4.1., inciso 4.1.6.2.2

Comprimento mínimo de ancoragem por aderência das barras tracionadas

$$\ell_b = \frac{\phi}{4} \cdot \frac{f_{yd}}{\tau_{bu}} \frac{A_{scal}}{A_{se}}$$

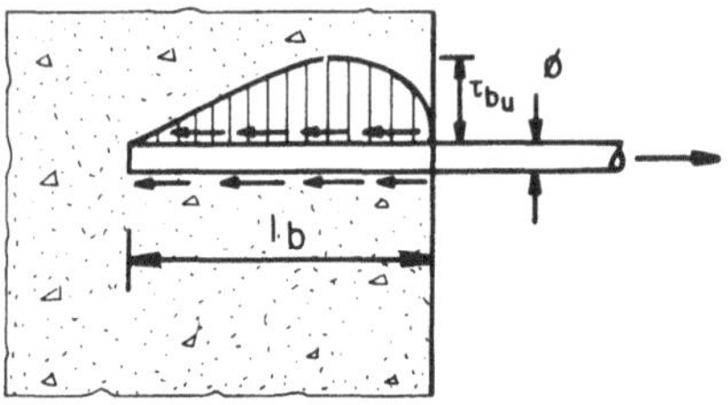

sem ganchos ... $\ell_b \geqslant \begin{cases} \dfrac{\ell_{bl}}{3} \\ 10\,\phi \\ 10\ \text{cm} \end{cases}$

τ_{bu} ; ϕ ; l_b

$f_{yk} = 5\,000\ \text{kgf/cm}^2$

$$f_{yd} = \frac{f_{yk}}{\gamma_s} = \frac{5\,000}{1{,}15} = 4\,348$$

τ_{bu} = Aderência – Para ... $\eta_b \geqslant 1{,}5$ ... NBR 6118 — 5.3.1.2, item c

$$\tau_{bu} = 0{,}9\ \sqrt[3]{f^2_{cd}}$$

NBR 6118 ... item 4.1.6. — Má aderência

$$f_{cd} = \frac{f_{ck}}{\gamma_c} = \frac{135}{1{,}4} = 96{,}43$$

$$\tau_{bu} = 0{,}9 \times \sqrt[3]{9\,299} = 0{,}9 \times 21 = 19$$

$$\tau_{bu} = \frac{19}{1{,}5}\ \text{kgf/cm}^2 \ldots\ldots = 13\ \text{kgf/cm}^2 \quad \text{(má aderência)}$$

Fazendo $A_{scal} = A_{se}$ temos $\ell_{b_1} = \dfrac{\phi}{4} \dfrac{f_{yd}}{\tau_{bu}}$

$$\ell_{b_1} = \frac{1}{4} \times \frac{4\,348}{13} \phi = \frac{4\,348}{52} = 84\,\phi$$

Cálculo de ℓ_b

Para a Seção 3: $\dfrac{A_{s\,cal}}{A_{se}} = \dfrac{4{,}91}{8{,}20} \cong 0{,}60$

$$\boxed{\ell_b = \ell_{b_1} \frac{A_{s\,cal}}{A_{se}} = 50\,\phi}$$

Para a Seção 2: $\dfrac{A_{s\,cal}}{A_{se}} = \dfrac{3{,}00}{5{,}20} \cong 0{,}60$

Para a Seção 1: $\frac{A_{s\,cal}}{A_{se}} = \frac{2,25}{4,00} = 0,60$

Para facilidade na elaboração dos detalhes, calculamos ℓ_b e temos:

$\phi = 12,5$ mm $\ell_b = 50 \times 1,25 = 65$ cm
$\phi = 10,0$ mm $\ell_b = 50 \times 1,00 = 50$ cm
$\phi = 8,0$ mm $\ell_b = 50 \times 0,8 = 40$ cm

— Ganchos — Vamos dispensá-los, cumprindo a prescrição da NBR 6118 art. 6.3, inciso 6.3.4 e art. 4.1, inciso 4.1.6.21.

Como as barras não serão dobradas (inciso 4.1.6.2.1) devemos aumentar os comprimentos das barras de aço $+ 10\phi$

Pos 1 – $\phi = 12,5$ c $= 1,00 + 10\phi = 1,12^5$
Pos 2 – $\phi = 12,5$ c $= 2,00 + 10\phi = 2,12^5$
Pos 3 – $\phi = 10,0$ c $= 2,00 + \ell + 10 = 2,10 + \ell$

EMENDAS POR TRASPASSE — NBR 6118 item 6.3, inciso 6.3.5.2.

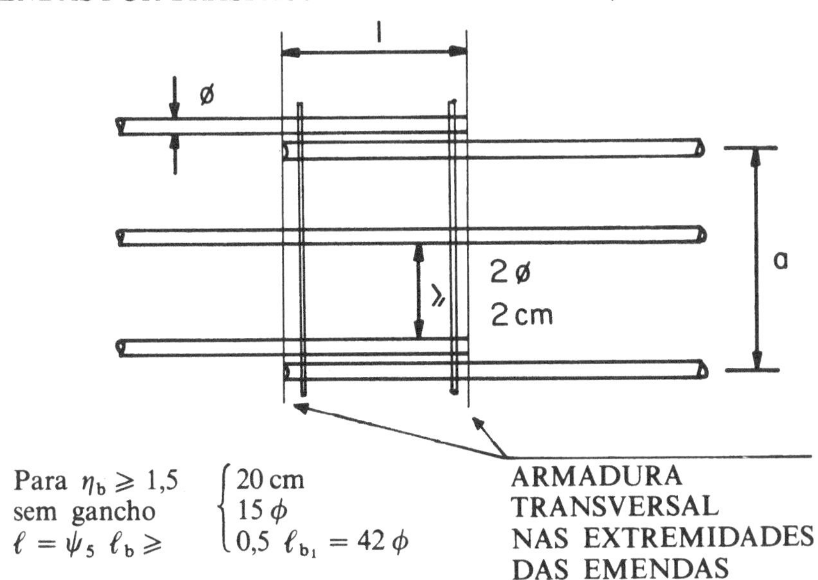

Para $\eta_b \geqslant 1,5$ sem gancho $\ell = \psi_5\ \ell_b \geqslant \begin{cases} 20 \text{ cm} \\ 15\phi \\ 0,5\ \ell_{b_1} = 42\phi \end{cases}$

Temos $a = 25$ cm $\phi = 12,5 \equiv 1,25$ cm

$\frac{a}{\phi} = \frac{25}{1,25} = 20$

Portanto $a > 10\phi$
Proporção de barras emendadas 1/2 (50%)
$\psi_5 = 1,4$ TABELA 3 – Da NBR 6118

Temos para as emendas:

$\phi = 12,5$ $\ell = 1,4 \times 65 = 90$
$\phi = 10$ $\ell = 1,4 \times 50 = 70$
$\phi = 8$ $\ell = 1,4 \times 45 = 60$

Emendamos a Pos 3 com a Pos 1.

$\phi = 10\,\text{mm} \ldots \ell = 70\,\text{cm}$

Prolongamos a Pos 2 até a Seção 2 e emendamos com a Pos 4 ... $\phi = 8$ mm

Adotamos $\ell = 70$ cm na emenda da Pos 4 com a Pos 2, para padronização dos detalhes.

ESPESSURA DO CONCRETO EM TORNO DA EMENDA

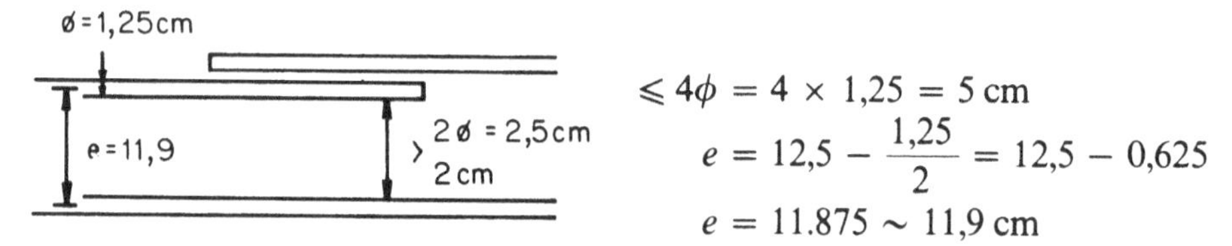

$$\leqslant 4\phi = 4 \times 1{,}25 = 5\,\text{cm}$$

$$e = 12{,}5 - \frac{1{,}25}{2} = 12{,}5 - 0{,}625$$

$$e = 11.875 \sim 11{,}9\,\text{cm}$$

Verificação de proporção das barras emendadas numa seção: Tabela 4 da NBR 6118, item 6.3.5.2.

No caso $S_{gk} > S_{qk}$ isto é, a solicitação característica da carga permanente corresponde à solicitação característica da carga total.

Para bitola $\phi \leqslant 12{,}5 - \eta_b \geqslant 1{,}5$ – 1/2 das barras podem ser emendadas.

Consideração sobre a proximidade das emendas e o seu afastamento, numa mesma seção.

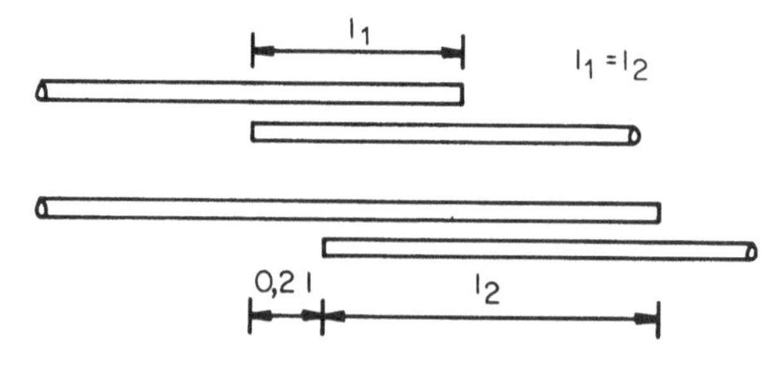

No caso, temos $0{,}2\,\ell = 0$, portanto as barras são consideradas emendadas na mesma seção.

G – VERIFICAÇÃO DA FISSURAÇÃO

NBR 6118, art. 4.2., inciso 4.2.2.

Vamos verificar se há necessidade de um revestimento do lado da terra, com argamassa de cimento e areia (traço 1:3 em volume).

Nestas condições, de acordo com o item c do artigo citado, poderemos chegar com as fissuras de 0,3 mm de abertura (peça protegida).

$$\frac{\phi}{2\eta_b - 0{,}75}\,\frac{\sigma_s}{E_s}\left(\frac{4}{\rho_r} + 45\right) > \begin{cases} 1 \ldots \text{(a)} \\ 2 \ldots \text{(b)} \\ 3 \ldots \text{(c)} \end{cases}$$

$$\frac{\phi}{2\eta_b - 0{,}75} \cdot \frac{\sigma_s}{E_s} \cdot \frac{3\sigma_s}{f_{tk}} > \begin{cases} 1 \ldots \text{(a)} \\ 2 \ldots \text{(b)} \\ 3 \ldots \text{(c)} \end{cases}$$

$A_{cr} = 0{,}25\, b_w h$ $\qquad f_{tk} = 0{,}0135\ \text{tf/cm}^2$

$b_w = 100\ \text{cm}$ $\qquad A_s = 10{,}14\ \text{cm}^2$

$h = 30\ \text{cm}$ $\qquad \rho_r = \dfrac{10{,}14}{750} = 0{,}0135$

$A_{cr} = 0{,}25 \times 100 \times 30 = 750\ \text{cm}^2$

$\sigma_s = 3\ \text{tf/cm}^2$

$\phi = 12{,}5\ \text{mm}$ Para $f_{ck} \leqslant 180\ \text{kgf/cm}^2$

$\rho_r = \dfrac{A_s}{A_{cr}}\ f_{tk} = \dfrac{f_{ck}}{10} = \dfrac{135}{10} = 13{,}5\ \text{kgf/cm}^2 = 0{,}0135\ \text{tf/cm}^2$

$E_s = 2\,100\ \text{tf/cm}^2 \qquad \eta_b = 1{,}5$

Substituindo:

$$\frac{\phi}{2\eta_b - 0{,}75} \times \frac{\sigma_s}{E_s}\left(\frac{4}{\rho_r} + 45\right) = 2{,}7 \sim 3$$

$$\frac{\phi}{2\eta_b - 0{,}75} \times \frac{\sigma_s}{E_s} \times \frac{3\sigma_s}{f_{tk}} = 5{,}3 > 3$$

De acordo com a NB-1, art. 4.2, inciso 4.2.2, o estado de fissuração exige uma proteção da face tracionada. Pintaremos a face do lado da terra com tinta betuminosa, aplicada sobre o revestimento com argamassa de cimento e areia.

PARTE IV – PROJETO DA ARMAÇÃO DA SAPATA

A sapata, sendo o elemento de transmissão das cargas que atuam sobre o muro ao terreno de fundação, deverá resistir à reação do mesmo, descontando-se as cargas verticais em sentido contrário (peso próprio + peso da terra).

A solução, teoricamente exata, seria considerar a sapata como placa ou mesmo viga, sobre base elástica, porém tal solução é bastante trabalhosa.

Vamos aplicar a solução prática, conforme indicada na obra de Mörsch (Hormigon Armado – Vol. II), que consiste simplesmente na soma gráfica dos diagramas de carregamento.

Vamos considerar separadamente os vários diagramas, embora podemos superpô-los e hachurar o resultado final.

A – CÁLCULO DOS ESFORÇOS NA SAPATA

Para simplificar o cálculo dos esforços, admitimos a espessura da sapata constante.

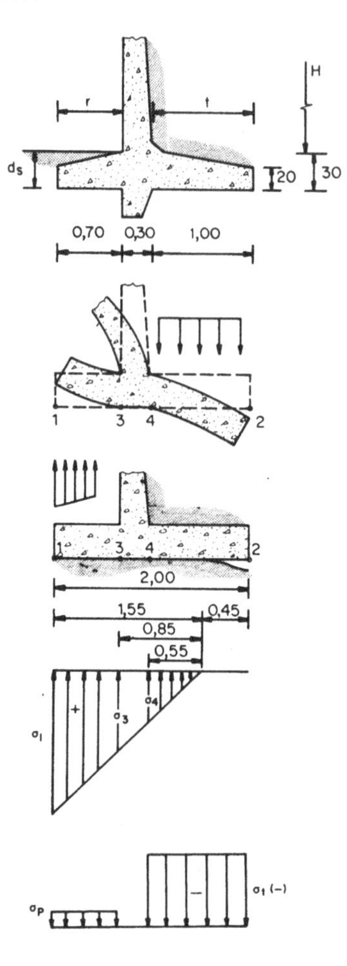

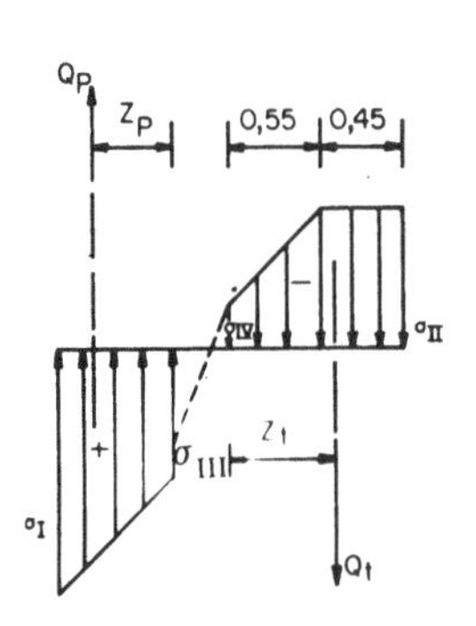

SAPATA DEFORMADA

a – REAÇÃO DO SOLO ↑(+)

$\sigma_1 = 14\ tf/m^2$

$\sigma_2 = 0$

$$\sigma_3 = \sigma_1 \frac{0{,}85}{1{,}55} = 7{,}7\ tf/m^2$$

$$\sigma_4 = \sigma_1 \frac{0{,}55}{1{,}55} = 5\ tf/m^2$$

b – CARGAS VERTICAIS ↓(–)

Na ponta $\sigma_p = d_s\gamma_c = -0{,}30 \times 2{,}5$

(Trecho 1 – 3) $\sigma_p = 0{,}7\ tf/m^2$

No talão $\sigma_t = d_s\gamma_c + H\gamma_t$

(Trecho 2 – 4)

$\sigma_t = 0{,}30 \times 2{,}5 + 4{,}20 \times 1{,}6$

$\sigma_t = -7{,}4\ tf/m^2$

c – CARGA NA SAPATA

Na ponta

$\sigma_I = \sigma_1 - \sigma_p = 14{,}0 - 0{,}7 =$
$= +13{,}3\ tf/m^2$

$\sigma_{III} = \sigma_3 - \sigma_p = 7{,}7 - 0{,}7 =$
$= +7{,}0\ tf/m^2$

No talão

$\sigma_{IV} = \sigma_4 - \sigma_t = 5 - 7{,}4 = 2{,}4\ tf/m^2$

$\sigma_{II} = \sigma_2 - \sigma_t = -7{,}4\ tf/m^2$

Desprezamos o cálculo do trecho 3-4, onde deveria ser descontada da reação do solo o peso próprio do muro.

Observamos que, neste trecho, passa-se por um ponto de carregamento nulo (linha pontilhada), devido a indeformabilidade da elástica no entroncamento da parede com a sapata.

ESFORÇOS SOLICITANTES

a) – *FORÇA CORTANTE MÁXIMA*

Corresponde a resultante do diagrama de carregamento, temos:
Na ponta

$$Q_p = (\sigma_I + \sigma_{III})\ \frac{r}{2} \ldots \text{tf/m}$$

$$Q_p = (13{,}3 + 7{,}0)\ \frac{0{,}70}{2} = 7{,}105\ \text{tf/m}$$

No talão

$$Q_t = 0{,}45\,\sigma_{II} + (\sigma_{II} + \sigma_{IV})\ \frac{0{,}55}{2} \ldots \text{tf/m}$$

$$Q_t = 0{,}45 \times 7{,}4 + (7{,}4 + 2{,}4)\,0{,}275 = 3{,}33 + 2{,}69 = -\ 6{,}02\ \text{tf/m}$$

b) – *MOMENTO FLETOR MÁXIMO*

Braços: *Na ponta* ... $z_p = \dfrac{r}{3} \times \dfrac{2\,\sigma_I + \sigma_{III}}{\sigma_I + \sigma_{III}}$

$$z_p = \frac{0{,}70}{3} \times \frac{2 \times 13{,}3 + 7{,}0}{13{,}3 + 7{,}0} = 0{,}386\ \text{m}$$

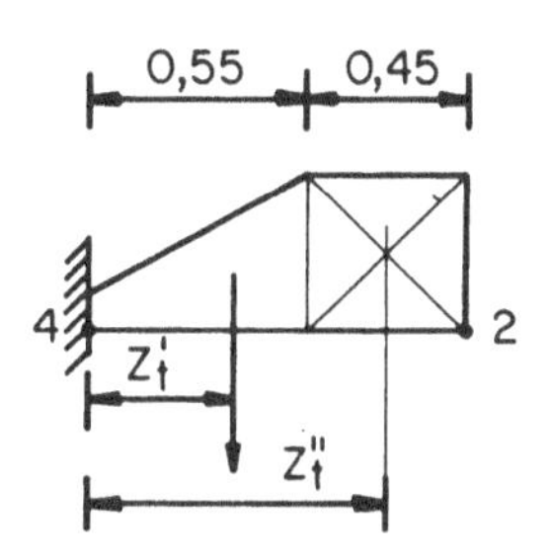

No talão

$$z'_t = \frac{0{,}55}{3}\left(\frac{2\,\sigma_{II} + \sigma_{IV}}{\sigma_{II} + \sigma_{IV}}\right) = \frac{0{,}55}{3} \times \frac{2 \times 7{,}4 + 2{,}4}{7{,}4 + 2{,}4}$$

$$z'_t = 0{,}32\ \text{m}$$

$$z''_t = 0{,}55 + \frac{0{,}45}{2} = 0{,}775$$

MOMENTOS

Na ponta ... $M_p = Q_p z_p = 7{,}105 \times 0{,}386 = 2{,}74\ \text{tfm}\quad (+)$
No talão ... $M_t = Q_t z_t = 2{,}69 \times 0{,}32 + 3{,}33 \times 0{,}775 = 3{,}44\ \text{tfm}\quad (-)$

c) – *DIAGRAMAS*

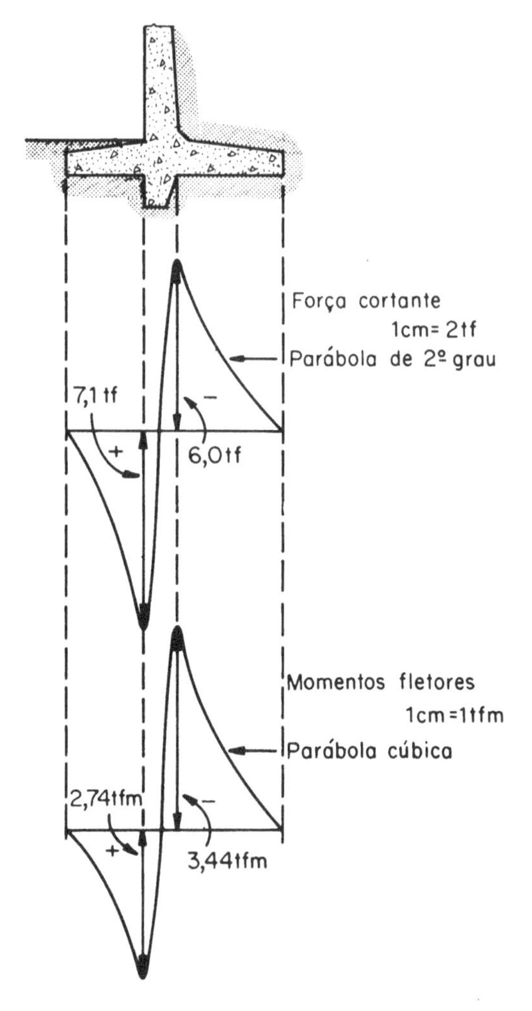

d) – *CÁLCULO DAS ARMAÇÕES*

Formulário do Anexo 11

$$\begin{cases} f_{ck} = 135\ \text{kgf/cm}^2 \\ CA - 50 \cdot B \\ \gamma_s = 1{,}15,\ \gamma_c = 1{,}4 \\ \gamma_f = 1{,}4 \end{cases}$$

Na ponta.

$M = 274$ tfm

$b_w = 100$

$h = 30$

$d = 30 - 4\ \text{cm} = 26\ \text{cm}$

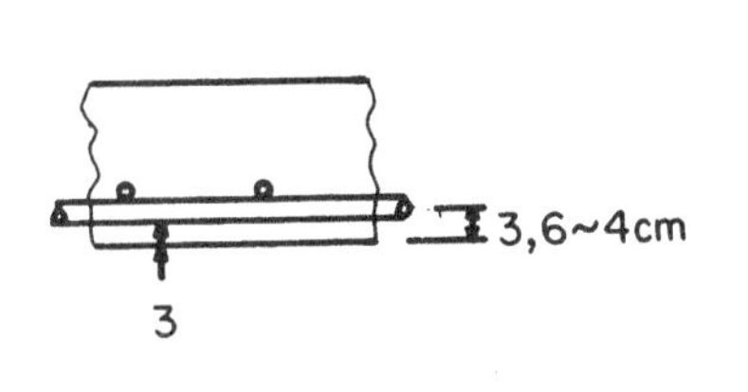

$$k_2 = \frac{d}{\sqrt{\frac{M}{b_w}}} = \frac{26}{\sqrt{2{,}74}} = 15{,}75$$

$$k_3 = 0{,}34$$

$$A_s = k_3 \frac{M}{d} = 0{,}34 \frac{274}{26} = 3{,}58 \text{ cm}^2$$

$$A_{s_{min}} = 0{,}15\% \, b_w h = 4{,}5 \text{ cm}^2$$

Adotamos $A_s = 5 \text{ cm}^2 \equiv \phi = 12^5$ mm c/25

Cisalhamento:

$$\tau_d = \frac{1{,}15 \, V_d}{b_w d} \leqslant \tau_c \ldots \text{NBR 6118 — 4.1.4.1}$$

$$V_d = \gamma_f Q = 1{,}4 \times 7{,}1 = 9{,}94 \text{ tf}$$

$$\tau_d = \frac{11\,431}{100 \times 26} = 4{,}4 \text{ kgf/cm}^2$$

NBR 6118, item 5.3.1.2 — Lajes sem armação

$$\tau_{wu_1} = \psi_4 \sqrt{f_{ck}}$$

$$\psi_4 = 2 \sqrt[4]{\rho_1} \quad \text{para} \quad h \leqslant 15$$

$$\psi_4 = 1{,}4 \sqrt[4]{\rho_1} \quad \text{para} \quad h \geqslant 60$$

$$\tau_c = \frac{\tau_{wu_1}}{\gamma_c} \qquad \tau_c = \frac{\psi_4}{\gamma_c} \sqrt{f_{ck}}$$

$$\frac{\psi_4}{\gamma_c} = K \sqrt[4]{\rho_1} \quad 0{,}001 \leqslant \rho_1 \leqslant 0{,}015$$

$$K = 1 + \left(1{,}33 - \frac{h}{45}\right)$$

Para $h = 30 \ldots K = 1{,}67$

$$\rho_1 = \frac{A_s}{b_w h} = \frac{5}{100 \times 30} = 0{,}0017$$

$$\tau_c = 1{,}67 \sqrt[4]{0{,}0017} \sqrt{135} = 4{,}1 \text{ kgf/cm}^2$$

Aproximadamente $\tau_d = \tau_c$

$\tau_d = 4{,}4 \text{ kgf/cm}^2$
$\tau_c = 4{,}1 \text{ kgf/cm}^2$

CONCLUSÃO – Empregaremos armadura de $\phi = 12^5$ c/ 25 na ponta, estendendo-a em todo o talão (atendendo à hipótese do muro durante a construção, quando não sofre o empuxo da terra).

Comprimento de ancoragem já calculado $\ell_{b_1} = 80\,\phi = 100\,\text{cm}$

ESQUEMA

Especificações da NBR 6118

Distribuição

$\frac{1}{5} A_s = 1{,}0\,\text{cm}^2$

3 barras p/mℓ

0,50 cm^2

Adotamos ϕ 6,3 c/30 = 1,05 cm^2

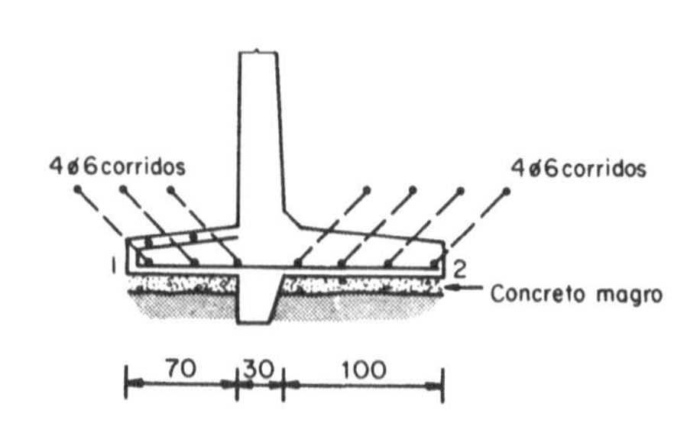

DOBRAMENTO DAS BARRAS –

NBR 6118 — 6.3.4.1. — Conforme ganchos

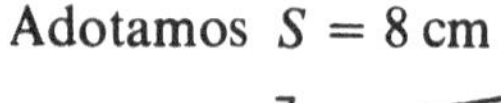

CA – 50

$r = 4\,\phi$

$d = 8\,\phi = 10\,\text{cm}$

Para $\phi \geq 20$

$$s = \frac{\pi \times d}{4} \doteq 0{,}7854 \times 10 = 7{,}8\,\text{cm}$$

Adotamos $S = 8\,\text{cm}$

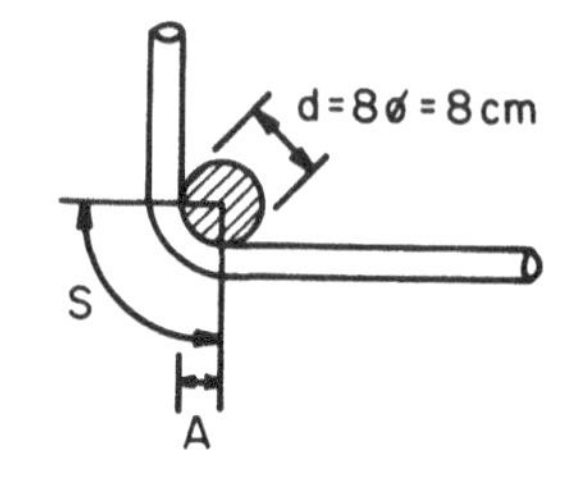

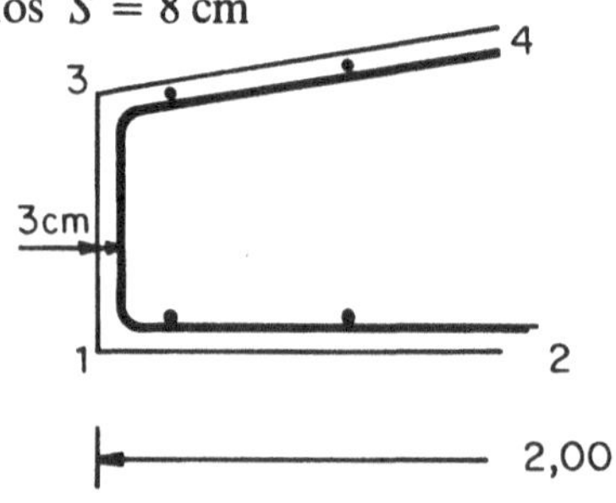

COMPRIMENTO TOTAL DA BARRA

TRECHO 1 – 2 2,00 – [2 × (3 + 1) + (4 + 1)] = ... 1,87

TRECHO 1 – 3 20 – [2 × (3 + 1) + 2(4 + 1)] = ... 0,02

TRECHOS CURVOS ... 2(*S*).. 0,16

TRECHO 3 – 4 1,00

3,05

DETALHE EXECUTIVO

No talão

$M = 344\,\text{tf cm}$

$b_w = 100\,\text{cm}$

$h = 30$

$d = 26$

$$k_2 = \frac{d}{\sqrt{\frac{M}{b_w}}} = \frac{26}{\sqrt{3{,}44}} = 14$$

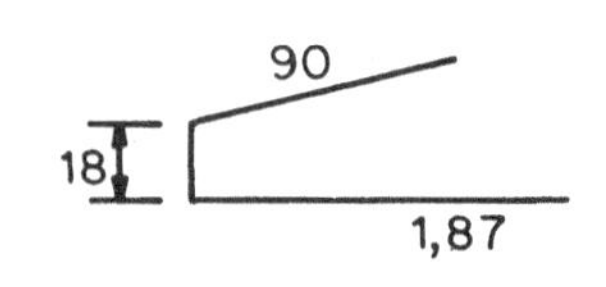

TABELA DO ANEXO 11

Para $k_2 = 14 \rightarrow k_3 = 0{,}34$

$$A_s = k_3 \frac{M}{d} = 0{,}34 \times \frac{344}{26} = 4{,}5\ \text{cm}^2$$

$A_{s_{min}} = 0{,}15\ \%\ b_w h = 4{,}5\ \text{cm}^2$

Adotamos $\phi = 12{,}5$ com $25 = 5\ \text{cm}^2$

Aproveitamos a armação do muro Pos 1 – ϕ 12,5 c/25 para cobrir o trecho superior do talão e absorver o esforço solicitante.

A outra Pos 2 será ancorada no dente da sapata.

Distribuição $\frac{1}{5} A_s = 1{,}00\ \text{cm}^2$

Ø 6,3 (cada) 30 = 1,05 cm²

Cisalhamento

$$\tau_d = \frac{1{,}15\ V_d}{b_w d} \leqslant \tau_c \ldots \text{NBR 6118 — 4.1.4.1}$$

$V_d = \gamma_f Q \qquad Q = 6\ \text{tf} \qquad V_d = 1{,}4 \times 6 = 8{,}4\ \text{tf}$

$$\tau_d = \frac{1{,}15 \times 8\,400}{100 \times 30} = 3{,}2\ \text{kgf/cm}^2$$

$\tau_c = 4{,}1\ \text{kgf/cm}^2 \ldots$ conforme o cálculo elaborado para a ponta da sapata

Temos $\tau_d < \tau_c$

Dispensa-se a armação transversal.

ESQUEMA

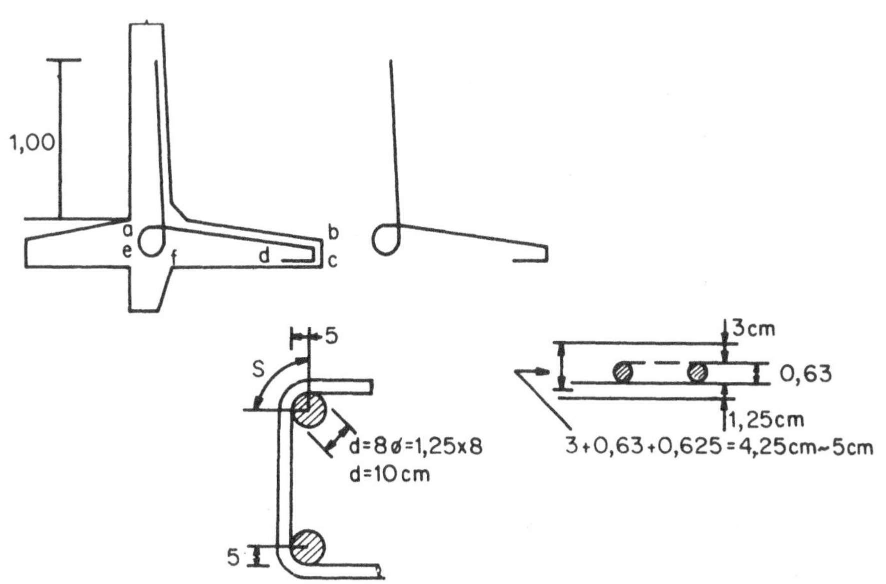

Trecho ab ... 1,30 – [2 (5 + 5)] = ... 1,10
Trecho $b - c$ ... 20 – [2 × (5 + 5)] = ... 0,00
Curvas $b - c$ $2S = 2 \times 0{,}7854 \times 10 =$ 0,16
Trecho $d - c = 8\phi + S = 10 + 0{,}785 \times 10 =$ 0,18

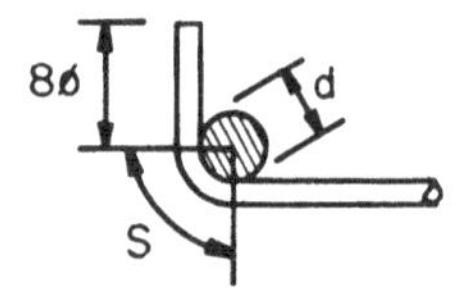

Trecho $ae = 30 - 30 - [2 \times (5 + 5)] =$ 0,10
Curvas ... $2S$ .... = ... 0,16
Trecho $e - f$ = Trecho ae + curvas = ... 0,26

1,96 *m*

Detalhe executivo:

pos 2 – ϕ 12,5

pos 1 – ϕ 12,5 *c*/25
$c = 3{,}40$ m
$\ell_{b_1} = 100$ cm

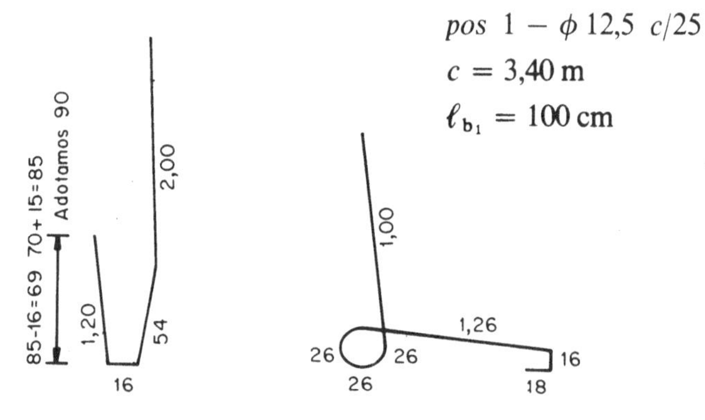

Pos 2 – ϕ 12,5 c/25

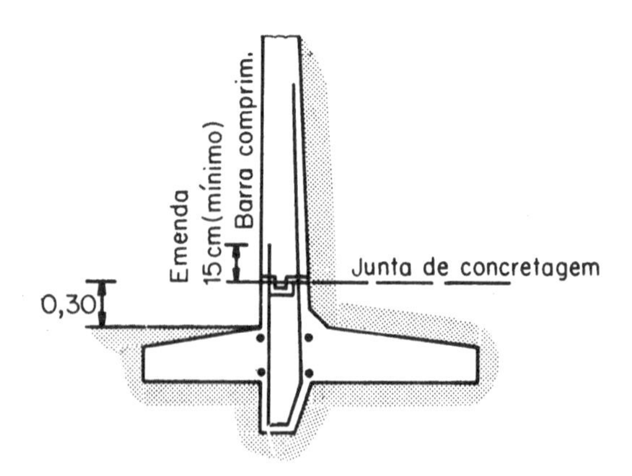

Pos 2 – ϕ 12,5 c/25

$\ell_{b_1} = 80\,\phi$
$\phi = 1{,}25$
$\ell_{b_1} = 100\,cm$

Temos:

$26 + 16 + 1{,}00 = 1{,}42 > 1{,}00$

Satisfaz

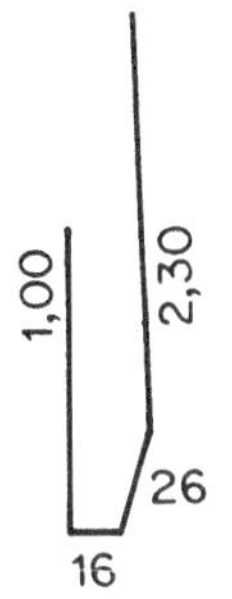

1,00
2,30
26
16

DESENHO EXECUTIVO

O desenho executivo foi elaborado, admitindo-se a extensão do muro ser de 10,00 m, a fim de apresentarmos alguns parâmetros úteis para orçamento.

Conhecido o volume de concreto em m^3, que poderá, para estimativa de custo, ser obtido através do pré-dimensionamento apresentado no início do assunto.

$$\text{Relação: } \frac{\text{forma de madeira}}{\text{volume de concreto}} = \ldots\ 7\ \frac{m^2}{m^3}$$

$$\text{Relação: } \frac{\text{aço – CA – 50}}{\text{volume de concreto}} = \ldots 80\ \frac{kg}{m^3}$$

IV.5 – MURO DE ARRIMO COM GIGANTES OU CONTRAFORTES

O fator determinante para este tipo de estrutura, condiciona-se principalmente ao caso em que o solo de apoio da fundação exigir o emprego de estacas ou tubulões, embora nada impeça que, para alturas entre 4,00 m até 7,00 m, possa ser obtida uma solução economicamente vantajosa em fundação direta, quando o solo assim o permitir.

Vejamos as duas soluções do tipo de fundação em separado.

IV.5.1 – MUROS COM GIGANTES – FUNDAÇÃO DIRETA

Inicialmente deve ser esclarecido que este tipo de fundação exige uma capacidade mínima do solo da ordem de 2 kgf/cm^2, em contrário a solução perde em economia por outras alternativas (cortinas atirantadas e fundações sobre estacas).

A – TERMINOLOGIA

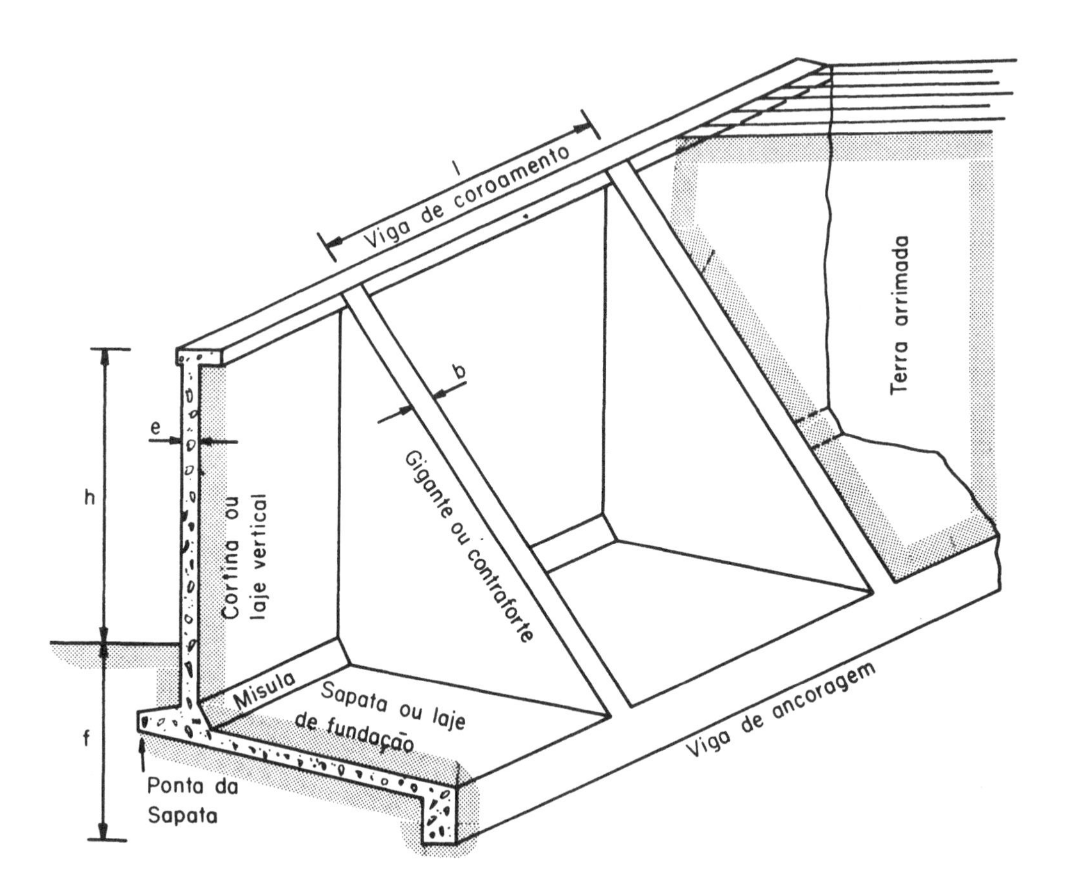

B – TIPOS DE CORTINA

a) CORTINAS DE ESPESSURA *e* CONSTANTE

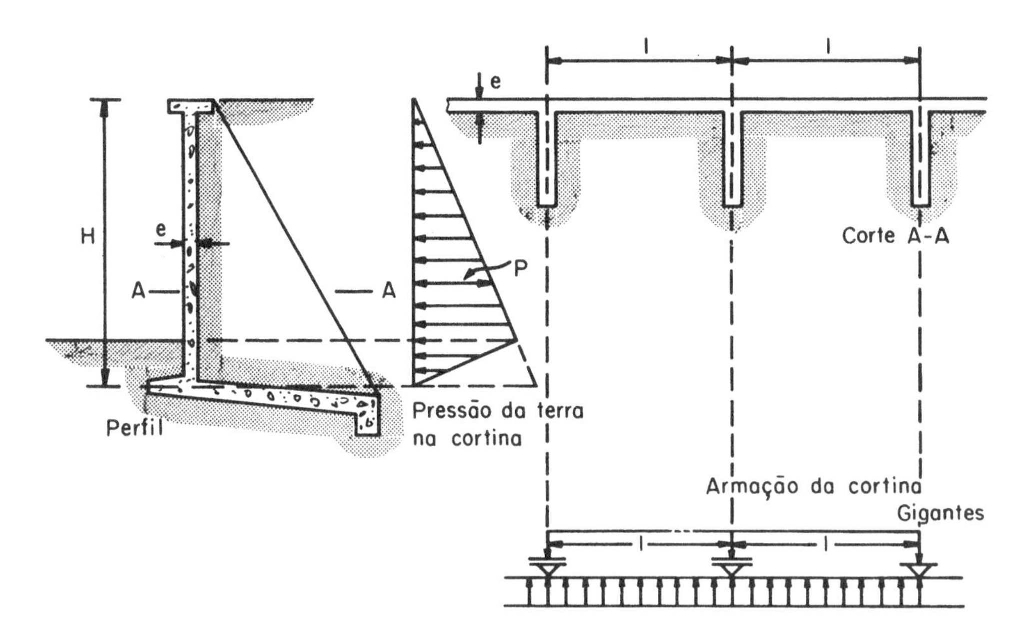

1.ª *ALTERNATIVA* – Laje contínua armada numa direção e apoiada nos gigantes (sentido horizontal)

2.ª *ALTERNATIVA* – Laje armada numa direção, apoiada na viga de coroamento e na sapata (sentido vertical)

Esta solução não é vantajosa, visto que concentra o carregamento da pressão da terra nos citados apoios, quando a pressão da terra poderia ir diretamente para os gigantes; portanto entendemos ser a 1.ª alternativa mais vantajosa.

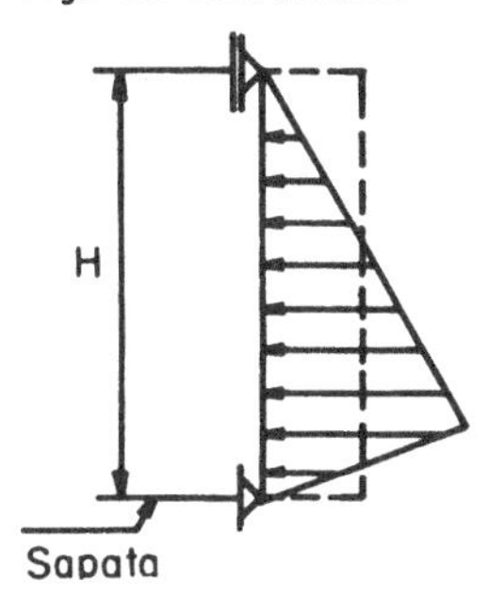

3.ª *ALTERNATIVA* – Laje contínua armada em cruz (nos dois sentidos, no meio do painel e no sentido horizontal nos gigantes).

Esta solução não é muito comum, pois depende da relação $\frac{H}{\ell} \leqslant 2$, e na maioria dos casos práticos o espaçamento ℓ não ultrapassa de 3,00 m e H varia entre 6,00 a 7,00 m, o que nos levará a introduzir vigas intermediárias.

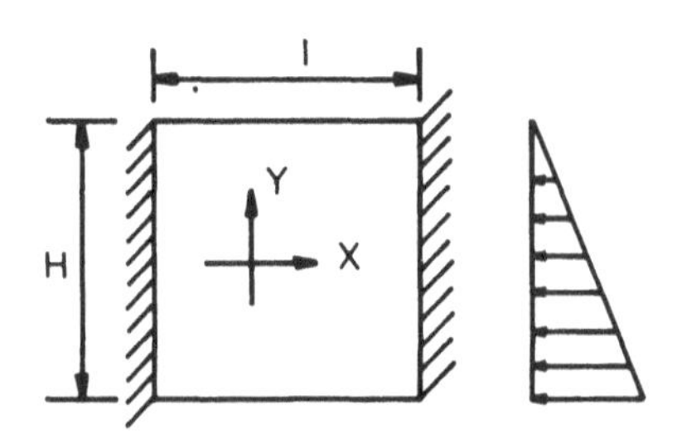

b) CORTINA DE ESPESSURA *e* CONSTANTE COM VIGAS INTERMEDIÁRIAS

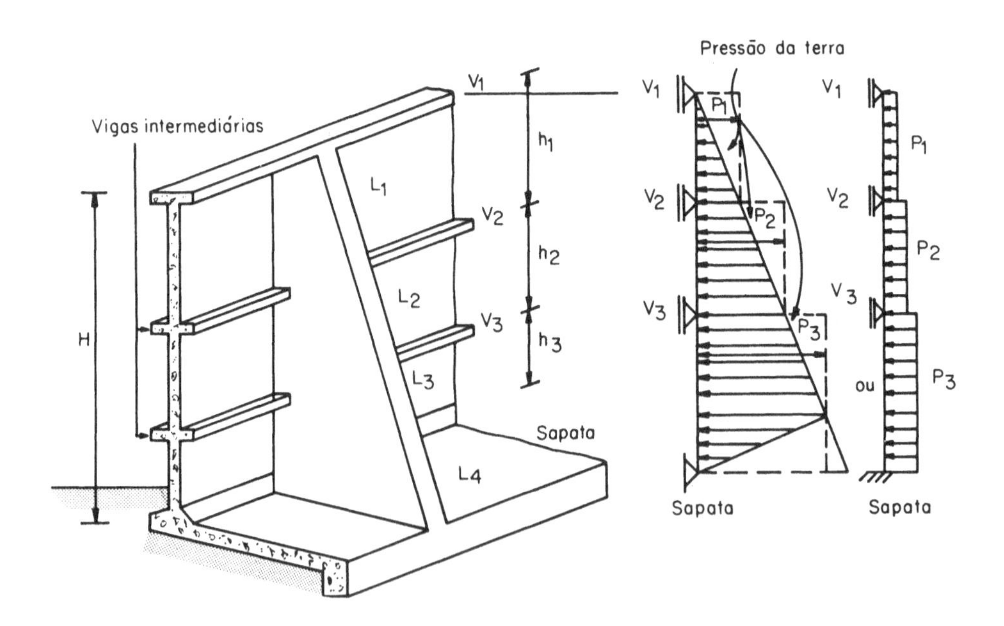

1.ª *ALTERNATIVA* – Lajes contínuas armadas numa direção (sentido vertical).

2.ª *ALTERNATIVA* – Lajes contínuas armadas **em cruz, apoiadas nas** vigas intermediárias e contrafortes

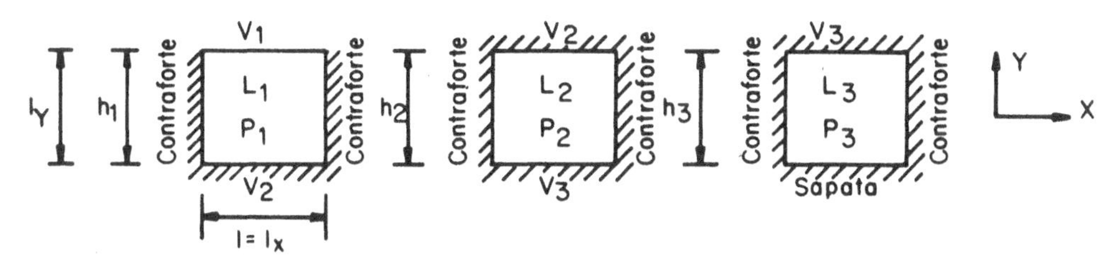

Em ambas as alternativas, o ideal seria termos as mesmas dimensões para as vigas V_1, V_2, V_3 ... etc., e conseqüentemente a mesma ou quase idêntica grandeza de carregamento proveniente da pressão da terra. Isto pode ser conseguido, distribuindo-se **convenientemente as distâncias** h_1, h_2, h_3, etc., o que é muito simples na 1.ª alternativa.

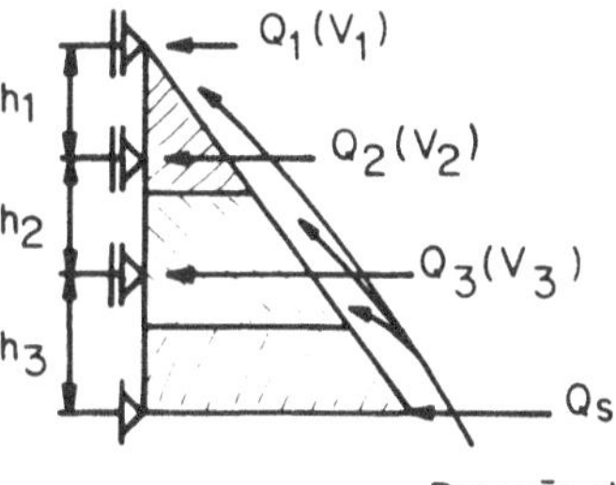

c) CORTINA DE ESPESSURA VARIÁVEL

Laje armada no sentido horizontal, apoiada nos contrafortes.

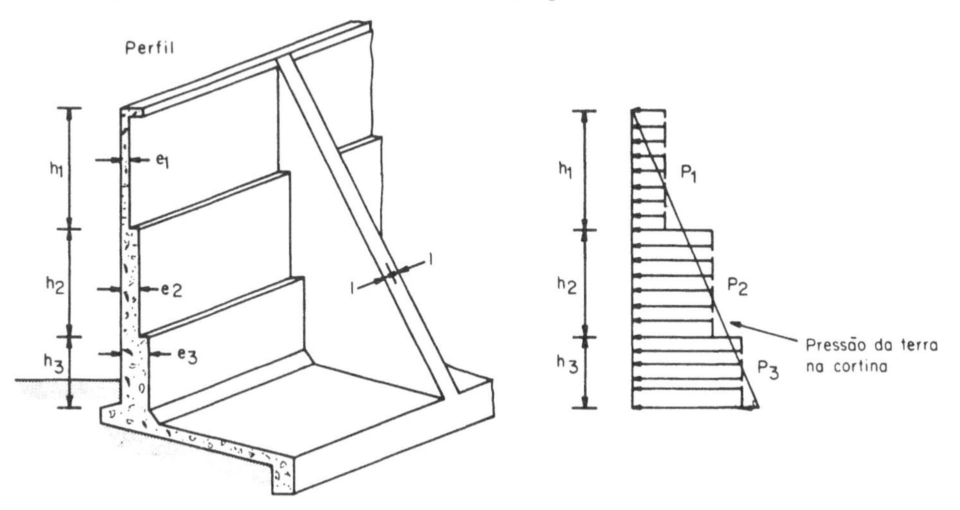

PLANTA

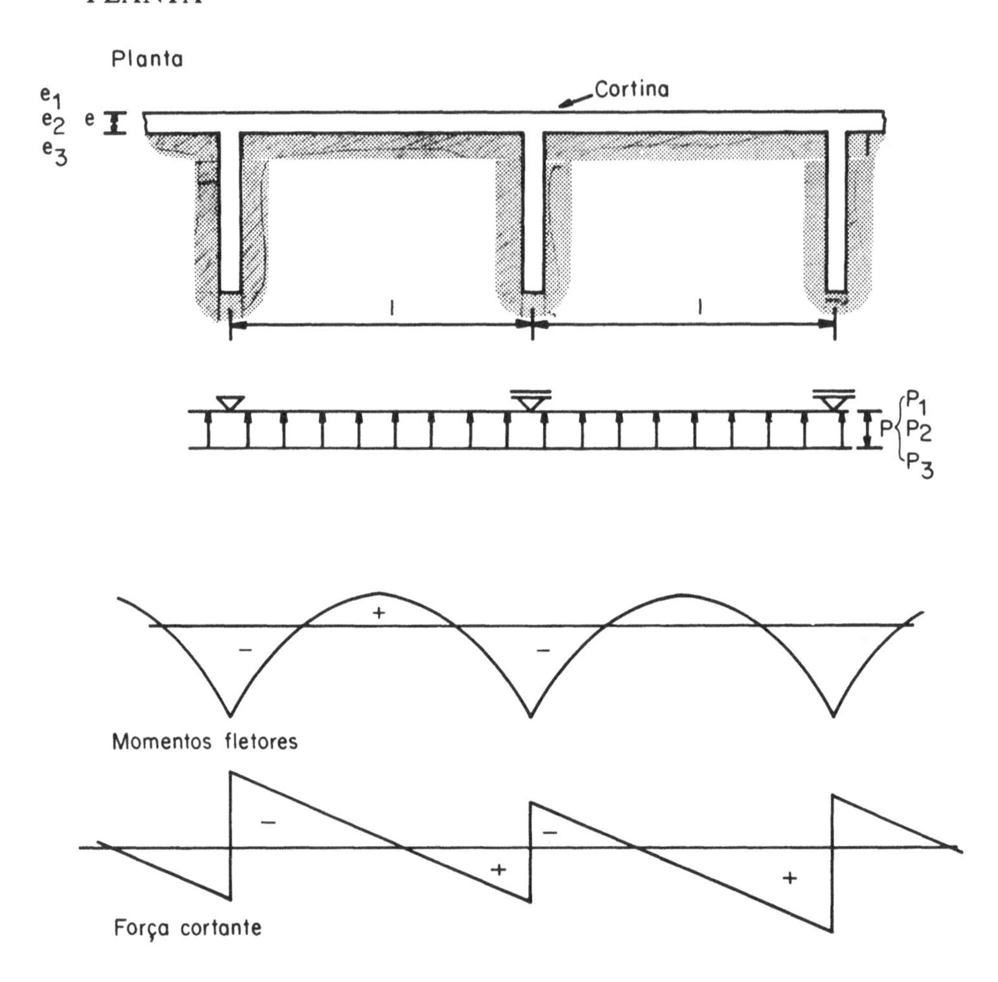

Outra alternativa para a cortina de espessura variável.

Este detalhamento elimina a variação brusca da espessura da cortina ao longo da altura, solução elástica mais eficiente.

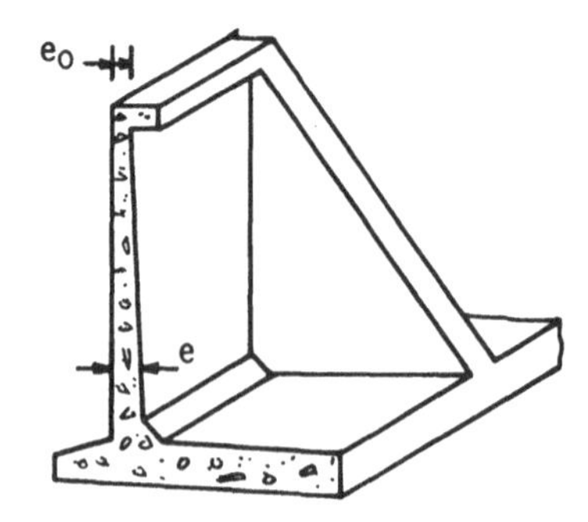

C – DETALHE DE EXECUÇÃO

a) SAPATA

Para este tipo de muro, devido a elevada ação do empuxo, torna-se imperativo inclinar a sapata do lado da terra, além da adição de uma viga de ancoragem.

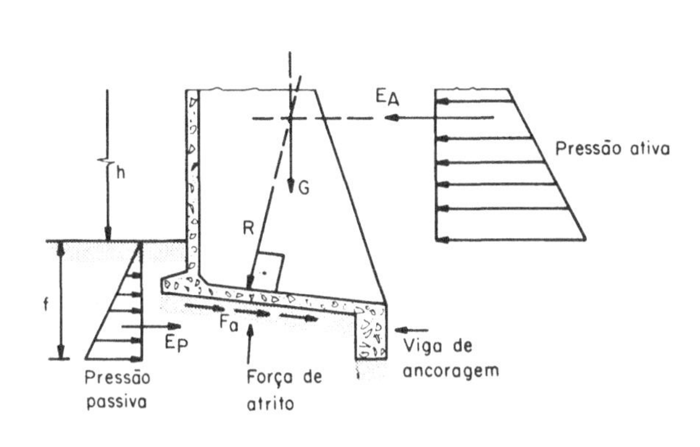

E_A... Empuxo ativo sobre a área de influência do contraforte.

E_p ... Empuxo passivo sobre a área de influência do contraforte.

G ... Resultante do peso próprio atuando no contraforte.

$\vec{R}$ ... Resultante das forças $\vec{E}_A$ e $\vec{G}$.

$\vec{F}_a = \vec{E}_A - \vec{E}_p$ ... Força de atrito.

$\vec{F}_a = \mu \vec{R}$.

μ ... Coeficiente de atrito sapata-solo

Fazendo-se a inclinação da sapata aproximadamente normal à resultante $\vec{R}$, melhoramos consideravelmente as condições de atrito solo-sapata.

A laje da sapata, dependendo do espaçamento entre contrafortes e a distância, conduz às soluções estruturais seguintes.

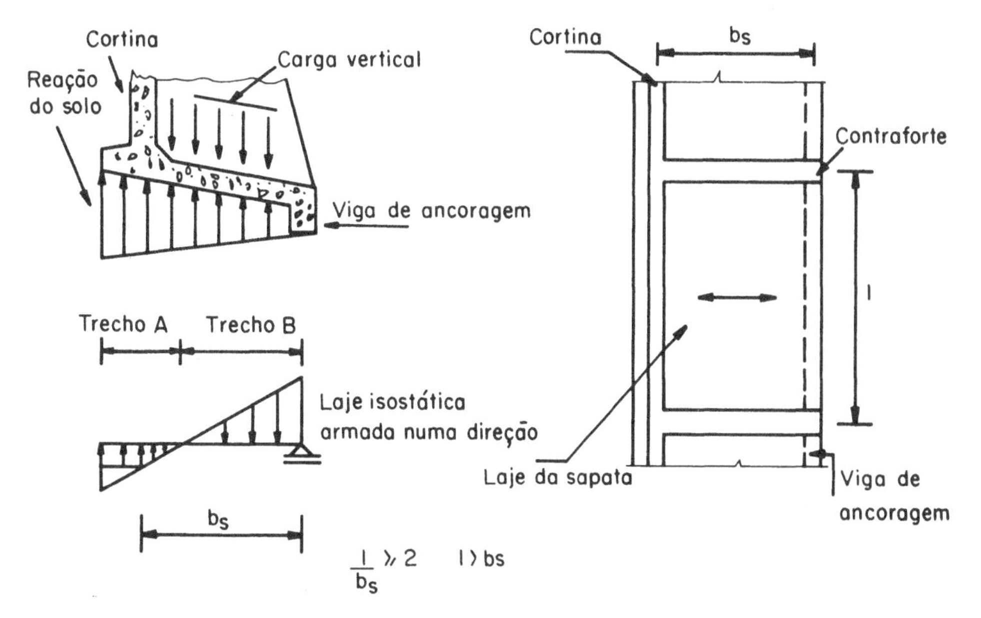

LAJE CONTÍNUA ARMADA NUMA DIREÇÃO APOIADA NOS CONTRAFORTES

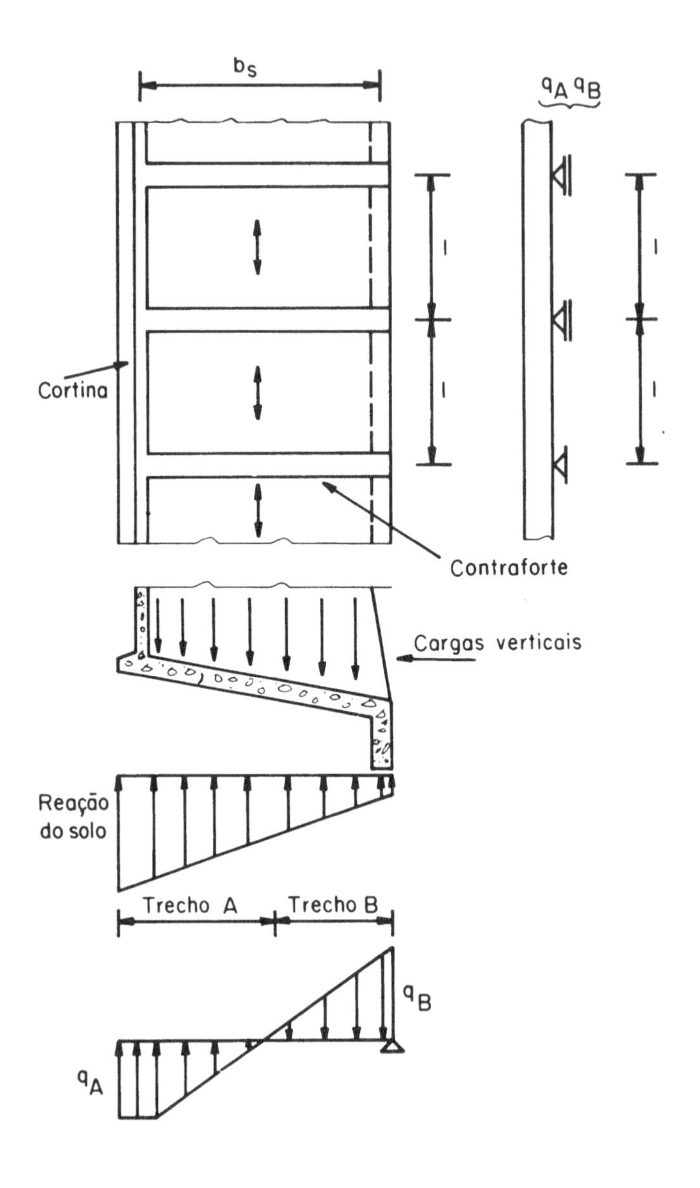

LAJE CONTÍNUA ARMADA EM CRUZ

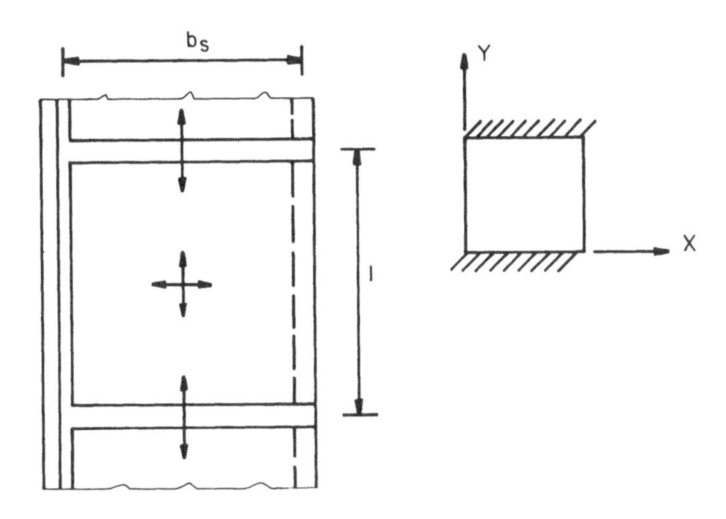

A determinação dos esforços na laje da sapata é obtida pela diferença dos diagramas de carregamento de sentidos opostos, isto é, cargas verticais e a reação do solo. Disto resulta a colocação das armações tanto na face superior como na face inferior da laje da sapata, nas várias seções transversais dos trechos A ou B, conforme o resultado final dos esforços solicitantes internos.

Usualmente nos casos práticos, adotamos a solução da laje isostática, armada numa direção, apoiada na cortina e na viga de ancoragem, por facilitar a execução nessa fase bastante difícil da obra; também porque há considerável diminuição de interferência entre as armações dos contrafortes com a própria laje da sapata.

b) VIGA DE ANCORAGEM

Esta viga, além de transferir parte da carga da sapata para os contrafortes, tem a finalidade de propiciar o aumento da resistência passiva do conjunto, a fim de garantir a estabilidade contra deslizamento.

A rigor, a sua verificação deve ser feita para a solicitação na flexão oblíqua mas, usualmente, dimensionam-se as armaduras para o plano de flexão correspondente ao carregamento da sapata, adicionando-se armadura suplementar em ambas as faces laterais, por razão de simetria.

Este critério se justifica, visto que a laje da sapata, dispõe de rigidez suficiente para absorver a solicitação do empuxo passivo.

D – GIGANTES OU CONTRAFORTES

Os contrafortes são elementos estruturais, que têm por finalidade transmitir as cargas provenientes das lajes da cortina (lajes verticais) à sapata (laje de fundação). Trata-se, portanto, de peças que devem ficar perfeitamente solidarizadas com a cortina e sapata.

Nestas condições, obedecendo o critério proposto por Mörsch, a armadura principal resistente deverá se situar na face inclinada do contraforte, isto é do lado da terra.

Isto posto, vamos determiná-la, através do equilíbrio dos esforços.

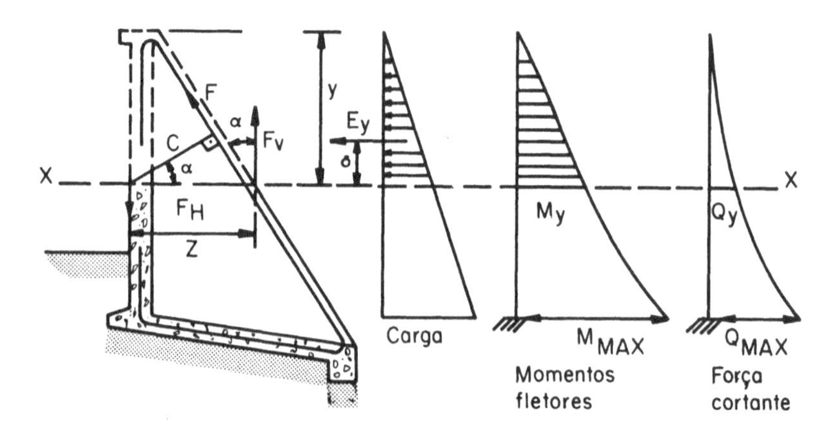

Pela figura:

$$F_c = E_y \times \delta = M_y$$

$$F = \frac{F_v}{\cos \alpha}$$

$$c = z \cos \alpha$$

$$\frac{F_v}{\cos \alpha} \times z \cos \alpha = M_y$$

$$F_v = \frac{M_y}{z}$$

Adotando a notação da NBR 6118, fazemos $R_{s_t} = F_v$, portanto

$$\boxed{R_{s_t} = \frac{M_y}{z}}$$

A solidarização da armadura resistente, $A_s = \dfrac{\gamma_f R_{s_t}}{f_{yd}}$ com a cortina, se obtém através dos estribos horizontais de área $A_{s_e} = \dfrac{\gamma_f Q_y}{f_{yd}}$, encarregados de absorver a reação da cortina no contraforte.

Os estribos verticais transmitem a carga da terra sobre a sapata ao contraforte.

No caso dos contrafortes do lado da terra (internos), o efeito do peso próprio da cortina e do próprio contraforte, dariam uma pequena redução ao esforço R_{s_t}; portanto deixamos de considerá-lo, mas deverão ser levados em conta no cálculo da sapata.

Contraforte é tracionado, portanto, não tem flambagem.

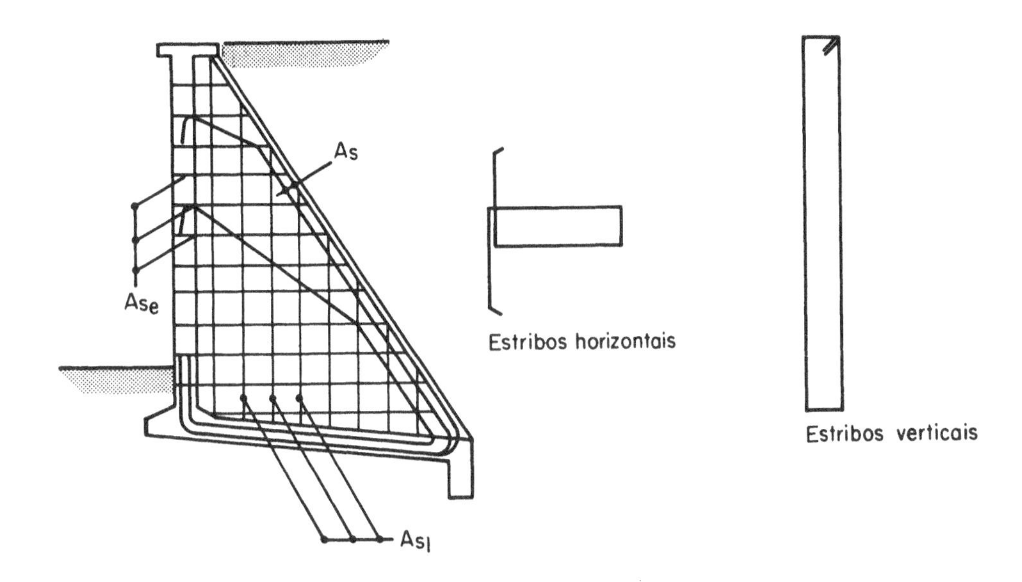

Deve ser esclarecido que no caso dos contrafortes fora da terra (externos), estas simplificações não são válidas; os contrafortes devem ser verificados à flexo-compressão, pela teoria de 2.ª ordem, caso não forem adotadas disposições especiais de travamento dos contrafortes.

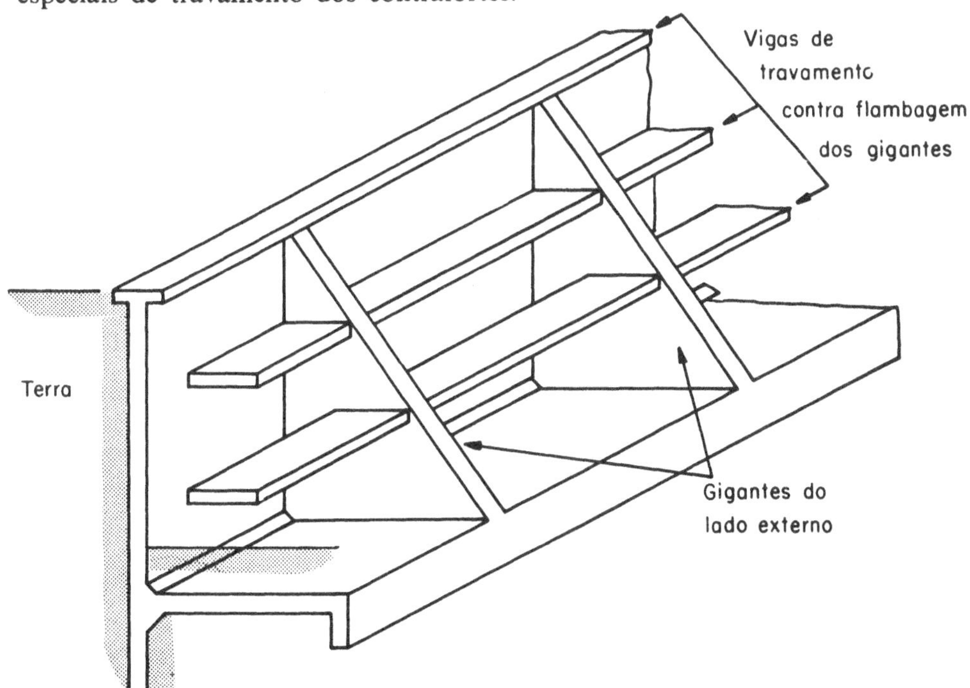

GIGANTES PROTENDIDOS

Embora não se tenha ainda experiência sobre essa solução específica, a idéia merece ser considerada, tendo em conta a redução da densidade de aço na zona tracionada da peça, aliada a certa economia no volume de concreto.

Para um muro de 7,00 m de altura, com gigantes espaçados de 3,00 m, a armação é da ordem de 12 barras de $\phi = 20$ mm, CA – 25 na seção da base com dimensão de 25 × 300 cm, (corresponde a aço CP 125/140, 4 cabos de 12 fios $\phi = 7$ mm).

A colocação dos cabos é muito importante; deve-se evitar cabos retos, pois se trata de um consolo e tais cabos criam um estado de coação que Magnel chamou de momentos parasitas. Propomos a disposição conforme o esboço seguinte.

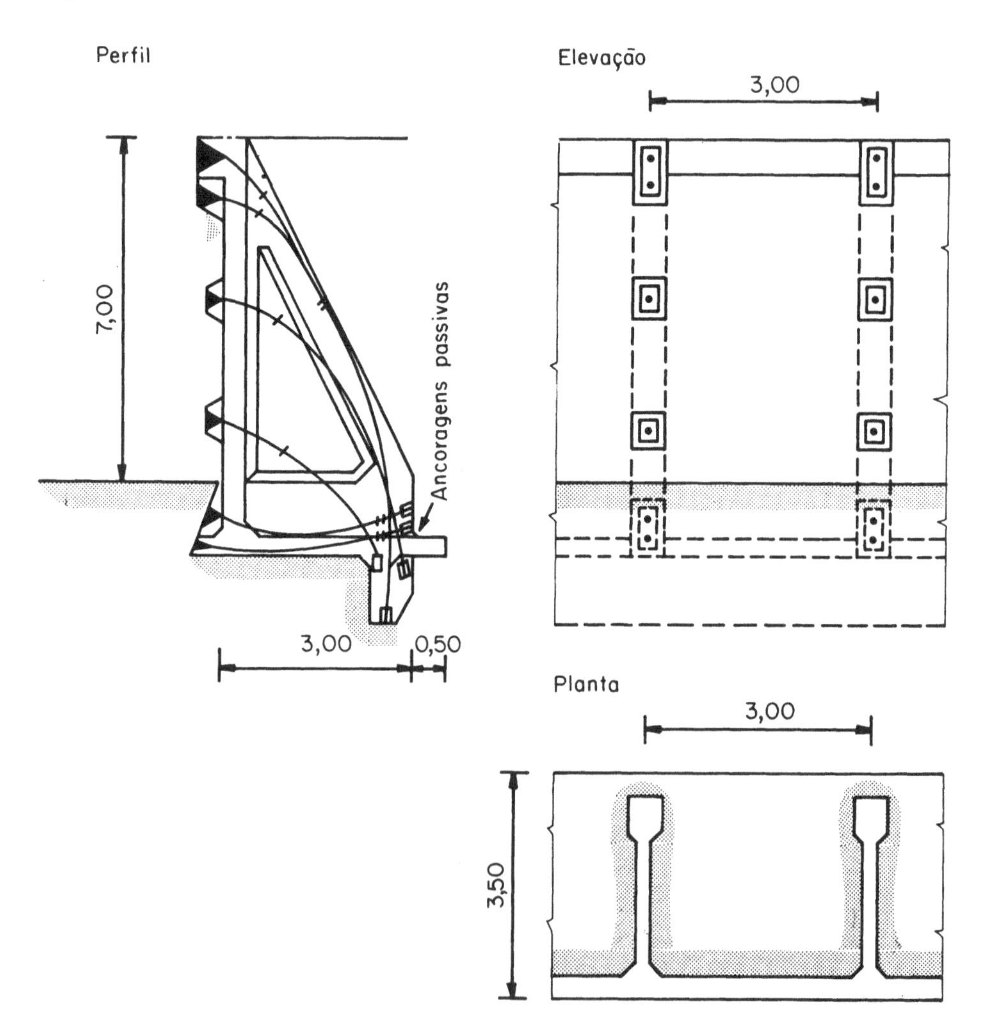

IV.5.2 — EXEMPLO DE UM MURO DE ARRIMO COM GIGANTES — FUNDAÇÃO DIRETA

Apresentaremos a elaboração de um trecho intermediário ao longo da extensão do muro, mostrando o roteiro do cálculo da cortina, gigantes e sapata.

IV.5.2.1 — DADOS

A – *Perfil do terreno e sondagem (SPT)*

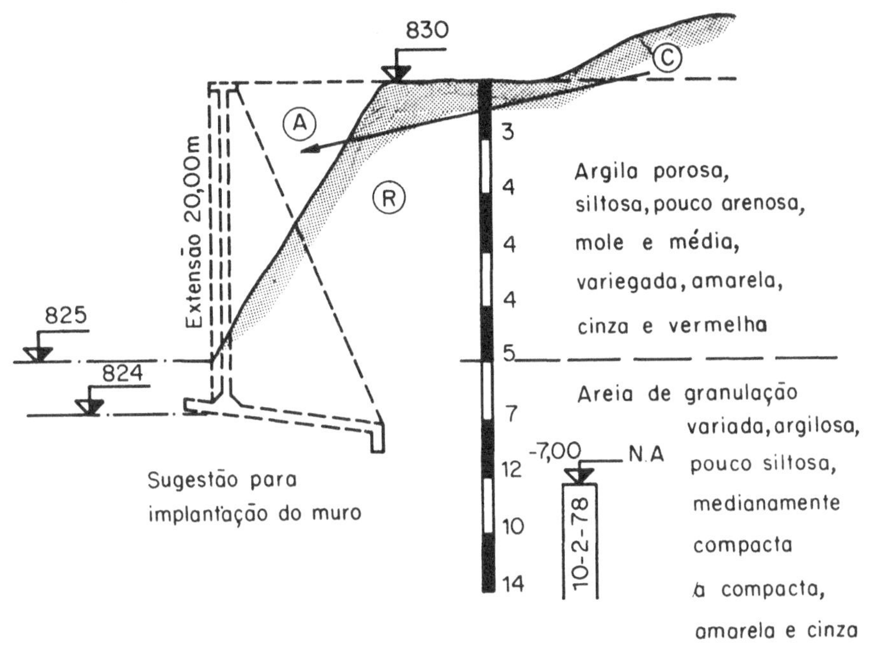

MOVIMENTO DE TERRA

Ⓒ Material cortado e depositado em Ⓐ

Ⓡ Material retirado para a execução do muro e posteriormente recolocado

B – *Especificações*

a) *solo*

Ângulo de talude natural $\varphi = 30°$
Peso específico aparente $\gamma_t = 1{,}7\ \text{tf/m}^3$
Tensão admissível no solo $\bar{\sigma}_s = 20\ \text{tf/m}^2$

b) *concreto* – $f_{ck} = 150\ \text{kgf/cm}^2$

c) *aço* – CA – 50 B – $f_y = 5\,000\ \text{kgf/cm}^2$

IV.5.2.2 — PRÉ-DIMENSIONAMENTO — 1ª PARTE

Estimamos as dimensões, por comparação de outros projetos já executados.

IV.5.2.2.1 — Desenhos Preliminares

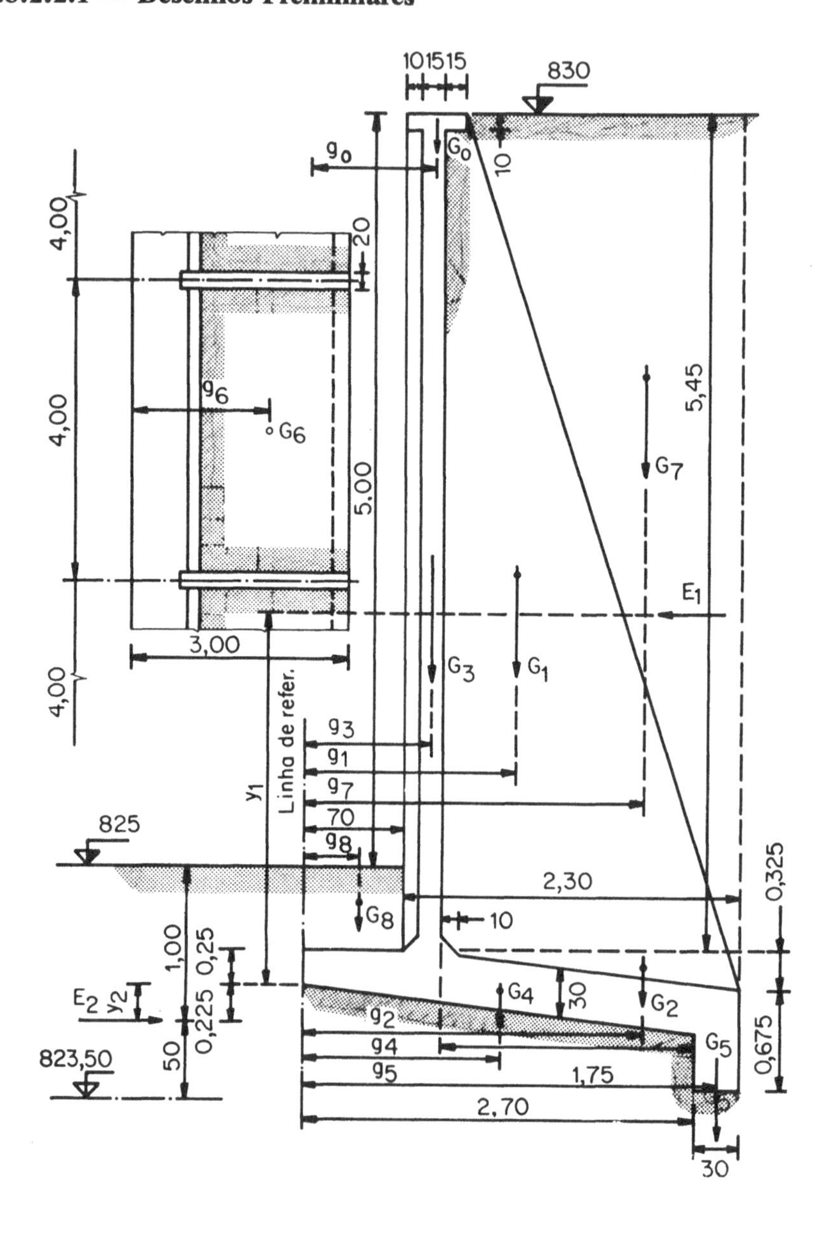

IV.5.2.2.2 — Verificação da estabilidade do conjunto — 2ª Parte . . . .

A – *Cargas*

a) *verticais*

$$G_0 \doteq 0{,}40 \times 0{,}10 \times 400 \times 2{,}5 \ldots\ldots\ldots\ldots = 0{,}40$$

$$G_1 = \left(\frac{0{,}30 + 2{,}30}{2}\right) \times 5{,}45 \times 0{,}20 \times 2{,}5 \ldots\ldots = 3{,}54$$

$$G_2 = \frac{2{,}05 \times 0{,}325}{2} \times 0{,}20 \times 2{,}5 \ldots\ldots\ldots\ldots = 0{,}17$$

$$G_3 = [5{,}45 \times 0{,}15 + 0{,}10 \times 0{,}10] \times 4{,}00 \times 2{,}5 = 8{,}28$$

$$G_4 = 3{,}00 \times 0{,}30 \times 4{,}00 \times 2{,}5 \ldots\ldots\ldots\ldots = 9{,}00$$

$$G_5 = 0{,}375 \times 0{,}30 \times 4{,}00 \times 2{,}5 \ldots\ldots\ldots\ldots = 1{,}13$$

$$G_6 = 3{,}80 \times \left(5{,}45 + \frac{0{,}325}{2}\right) \times 1{,}7 \ldots\ldots\ldots = 36{,}26$$

$$G_7 = \frac{2{,}05 \times 5{,}775}{2} \times 0{,}20 \times 1{,}7 \ldots\ldots\ldots\ldots = 2{,}01$$

$$G_8 = 0{,}55 \times 0{,}80 \times 4{,}00 \times 1{,}7 \ldots\ldots\ldots\ldots = 2{,}99$$

$$N = \Sigma\, G = 63{,}78 \text{ tf}$$

b) *horizontais – empuxos*

Empuxo ativo:

$$E_i = \frac{1}{2}\,\gamma_t K_a h^2 = \frac{1}{2} \times 1{,}7 \times 0{,}33 \times 25 = 7{,}0 \text{ tf/m}\ell \times 4{,}00 = 28 \text{ tf}$$

$$h = 5{,}00 \text{ m}$$

$$K_a = \text{tg}^2\left(45 - \frac{\varphi}{2}\right) = 0{,}33$$

$$\varphi = 30^\circ$$

Empuxo de repouso

$$E_2 = \frac{1}{2}\,\gamma_t k_0 z^2 = \frac{1}{2} \times 1{,}7 \times 0{,}70 \times 2{,}25 = 1{,}34 \text{ tf/m}\ell \times 4{,}00 = 5{,}4 \text{ tf}$$

$$z = 1{,}5 \text{ m}$$

$K_0 = 0{,}70$ para argilas $\qquad T = E_1 - E_2 = 22{,}6$ tf

Nota: Por recomendação do Prof. Costa Nunes, devemos calcular E_2 com o coeficiente de empuxo de repouso em vez do coeficiente de empuxo passivo.

B – *Braços de alavanca*

Valores-medidas no desenho

C – *Momentos estáticos*

Em relação a linha de referência, passando pela extremidade da ponta da sapata:

$g_0 = 0{,}875$ m
$g_1 = 1{,}45$ m
$g_2 = 1{,}90$ m
$g_3 = 0{,}875$ m
$g_4 = 1{,}50$ m
$g_5 = 2{,}85$ m
$g_6 = 1{,}975$ m
$g_7 = 2{,}233$ m
$g_8 = 0{,}40$ m

$G_0g_0 = 0{,}40 \times 0{,}875 = 0{,}350$
$G_1g_1 = 3{,}54 \times 1{,}45 = 5{,}133$
$G_2g_2 = 0{,}17 \times 1{,}90 = 0{,}323$
$G_3g_3 = 8{,}28 \times 0{,}875 = 7{,}245$
$G_4g_4 = 9{,}00 \times 1{,}50 = 13{,}500$
$G_5g_5 = 1{,}13 \times 2{,}85 = 3{,}220$
$G_6g_6 = 36{,}26 \times 1{,}975 = 71{,}613$
$G_7g_7 = 2{,}01 \times 2{,}233 = 4{,}488$
$G_8g_8 = 2{,}99 \times 0{,}40 = 1{,}196$
$\Sigma\, G_g = M_G = 107{,}068$ tfm

$$y_1 = \frac{5{,}00}{3} + 0{,}775 = 2{,}441 \text{ m}$$

$y_2 = 0{,}225$ m
$E_1y_1 = 28 \times 2{,}441 = 68{,}348$
$E_2y_2 = 5{,}4 \times 0{,}225 = -\ 1{,}215$
$\Sigma\, E_y = M_E = 67{,}133$ mt/f
$M = M_G - M_E = 39{,}935$ tfm

D – *Centro de pressão*

$$u = \frac{M}{N} = \frac{39{,}935}{63{,}780} \cong 0{,}62 \text{ m}$$

E – *Excentricidade*

$$e = \frac{b}{2} - u = \frac{3{,}00}{2} - 0{,}62 = 0{,}88 \text{ m}$$

F – *Verificação da estabilidade*

a) *equilíbrio estático*

Coeficiente de segurança contra escorregamento

$$\varepsilon_1 = \mu \frac{N}{T} \geqslant 1{,}5$$

$$\varepsilon_1 = 0{,}55 \; \frac{63{,}78}{22{,}6} = 1{,}55 > 1{,}5$$

μ – coeficiente de atrito

$\frac{\text{concreto}}{\text{areia}}\ \mu = 0{,}55$

Aceito

Coeficiente de segurança contra tombamento:

$$\varepsilon_2 = \frac{M_G}{M_E} \geqslant 1{,}5 \qquad \varepsilon_2 = \frac{107{,}068}{67{,}133} \cong 1{,}60$$

Aceito

b) *equilíbrio elástico* – Tensão no solo

$$\sigma_1 = \frac{N}{S}\left(1 + 6\,\frac{e}{b}\right) \leqslant \bar{\sigma}_s = 20 \text{ tf/cm}^2$$

$$\sigma_2 = \frac{N}{S}\left(1 - 6\,\frac{e}{b}\right) > 0 \qquad \text{Ausência de tração}$$

$$\frac{N}{S} = \frac{63{,}78}{4{,}00 \times 3{,}00} \cong 5{,}4 \text{ tf/m}^2$$

$$\frac{6e}{b} = \frac{6 \times 0{,}88}{3{,}00} = 1{,}76$$

$$\sigma_1 = 5{,}4 \times 2{,}76 = 14{,}9 \text{ tf/m}^2 < 20 \text{ tf/m}^2$$

$$\sigma_2 = 5{,}4 \times (-\,0{,}76) = -\,4{,}1 \text{ tf/m}^2 < 0 \text{ Tração}$$

Verificação excluindo tração

$$\sigma_{max} = \frac{2\,N}{3\,du} \leqslant \bar{\sigma}_s$$

$d = 4{,}00$ m

$u = 0{,}62$ m

$$\sigma_{max} = \frac{2 \times 63{,}78}{3 \times 4{,}00 \times 0{,}62} \cong 17{,}4 \text{ tf/m}^2$$

$$3u = 1{,}86 \sim 1{,}90 \text{ m}$$

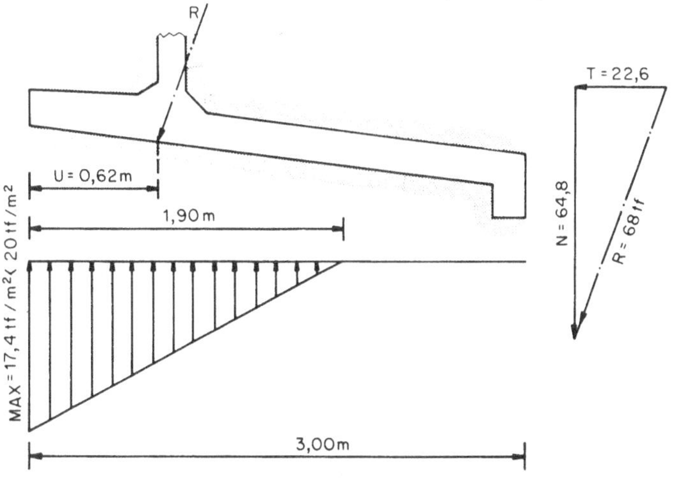

IV.5.2.3 — CÁLCULO DOS ESFORÇOS INTERNOS SOLICITANTES E PROJETO DA ARMAÇÃO — 3.ª PARTE

IV.5.2.3.1 — Cortina entre os gigantes

Vamos examinar a possibilidade da adoção de um painel armado em cruz

Painéis extremos *Painel intermediário*

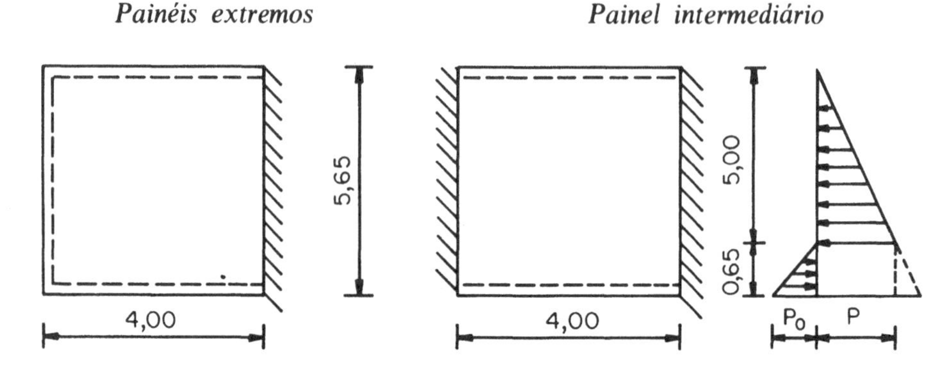

$p_0 = K_0 \gamma_t 0{,}65 = 0{,}70 \times 1{,}70 \times 0{,}65 = 0{,}77 \text{ tf/m}^2$ Pressão passiva

$p = k\gamma_t 5{,}00 = 0{,}33 \times 1{,}7 \times 5{,}00 = 2{,}805 \text{ tf/m}^2$ Pressão ativa

Para simplificação, vamos considerar separadamente as duas pressões, embora sacrificando a economia

Nestas condições, temos:

Pressão ativa *Pressão passiva*

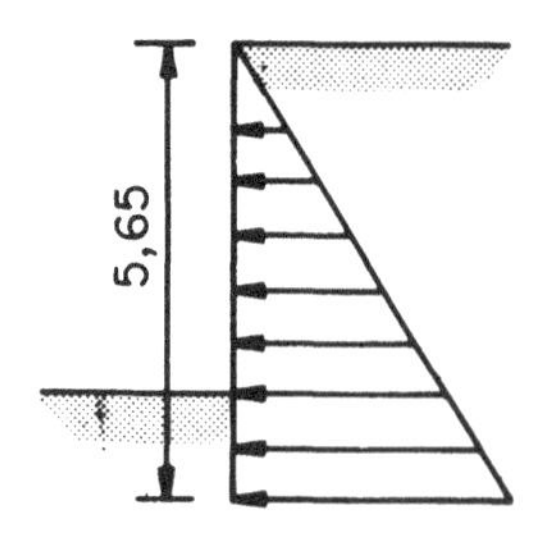

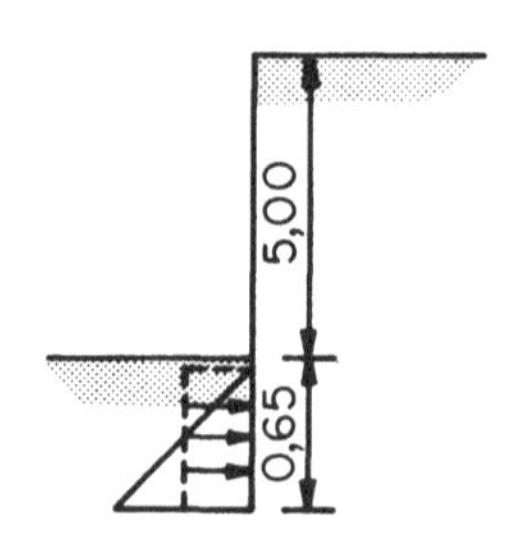

$p = k\gamma_t 5{,}65 = 3{,}17 \sim 3 \text{ tf/m}^2$

Carga triangular

$p_0 = 0{,}6 \times 0{,}77$
$= 0{,}46 \text{ tf/m}^2$

Carga uniforme, parcialmente distribuída

Painel intermediário:

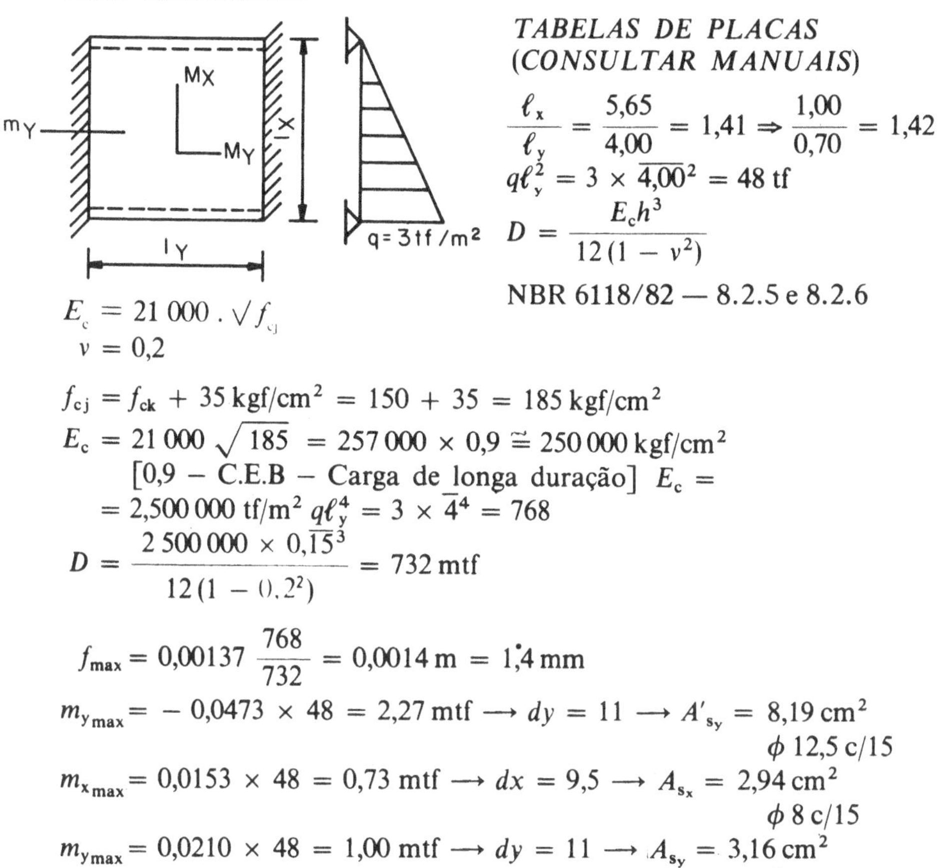

TABELAS DE PLACAS (CONSULTAR MANUAIS)

$$\frac{\ell_x}{\ell_y} = \frac{5{,}65}{4{,}00} = 1{,}41 \Rightarrow \frac{1{,}00}{0{,}70} = 1{,}42$$

$$q\ell_y^2 = 3 \times \overline{4{,}00}^2 = 48 \text{ tf}$$

$$D = \frac{E_c h^3}{12(1 - \nu^2)}$$

NBR 6118/82 — 8.2.5 e 8.2.6

$E_c = 21\,000 \,.\, \sqrt{f_{cj}}$

$\nu = 0{,}2$

$f_{cj} = f_{ck} + 35 \text{ kgf/cm}^2 = 150 + 35 = 185 \text{ kgf/cm}^2$

$E_c = 21\,000 \sqrt{185} = 257\,000 \times 0{,}9 \cong 250\,000 \text{ kgf/cm}^2$

[0,9 – C.E.B – Carga de longa duração] $E_c =$

$= 2{,}500\,000 \text{ tf/m}^2 \; q\ell_y^4 = 3 \times \overline{4}^4 = 768$

$$D = \frac{2\,500\,000 \times 0{,}\overline{15}^3}{12(1 - 0{,}2^2)} = 732 \text{ mtf}$$

$$f_{max} = 0{,}00137 \, \frac{768}{732} = 0{,}0014 \text{ m} = 1{,}4 \text{ mm}$$

$m_{y_{max}} = -\,0{,}0473 \times 48 = 2{,}27 \text{ mtf} \longrightarrow dy = 11 \longrightarrow A'_{s_y} = 8{,}19 \text{ cm}^2$

ϕ 12,5 c/15

$m_{x_{max}} = 0{,}0153 \times 48 = 0{,}73 \text{ mtf} \longrightarrow dx = 9{,}5 \longrightarrow A_{s_x} = 2{,}94 \text{ cm}^2$

ϕ 8 c/15

$m_{y_{max}} = 0{,}0210 \times 48 = 1{,}00 \text{ mtf} \longrightarrow dy = 11 \longrightarrow A_{s_y} = 3{,}16 \text{ cm}^2$

ϕ 8 c/15

Nota – Apresentaremos daqui em diante, apenas a determinação dos esforços, omitindo a justificativa do cálculo das armações.

h = 15   dx = 10,5   dy = 11,5   3

$f_{ck} = 150 \text{ kgf/cm}^2$

CA – 50 B

ϕ 8 c/15 $\longrightarrow A_s = 3{,}3 \text{ cm}^2$

ϕ 12,5 c/15 $\longrightarrow A_s = 8{,}3 \text{ cm}^2$

Flecha pela NBR 6118/82 — 4.2.3.2.1. $f_{ADM} = \dfrac{\ell}{300} = \dfrac{400}{300} = 1{,}3 \text{ cm}$

Espessura

$$d \geqslant \frac{\ell}{\psi_2 \, \psi_3}$$

1,9
1,2

$$\ell_x = 5{,}65$$
$$\ell_y = 4{,}00$$
$$\frac{\ell_x}{\ell_y} = 1{,}41$$

$$d \geqslant \frac{400}{1{,}487 \times 25} = 10{,}75$$

$\psi_3 = 25$ ... Para CA – 50 B

$$\frac{\ell_x}{\ell_y} \text{———} \boxed{2}$$

1 ——— $1{,}9$
$1{,}41$ ——— $\psi_2 = 1{,}487$
2 ——— $1{,}2$
$1{,}0$ ——— $-0{,}7$
$0{,}59$ ——— $x \therefore x =$

$$= \frac{-0{,}7 \times 0{,}59}{1} =$$
$$= 0{,}413$$

Temos $d = 11{,}5$ satisfaz

Painel extremo

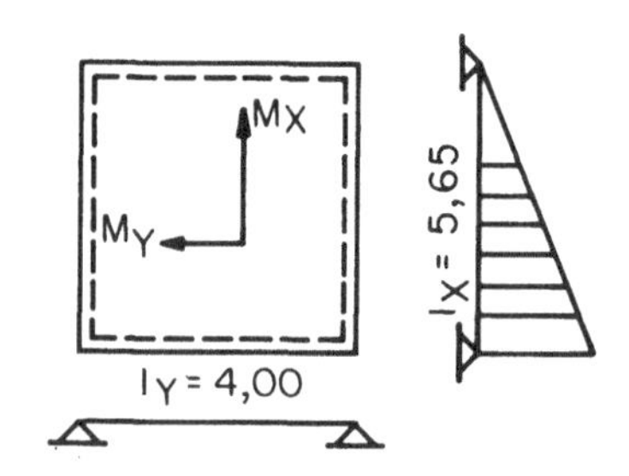

TABELAS DE PLACAS (CONSULTAR MANUAIS)

$$\frac{\ell_x}{\ell_y} = \frac{5{,}65}{4{,}00} = 1{,}40 = 1{,}00/0{,}70$$
$$q\ell^2 y = 48$$
$$M_x = 0{,}0233 \times 48 = 1{,}12 \; d_x = 9^5$$
$$A_{s_x} = 4{,}16 \text{ cm}^2$$
$$M_y = 0{,}0280 \times 48 = 1{,}34 \; d_y = 11$$
$$A_{s_y} = 4{,}56 \text{ cm}^2$$
$$\phi = 10 \text{ c}/15$$

IV.5.2.3.2. — Viga de coroamento

Admitimos o carregamento da cortina, uniformemente distribuído, para facilitar o cálculo das reações no bordo correspondente à viga de coroamento.

A – *Carga na viga*

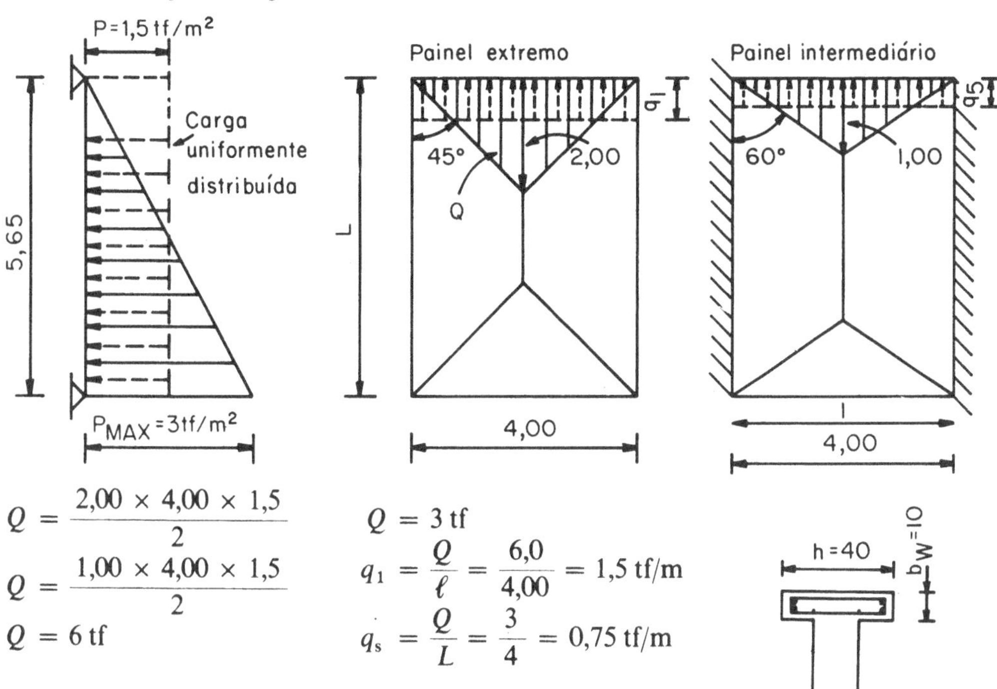

$$Q = \frac{2{,}00 \times 4{,}00 \times 1{,}5}{2}$$

$$Q = \frac{1{,}00 \times 4{,}00 \times 1{,}5}{2}$$

$$Q = 6 \text{ tf}$$

$$Q = 3 \text{ tf}$$

$$q_1 = \frac{Q}{\ell} = \frac{6{,}0}{4{,}00} = 1{,}5 \text{ tf/m}$$

$$q_s = \frac{Q}{L} = \frac{3}{4} = 0{,}75 \text{ tf/m}$$

B – *Esforços* – Não estando definida a extensão do muro, vamos considerar os esforços para os dois vãos extremos, conforme o esquema.

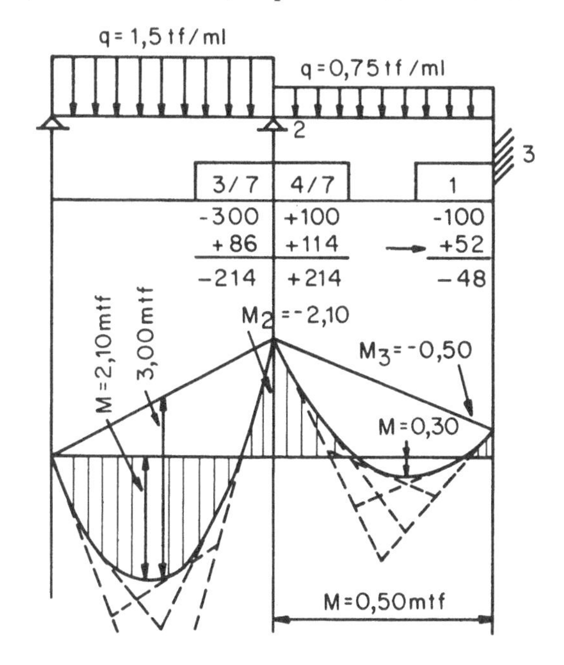

Segundo Cross:

$$J = \text{const}$$

Coeficiente de rigidez:

$$\frac{J}{4} \times \frac{3}{4} = \frac{3}{16} J$$

$$\frac{J}{4} \Sigma = \frac{3}{16} J + \frac{1}{4} J = \frac{7}{16} J$$

Coeficiente de distribuição

$$\frac{3}{16} J \div \frac{7}{16} J = \frac{3}{7}$$

$$\frac{1}{4} J \div \frac{7}{16} J = \frac{4}{7}$$

Momentos de engastamento perfeito

$$M_E = 1{,}5 \times \frac{\overline{4{,}00}^2}{12} = 3{,}00 \text{ tf m}$$

$$M = 0{,}75 \times \frac{\overline{4{,}00}^2}{12} = 1{,}00 \text{ tf m}$$

$$M = 0{,}75 \times \frac{\overline{4{,}00}^2}{8} = 1{,}50 \text{ tf m}$$

Adotamos

$$M = 0{,}75 \times \frac{\overline{4{,}00}^2}{24} = 0{,}50$$

$$Q_0 = 1{,}5 \times 2{,}0 = 3 \text{ tf}$$

$$Q_0 = 0{,}75 \times 2{,}0 = 1{,}5 \text{ tf}$$

$$\frac{2{,}10}{4} = 0{,}525 \text{ tf}$$

$$\frac{2{,}10 - 0{,}5}{4} = 0{,}40 \text{ tf}$$

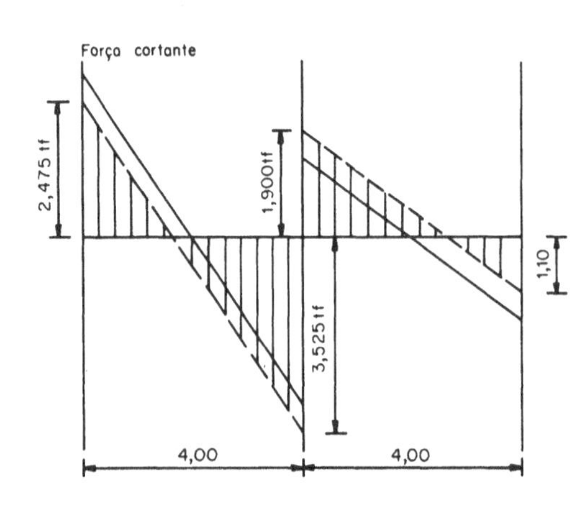

C – *Dimensionamento das armaduras*

$M = 210$ tf cm
$bw = 10$ cm
$h = 40$ cm
$d = 37$ cm

$M = 50$ tf cm

$f_{ck} = 150$ kgf/cm²
CA – 50 B

Adotamos: $2\ \phi\ 12{,}5 = 2{,}50 \text{ cm}^2$

$$A_{s_{min}} = \frac{0{,}15}{100} \times b_w h = \frac{0{,}15}{100} \times 10 \times 40 = 0.6 \text{ cm}^2$$

Adotamos $2\ \phi\ 8 = 1{,}00 \text{ cm}^2$

D – *Verificação ao cisalhamento*

$$\tau_{wd} = \frac{V_d}{b_{wd}}$$

$$V_d = 1{,}4\ Q = 1{,}4 \times 3\,525 = 4\,935 \text{ kgf}$$

$$\tau_{wd} = \frac{4\,935}{10 \times 37} = 13{,}3 \text{ kgf/cm}^2 < 21 \text{ kgf/cm}^2$$

$$\tau_{wu} = 0{,}25 f_{cd} \leqslant 45 \text{ kgf/cm}^2$$

$$f_{cd} = \frac{f_{ck}}{\gamma_c} = \frac{150}{1{,}4}$$

Empregando exclusivamente estribos:

$\tau_{wu} = 32 \text{ kgf/cm}^2$
$f_{cd} = 107 \text{ kgf/cm}^2$
$\tau_c = \psi_1 \sqrt{f_{ck}}$
$\tau_d = 1{,}15\ \tau_{wd} - \tau_c \geqslant 0$

Fazemos $\tau_c = 0$

$\tau_d = 1{,}15\ \tau_{wd} - \tau_c = 1{,}15 \times 13{,}3 =$
$= 15{,}3 \text{ kgf/cm}^2$

Adotamos $\phi\, 6{,}3$ c/15

Estribos:

E – *Esquema*

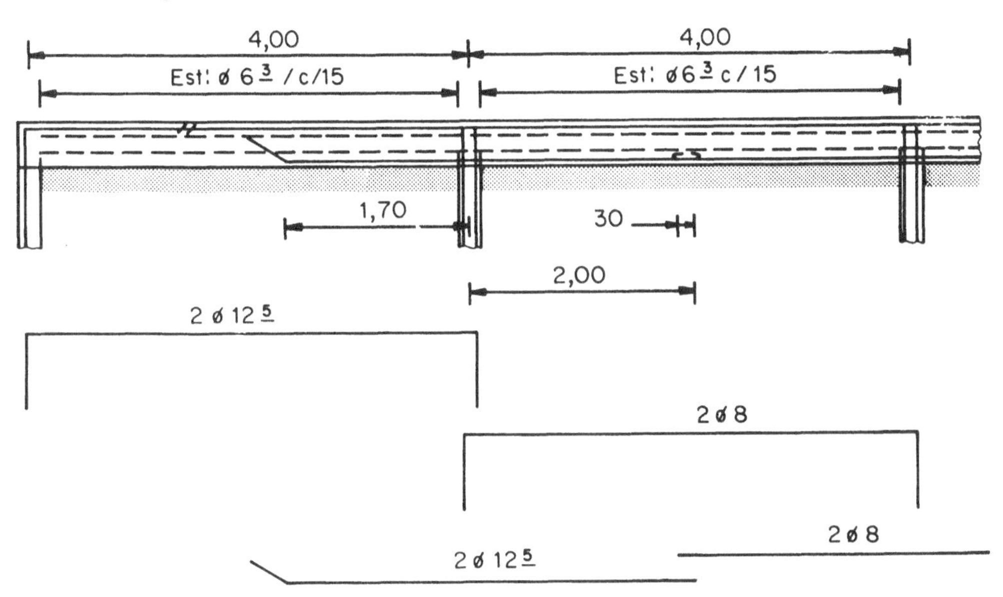

Pressão passiva – Cortina calculada como laje armada horizontal.

Po =0,46 tf /m

4,00

$$M = p_0 \frac{4{,}\overline{00}^2}{8} = 0{,}92 \text{tf m}$$

$h = 15$ cm
$d = 11{,}5$ cm
$A_s = 2{,}83$ cm

Adotamos a armadura $|A_{s_y}$ da pressão ativa, para facilitar a execução $\phi\, 8$ c/15 = 3,33 cm^2

IV.5.2.3.3 — Cálculo da sapata

Os esforços na sapata resultam como no caso do muro corrido, da diferença entre o peso da terra e a laje, menos a reação do terreno.

A sapata será considerada como uma laje armada numa direção apoiada na cortina e na viga de ancoragem, com a extremidade do lado da cortina em balanço.

A – *Cargas e esforços na sapata*

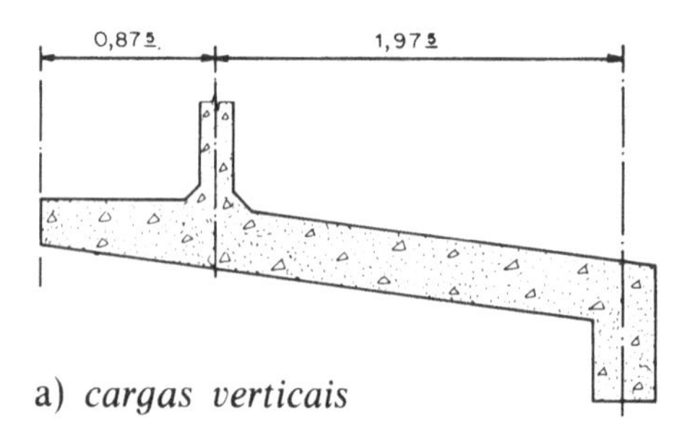

a) *cargas verticais*

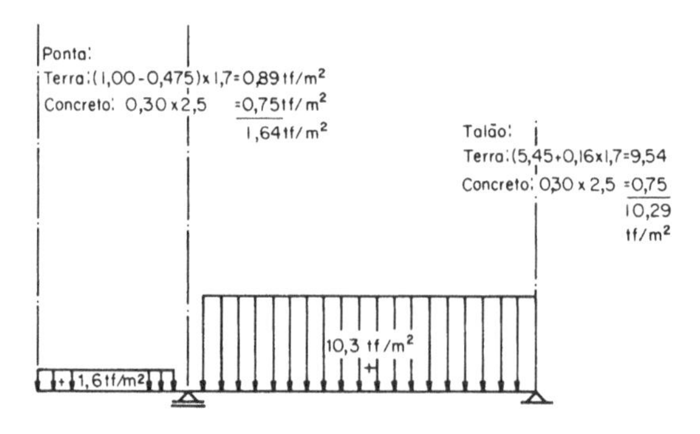

b) *reação do terreno*

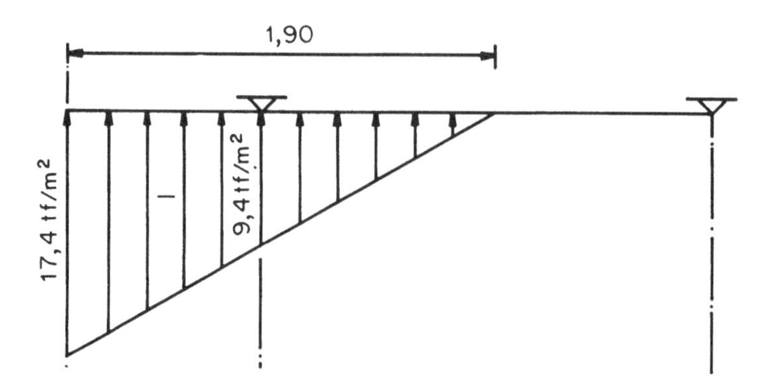

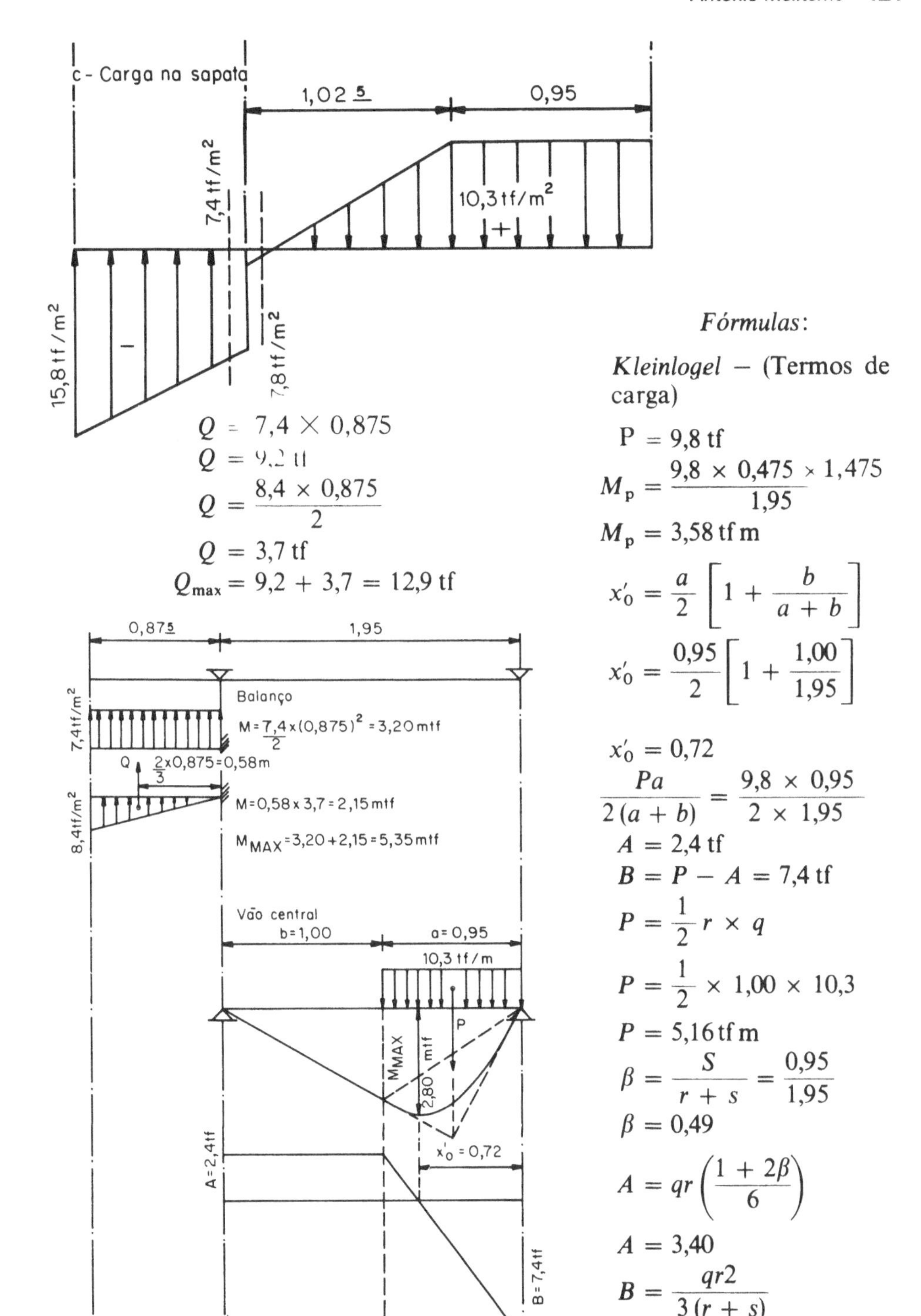

$$Q = 7,4 \times 0,875$$
$$Q = 9,2 \text{ tf}$$
$$Q = \frac{8,4 \times 0,875}{2}$$
$$Q = 3,7 \text{ tf}$$
$$Q_{max} = 9,2 + 3,7 = 12,9 \text{ tf}$$

Fórmulas:

Kleinlogel – (Termos de carga)

$$P = 9,8 \text{ tf}$$
$$M_p = \frac{9,8 \times 0,475 \times 1,475}{1,95}$$
$$M_p = 3,58 \text{ tf m}$$
$$x'_0 = \frac{a}{2}\left[1 + \frac{b}{a+b}\right]$$
$$x'_0 = \frac{0,95}{2}\left[1 + \frac{1,00}{1,95}\right]$$
$$x'_0 = 0,72$$
$$\frac{Pa}{2(a+b)} = \frac{9,8 \times 0,95}{2 \times 1,95}$$
$$A = 2,4 \text{ tf}$$
$$B = P - A = 7,4 \text{ tf}$$
$$P = \frac{1}{2} r \times q$$
$$P = \frac{1}{2} \times 1,00 \times 10,3$$
$$P = 5,16 \text{ tf m}$$
$$\beta = \frac{S}{r+s} = \frac{0,95}{1,95}$$
$$\beta = 0,49$$
$$A = qr\left(\frac{1+2\beta}{6}\right)$$
$$A = 3,40$$
$$B = \frac{qr2}{3(r+s)}$$

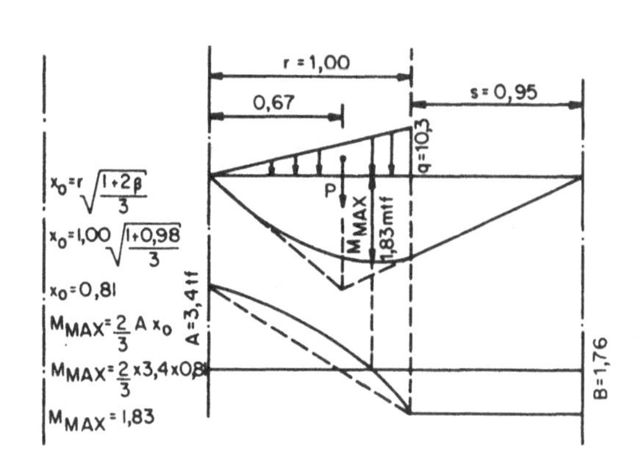

$$B = \frac{10{,}3 \times 1{,}00^2}{3 \times 1{,}95}$$

$$B = 1{,}76$$

$$A + B = P = 5{,}16$$

$$M_p = \frac{5{,}16 \times 0{,}67 \times 1{,}28}{1{,}95}$$

$$M_p = 2{,}27 \text{ tf m}$$

DIAGRAMAS FINAIS

1 – *Carga na sapata*

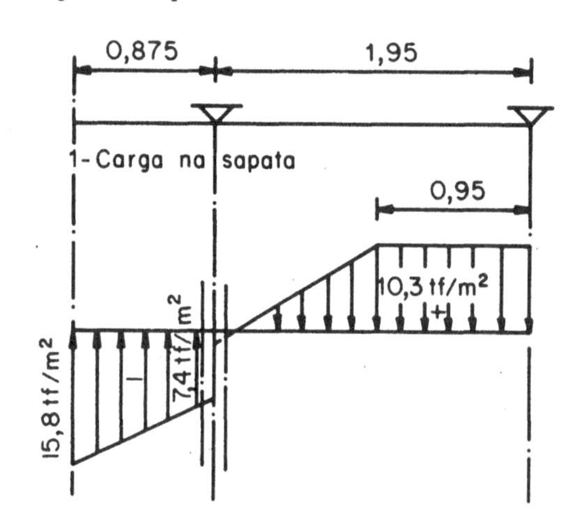

2 – *Momentos fletores*

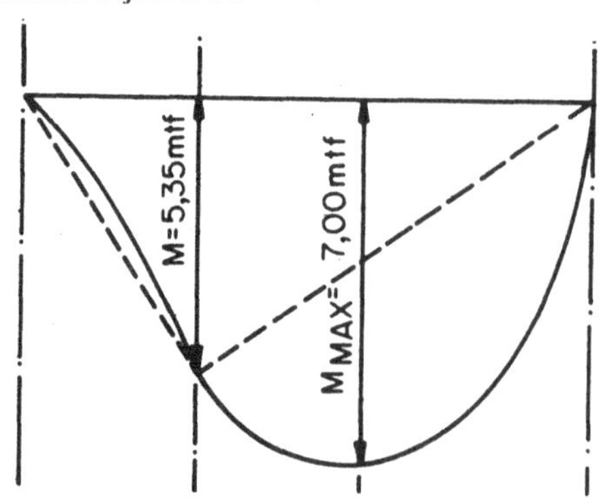

3 – *Forças cortantes*

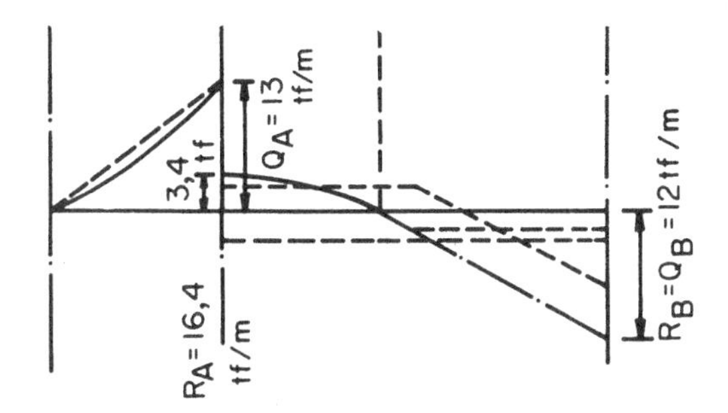

B – *Dimensionamento da armação*

Laje armada numa direção:

$M = 700$ tf cm m
$h = 30$
$d = 26$
$f_{ck} = 150$ kgf/cm²
CA – 50 – B

$A_s = \phi\ 12{,}5$ c/13
$= 9{,}62$ cm²

Verificação ao cisalhamento

NBR 6118/82 – 4.1.4.1
5.3.1.2.6

$Q = 13\,000$ kgf
$V_d = \gamma_f Q = 1{,}4 \times 13\,000 = 18\,200$ kgf

$$\tau_{wd} = \frac{V_d}{b_w d} \leqslant \begin{cases} \tau_{wu_1} \\ \tau_{wu} \end{cases}$$

$$\tau_{wd} = \frac{18\,200}{100 \times 26} = 7 \text{ kgf/cm}^2$$

$7 < 26{,}78$ kgf/cm²

$\tau_{wu_1} = \psi_4 \sqrt{f_{ck}}$

$b_w \leqslant 5$ h
$100 < 5 \times 30 = 150$
$\tau_{wu} = 0{,}25 f_{cd} \leqslant 45$ kgf/cm²

$$f_{cd} = \frac{f_{ck}}{\gamma_c} = \frac{150}{1{,}4} = 107 \text{ kgf/cm}^2$$

$\tau_{wu} = 26{,}78$ kgf/cm²

Verificação para dispensar armadura transversal:

$$\rho_1 = \frac{A_s}{A_c} = \frac{9{,}62}{100 \times 30} = 0{,}004$$

Para $h \leqslant 15$ $\quad \psi_4 = 2\sqrt{\rho_1} = 0{,}50$

Para $h = 30$ $\quad \psi_4 =$

Para $h \leqslant 60$ $\quad \psi_4 = 1{,}4\sqrt{\rho_1} = 0{,}35$

$45 — -0{,}15$

$30 — \Delta\,\psi_4 = -0{,}1$

$$\boxed{\psi_4 = 0{,}40}$$

$\tau_{wd} > \tau_{wu_1}$

$7 > 4{,}9\ \text{kgf/cm}^2$

$\tau_d = 1{,}15 \quad \tau_{wd} - \tau_c$

$\tau_d = 1{,}15 \times 7 - 3{,}5 = 8{,}0 -$

$- 3{,}5 = 4{,}5\ \text{kgf/cm}^2$

$\tau_{wu_1} = 0{,}40\sqrt{150} = 4{,}9\ \text{kgf/cm}^2$

não poderemos dispensar armadura para combater cisalhamento.

$\tau_c = \psi_1 \quad \sqrt{f_{ck}}$

$\tau_c = 3{,}5\ \text{kgf/cm}^2$

Armação transversal

a) *balanço – apoio* A

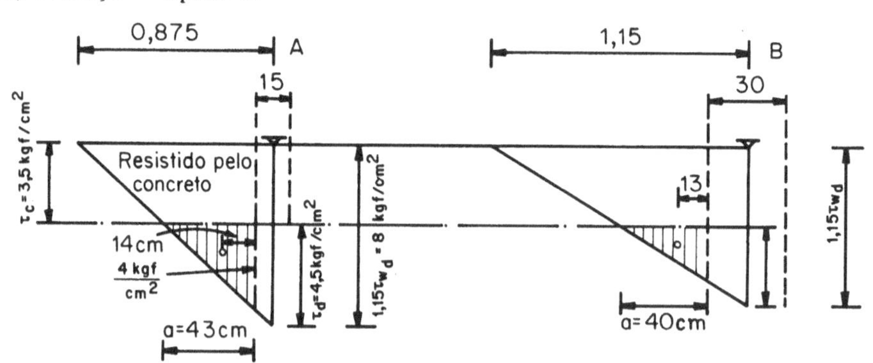

$$R_s = b_w \int_0^A dx = \frac{1}{2}\, dab_w = 0{,}5 \times 4{,}5 \times 43 \times 100 = 9\,675\ \text{kgf}$$

$$A_{s_w} = \frac{R_s}{f_{ywd}} \times \frac{1}{\sqrt{2}} -$$

ferros dobrados a 45°

$$A_{s_w} = \frac{9\,675}{0{,}7 \times 4350} \times 0{,}7 = 2{,}22\ \text{cm}^2$$

NBR 6118/82 — 4.1.4.2

$f_{ywd} = 0{,}7 \times 4350 = 3045\ \text{kgf/cm}^2$

Adotamos:

$A_{s_w} = 2{,}22\ \text{cm}^2$

$= \varnothing\ 8\ \text{c}/22 = 2{,}27\ \text{cm}^2$

Distribuição –NBR 6118/82 — 6.3.1

$\frac{1}{5}\ \varnothing\ A_s \geqslant 0{,}90\ \text{cm}^2$

$\frac{1}{5} \times 9{,}56 = 1{,}9\ \text{cm}^2$

$3\ \phi/\text{m}$

Adotamos:

$\phi\, 8\ \text{c}/26$

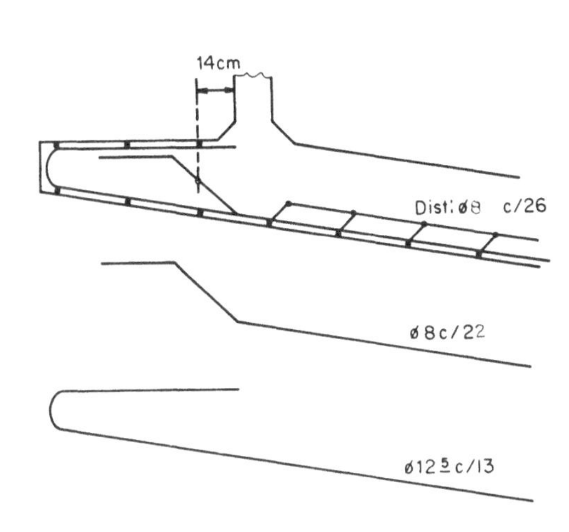

b) *apoio* **B**

$$\tau_{w_d} = \frac{1{,}4 \times 12\,000}{100 \times 26} = 6{,}5\ \text{kgf/cm}^2$$

$\tau_c = 3{,}5\ \text{kgf/cm}^2$

NBR 6118/82 — item 4.1.4.2

$$\tau_c = \psi_1\ \sqrt{f_{ck}}$$

$$\tau_d = 1{,}15\ \tau_{wd} - \tau_c = 7{,}5 - 3{,}5 = 4\ \text{kgf/cm}^2$$

Adotamos a mesma armação do balanço

13
ø6⁵c/26
ø8c/26
ø8 c/26
ø12⁵c/13

IV.5.2.3.4 — Viga de ancoragem

a) *dimensões*:

$b_w = 30, \quad h = 67{,}5\ \text{cm}$

b) *carga por metro linear de viga*:

Reação da sapata	=	12,00 tf/m
Peso próprio (0,675 – 0,300) × 0,30 × 2,5	=	0,28 tf/m
q	=	12,28 tf/m

c) *cálculo dos esforços*:

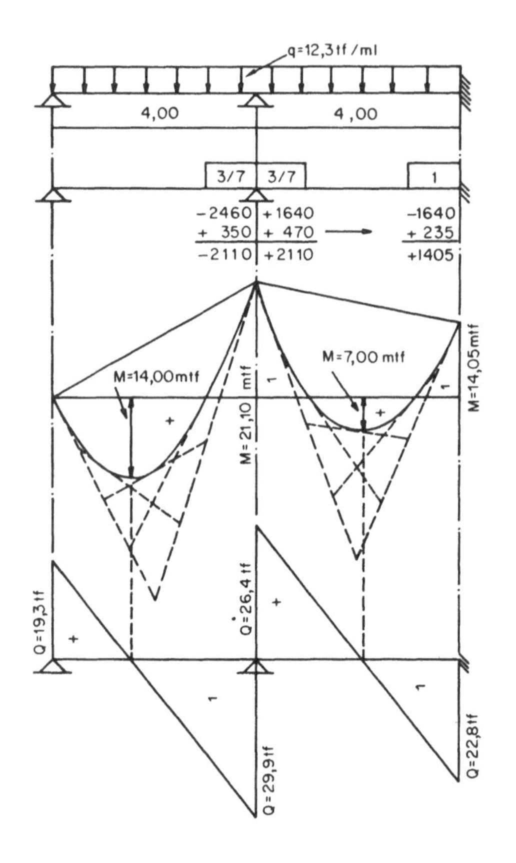

Aplicando Cross:

Coeficiente de rigidez e distribuição, conforme viga do coroamento.

Momentos de engastamento perfeito

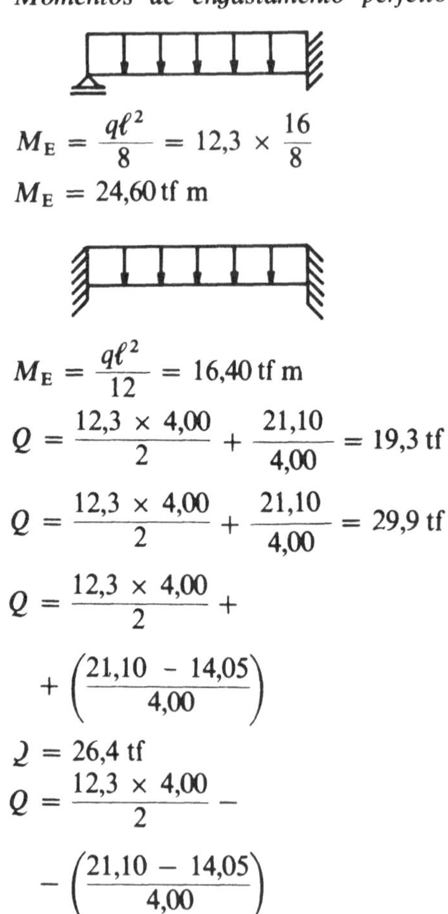

$$M_E = \frac{q\ell^2}{8} = 12{,}3 \times \frac{16}{8}$$

$$M_E = 24{,}60 \text{ tf m}$$

$$M_E = \frac{q\ell^2}{12} = 16{,}40 \text{ tf m}$$

$$Q = \frac{12{,}3 \times 4{,}00}{2} + \frac{21{,}10}{4{,}00} = 19{,}3 \text{ tf}$$

$$Q = \frac{12{,}3 \times 4{,}00}{2} + \frac{21{,}10}{4{,}00} = 29{,}9 \text{ tf}$$

$$Q = \frac{12{,}3 \times 4{,}00}{2} + \left(\frac{21{,}10 - 14{,}05}{4{,}00}\right)$$

$$Q = 26{,}4 \text{ tf}$$

$$Q = \frac{12{,}3 \times 4{,}00}{2} - \left(\frac{21{,}10 - 14{,}05}{4{,}00}\right)$$

$$Q = 22{,}8 \text{ tf}$$

D – *Dimensionamento das armaduras*

$f_{ck} = 150 \text{ kgf/cm}^2$
CA – 50 B
$d = h - 4 \text{ cm} = 67{,}5 - 4 = 63{,}5 \text{ cm}$
$M = 2\,110 \text{ tf cm} \longrightarrow A_s = 5\,\phi\,20 = 15{,}7 \text{ cm}^2$
$M = 14{,}00 \text{ tf cm} \longrightarrow A_s = 4\,\phi\,16 = 8 \text{ cm}^2$

Verificação ao cisalhamento

$Q_{max} = 29{,}9 \text{ tf} = 30\,000 \text{ kgf}$

$V_d = 1{,}4 \times 30\,000 = 42\,000 \text{ kgf}$

$$\tau_{wd} = \frac{V_d}{b_{w_d}} \leqslant \tau_{w_u}$$

$\tau_{w_u} = 0{,}25 f_{cd} \leqslant 45 \text{ kgf/cm}^2$

$\tau_{w_u} = 26{,}78 \text{ kgf/cm}^2$

$$\tau_{wd} = \frac{42\,000}{30 \times 63{,}5} = 22 \text{ kgf/cm}^2$$

Vamos aceitar

NBR 6118/82 — 4.1.4.2

Armação no apoio:

$4\,\phi\,16 = 8 \text{ cm}^2$

$5\,\phi\,20 = \underline{15{,}7 \text{ cm}^2}$

$A_s = 23{,}7 \text{ cm}^2$

No Trecho $2h$

$\tau_d = 1{,}15\ \tau_{wd} - \tau_c$

$\tau_d = 1{,}15 \times 22 - 5 = 25{,}3 - 5 =$
$= 20{,}3 \text{ kgf/cm}^2$

$f_{ck} = 150 \qquad \tau_c = 4{,}99 \text{ kgf/cm}^2$

Armação transversal

$$R_s = \frac{d_a}{2} \cdot b_w = \frac{20{,}3 \cdot 180}{2} \cdot 30$$

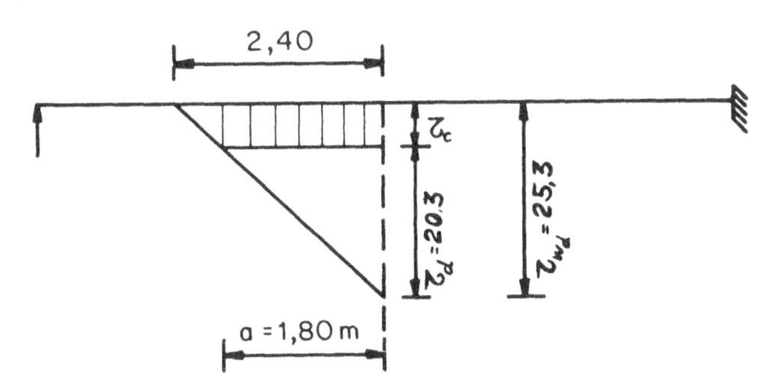

Vamos absorver apenas com estribos:

$R_s = 54\,810 \text{ kgf}$

$$A_{sw} = \frac{R_s}{f_{ywd}} = \frac{54\,810}{4\,350} = 12{,}6 \text{ cm}^2$$

$S = 20 \text{ cm} = 5\,\phi/\text{m}\ell$

S S

$$\text{Sendo 4 ramos} = \frac{A_{sw}}{20}$$

$$\frac{A_{sw}}{5 \cdot 4} = 0{,}64 \text{ cm}^2/\text{estribo} = \phi\,10 = 0{,}80 \text{ cm}^2$$

Armadura de pelo — NBR 6118 — 6.3.1.2

$$A_s = \frac{0,05}{100} \cdot b_w h = \frac{0,05}{100} \times 30 \times 67,5 = 1,01 \text{ cm}^2 \ \phi\, 12^5 = 1,25 \text{ cm}^2$$

$$\frac{d}{3} = \frac{63,5}{3} = 21 \text{ cm}$$

Armação nos apoios

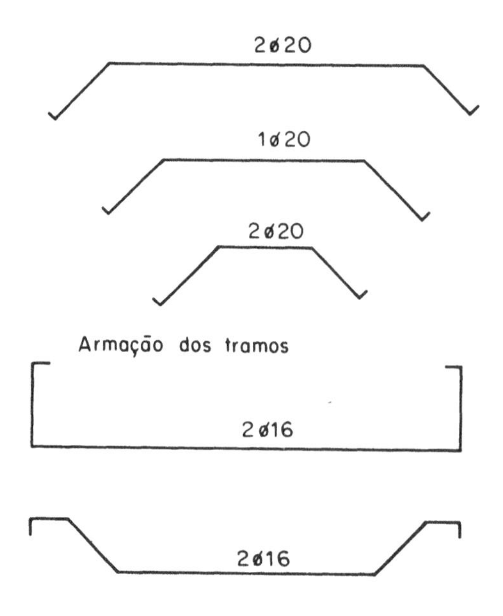

Armação dos tramos

IV.5.2.3.5 — Gigantes

Os gigantes devem resistir às reações da cortina e transmitir esse efeito ao terreno de fundação.

O cálculo rigoroso do gigante, seria considerá-lo como peça solicitada à flexão composta, isto é, flexão devida ao empuxo da terra e compressão devido ao peso próprio.

Este rigor pode ser dispensado, desde que seja prevista uma armadura mínima, objetivando absorver o efeito do peso próprio, e à segurança contra a flambagem.

Nestas condições, vamos considerar o carregamento da pressão da terra, diretamente no gigante (em vez da reação das cortinas e viga de coroamento).

A — *Cálculo dos esforços*:

$$p = K\gamma_t h = 0{,}33 \cdot 1{,}7 \cdot 5{,}00$$
$$p_h = 2{,}8 \cdot 4{,}00 = 11{,}22 \text{ tf/m}$$

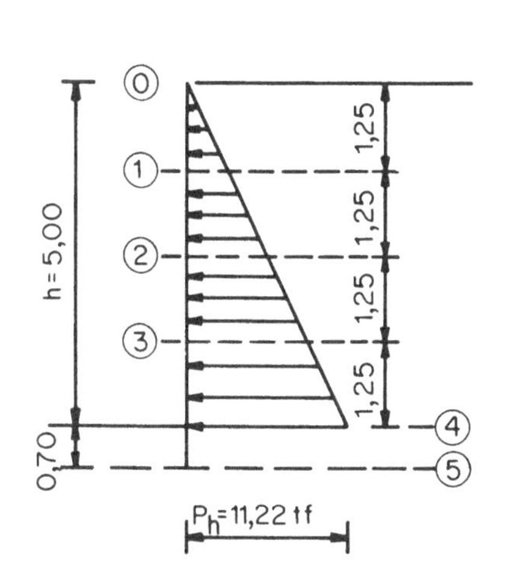

Fórmulas:

$$p_y = \frac{y}{h}\,ph = \frac{ph}{h}\,y = \frac{11{,}22}{5{,}00} =$$
$$= 2{,}244\,y$$
$$\bar{y} = \frac{y}{3}$$
$$Q = p_y\,\frac{y}{2} = p_y\,\frac{y}{2}$$
$$M = Q_{\bar{y}} = p_y\,\frac{y^2}{6}$$
$$Q_5 = Q_4$$
$$M_5 = Q_4\left(\frac{h}{3} + 0{,}70\right)$$

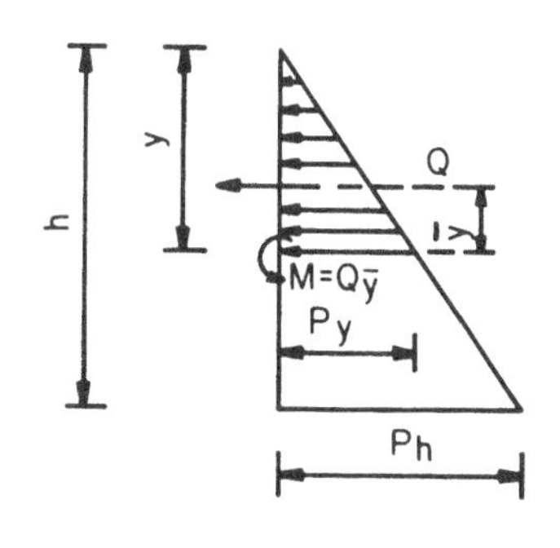

TABELA DE CÁLCULO DOS ESFORÇOS

Secção	*Altura* y_m	*Pressão* p_y tf/m	*Cálculos auxiliares*			*Esforços*	
			y^2	$y/2$	$y^2/6$	*Força cortante* Q ... tf	*Momento fletor* M ... tf m
⓪	0,00	0,00	0	0		0,00	0,00
①	1,25	2,80	1,56	0,625	0,208	1,75	0,58
②	2,50	5,61	6,25	1,250	1,042	7,01	5,85
③	3,75	8,42	14,06	1,875	2,343	15,79	19,73
④	5,00	11,22	25,00	2,500	4,167	28,05	46,75
⑤	5,70	—				28,05	66,48

$$M_5 = 28,05\left(\frac{5,00}{3} + 0,70\right)$$

B – *Diagramas*

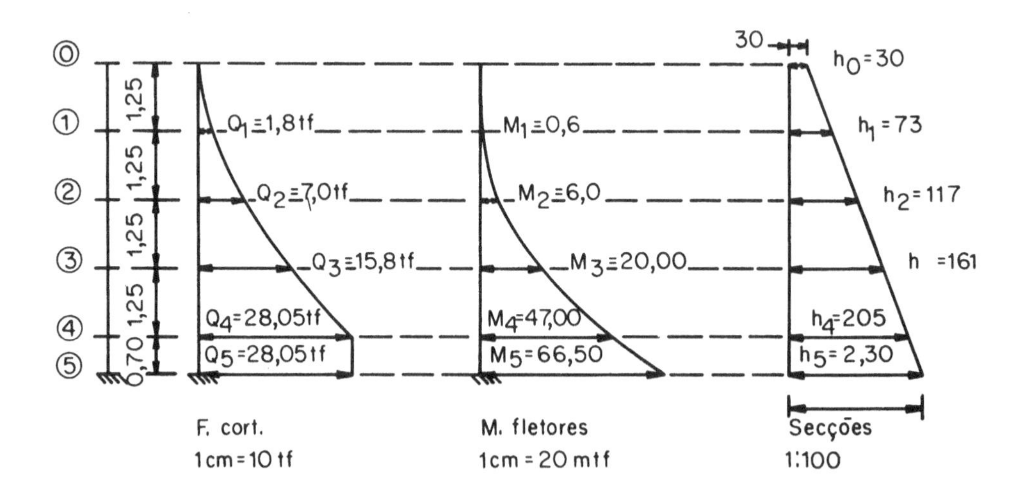

força cortante	momentos fletores	secções
1 cm = 10 tf	1 cm = 20 tf m	1 : 100

C – *Cálculo das armaduras*

Armamos o paramento oblíquo, zona tracionada, da base ao topo, sendo suprimidas as barras, à medida que os momentos fletores diminuem.

As barras deverão ficar ancoradas na zona comprimida, junto à cortina.

Como a altura útil é muito grande, pode-se determinar as áreas das barras pelas seguintes fórmulas:

Armadura ae tração

$$d = 0{,}90\,h$$

$$z = 0{,}85\,d$$

$$M_d = \gamma_f M = 1{,}4\,M$$

$$R_{s_t} = \frac{R_v}{\cos\theta}$$

$$R_v = \frac{M_d}{z}$$

$$A_s = \frac{R_{s_t}}{f_{yd}}$$

$$A_s = \frac{R_{st}}{f_{yd}} \cos\theta$$

$$f_{yd} = 4{,}35\ \text{tf/cm}^2 \ldots \text{CA — 50 B}$$

$$A_{s_{min}} = 0{,}15\%\ b_w h$$

$$b_w = 20\ \text{cm}$$

TABELA

Secção	Momentos tf cm		Elementos geométricos			Esforço de tração $R_v \ldots$ tf	Armação		
	M	M_d	h	d	z		A_s	$A_{s_{min}}$	ϕ
1	60	84	73	65	55	1,53	0,41	1,95	2ϕ20 6,30
2	600	840	117	105	89	9,44	2,51	3,15	2ϕ20 6,83
3	2000	2800	161	145	123	22,76	6,05	4,35	2ϕ20 6,30
4	4700	6580	205	184	156	42,18	11,22	5,52	4ϕ20 12,60
5	6650	9310	230	207	176	52,90	14,10	6,21	5ϕ20 15,75

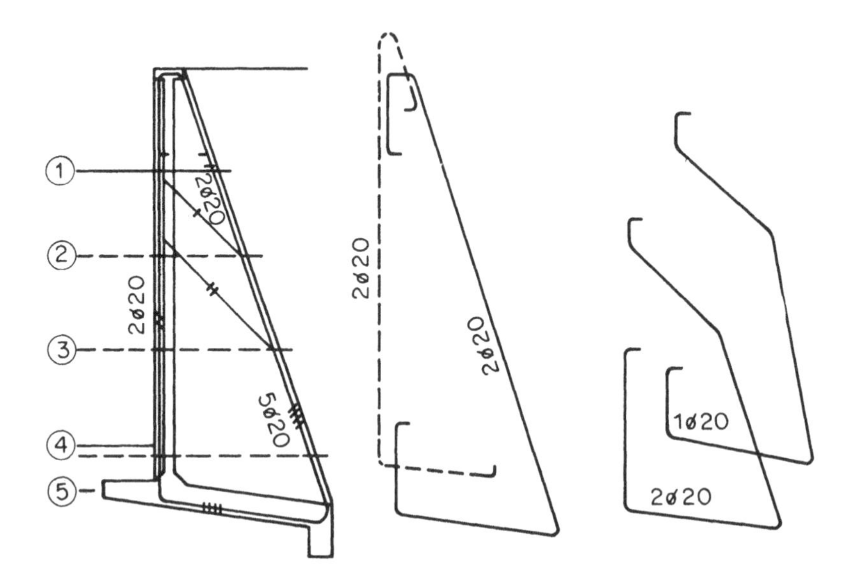

Armação transversal

Verificação ao cisalhamento:

$V_d = \gamma_f Q$

$\frac{M_d}{d}$ tg θ $\qquad \tau_{w_d} = \frac{1}{b_{w_d}}\left[V_d - \frac{M_d}{d}\text{ tg }\theta\right] \leq \tau_{wu} = 26{,}78\text{ kgf/cm}^2$

$\tau_{w_u} = 0{,}25 f_{cd} \leq 45$

tg $\theta = 0{,}35$

$\tau_d = 1{,}15\, w_d - \tau_c \geq 0$

τ_c – Desprezado

$\tau_d = 1{,}15\ \tau_{w_d}$

$b_w = 20\text{ cm}$

$R_s = a\, b_w\, \tau_d$

Para $\rho = \frac{A_s}{A_c} = 0{,}15\%\ b_w h$

τ_c – Desprezado

Estribos:

$f_{ydw} = 4\,350\text{ kgf/cm}^2$

$A_{s_w} = \frac{R_s}{f_{yd_w}}$

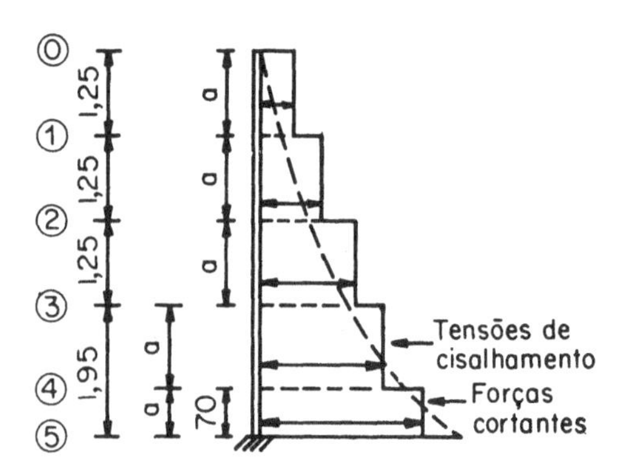

TABELA

Secção	*d*	*Q* tf	V_d tf	M_d tf cm	$\frac{M_d}{d}\,tg\theta$ tf	$V_d - \frac{M_d}{d}\,tg\theta$ kgf	$b_w d$ cm²	$\tau\, d$ kgf/cm²	R_s kgf	A_{sw} cm²
①	65	1,8	2,52	84	0,45	2070	1300	1,8	4500	1,13
②	105	7,0	9,80	840	2,80	7000	2100	3,8	9500	2,38
③	145	16,0	22,40	2800	6,76	15640	2900	6,2	15500	3,87
④	184	28,0	39,20	6580	12,52	26680	3680	8,3	20700	5,19
⑤	207	28,0	39,20	9310	0	39200	4140	10,9	15200	3,82

Adotando-se estribos de 2 ramos

$$A_{ws} = \frac{5{,}19}{2} = 2{,}6\ \text{cm} - \phi\ 10\ \text{c}/25 = 3{,}2\ \text{cm}^2$$

$$A_s = \frac{2{,}38}{2} = 1{,}2\ \text{cm}^2 - \phi\ 8\ \text{c}/25 = 2\ \text{cm}^2$$

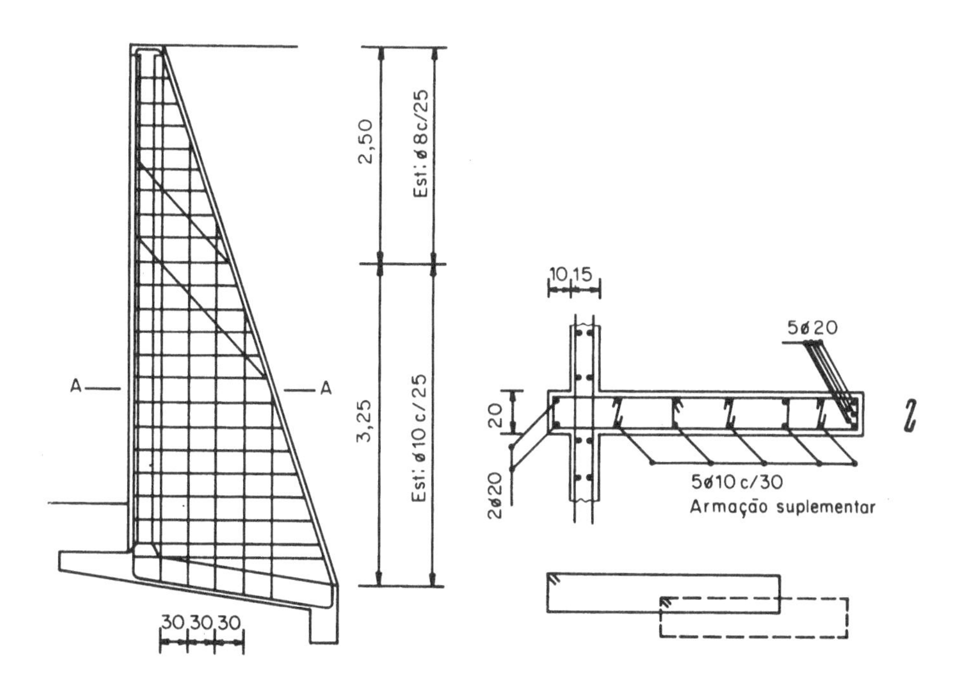

IV.5.2.4 — OUTRAS VERIFICAÇÕES

IV.5.2.4.1 — Flambagem do contraforte

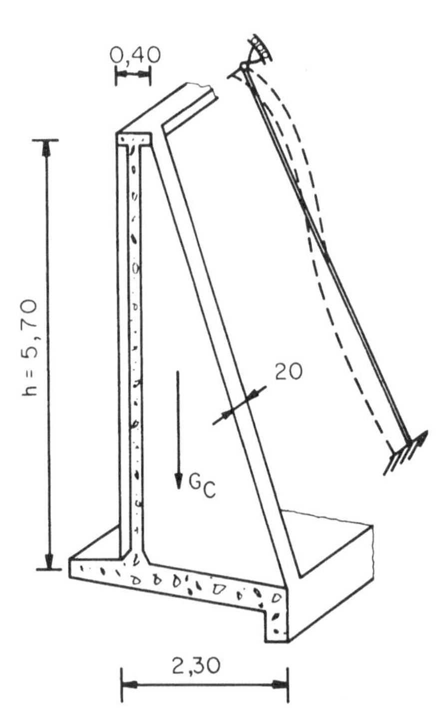

Vamos verificar a resistência na secção do gigante à flambagem.

Embora tal ocorrência seja difícil de acontecer, essa preocupação existe na fase da construção, ou mesmo se não for executado o apiloamento da terra do modo que o confinamento desta seja confiável para garantir o travamento necessário.

a) *Comprimento da flambagem*:

$$\ell_f = 0{,}70\,h = 0{,}70 \times 5{,}70 = 4{,}00 \text{ cm}$$

b) *Índice de esbeltez*:

$$\lambda \doteq 3{,}46\,\frac{\ell_f}{b_w} = 3{,}46\,\frac{400}{20} = 69 < 80$$

NBR 6118/82 — 4.1.1.3.2

c) *Peso próprio do gigante*:

$$N = G_c = 5{,}70\left(\frac{0{,}40 + 2{,}30}{2}\right)$$

$$\times\ 2{,}5 \text{ tf/m}^3 \times 0{,}20 = 3{,}95 \text{ tf}$$

$$N_d = \gamma N = 1{,}4 \times 3{,}95 =$$

$$5{,}53 \text{ tf} \text{ — Força normal}$$

d) *Área da secção média do gigante*

$$A_c = 20 \times 140 = 2\,800 \text{ cm}^2$$

e) *Verificação*:

a) *Momento de 1.ª ordem*

Excentricidade acidental $e_a = 2$ cm

$$M_{1d} = N_d\, e_a = 5{,}5 \times 2 = 11 \text{ cm tf}$$

b) *Momento de 2.ª ordem*

$$\frac{1}{r} = \frac{0{,}0035 + f_{yd}/E_s}{(\nu + 0{,}5)\,h}$$

$$\frac{1}{r} = \frac{0{,}0053}{0{,}52 \times 20} = 0{,}00053$$

$$\nu = \frac{N_d}{A_c f_{cd}} = \frac{5\,530}{2\,800 \times 100} = 0{,}02$$

$$f_{cd} = \frac{f_{ck}}{1{,}4} = 107 \text{ kgf/cm}^2$$

$$\frac{f_{yd}}{E_s} = \frac{4\,348}{2\,100\,000} = 0{,}02$$

$$M_{2d} = N_d \frac{\ell e^2}{10} \times \frac{1}{r} = 5{,}53 \times \frac{\overline{400}^2}{10} \times 0{,}00053 = 47 \text{ tf cm}$$

$$M_d = M_{1d} + M_{2d} = 11 + 47 = 58 \text{ cm tf}$$

Armaduras simétricas

$N_d = 5{,}53$ tf
$M_d = 58$ tf cm
$d = 20$ cm
$b = 140$ cm

Empregamos a armadura ϕ 10 c/30

IV.5.2.4.2 — Corte

Na ligação da cortina com o gigante, temos que verificar o efeito do corte na secção de intersecção entre estes elementos.

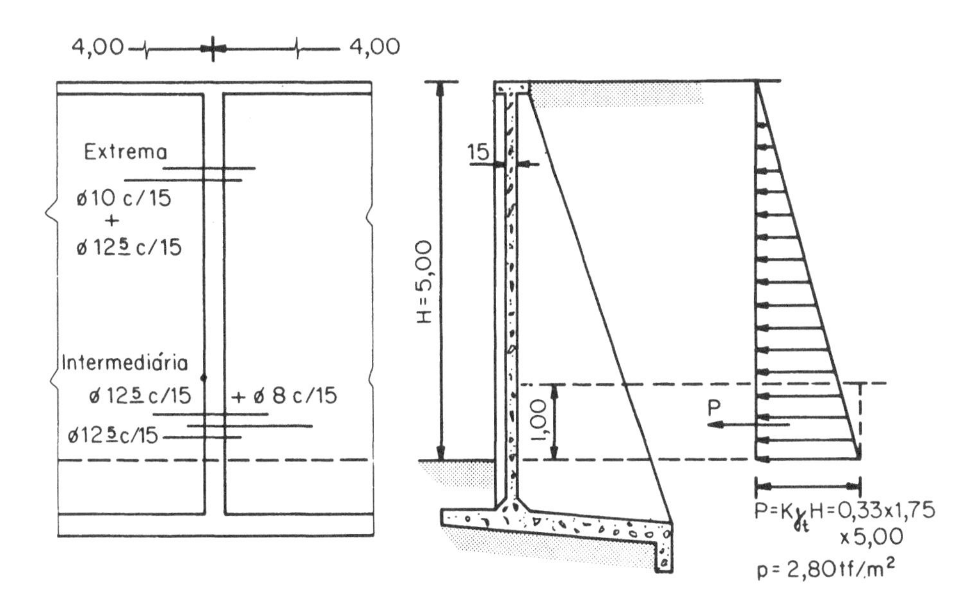

Carga na faixa de 1,00 m a partir do nível inferior do terreno.

$P = p \times 2{,}00 = 2{,}80 \times 2{,}00 = 5{,}6$ tf

Tensão de tração no concreto:

NBR 6118/82 — 5.2.1.2 $\quad f_{tk_{est}}$ tensão característica de tração estimada

$$f_{tk_{est}} = \frac{f_{ck_{est}}}{10} \qquad \text{Para } f_{ck_{est}} \leqslant 180\ \text{kgf/cm}^2$$

$$f_{tk_{est}} = 15\ \text{kgf/cm}^2 \qquad \text{Para } f_{ck} = 150\ \text{kgf/cm}^2$$

$$f_{td} = \frac{f_{tk}}{\gamma_c} = \frac{15}{1{,}4} = 10{,}7\ \text{kgf/cm}^2 \qquad d = h - 2(3) = 15 - 6 = 9$$

$$d = 9\ \text{cm}$$

$$\sigma_t = \frac{\gamma_f P}{d \times 100} = \frac{1{,}4 \times 5\,600}{9 \times 100} =$$

$9\ \text{kgf/cm}^2 < 10{,}7$ Absorvido pelo concreto

Contando-se com a armação:

$$A_s = \phi\, 10\,\text{c}/15 = 3{,}3\ \text{cm}^2 \qquad f_{ys_w} = 0{,}6\, f_{yd} = 2\,400\ \text{kgf/cm}^2$$

$$\tau_s = \frac{1{,}4 \times P}{A_s} \leqslant f_{ys_w} = 2\,400\ \text{kgf/cm}^2$$

$$\tau_s = \frac{1{,}4 \times 5\,600}{3 \cdot 3} = 2\,376\ \text{kgf/cm}^2 \leqslant 2\,400\ \text{kgf/cm}^2$$

IV.5.2.4.3 — Fissuração — NBR 6118/82 — 4.2.2

Pintamos o lado da terra com neutrol – 45 (tinta impermeável), formando uma película elástica – Abertura permitida 0,3 mm.

A fissuração será considerada *aceitável* se for negada pelo menos uma das desigualdades abaixo:

$$\frac{\phi}{2\eta_b - 0{,}75} \cdot \frac{\sigma_s}{E_s} \left(\frac{4}{\rho_r} + 45\right) > 3$$

$$\frac{\phi}{2\eta_b - 0{,}75} \cdot \frac{\sigma_s}{E_s} \cdot \frac{3\sigma_s}{f_{tk}} > 3$$

$\eta_b \geqslant 1{,}5$, $\sigma_s = 3\ \text{tf/cm}^2$, $f_{tk} = 0{,}015\ \text{tf/cm}^2$, $\rho_r = 0{,}015$

IV.5.2.4.4 — Comprimentos de ancoragem

ZONA – 1

Admitindo 100% na mesma secção

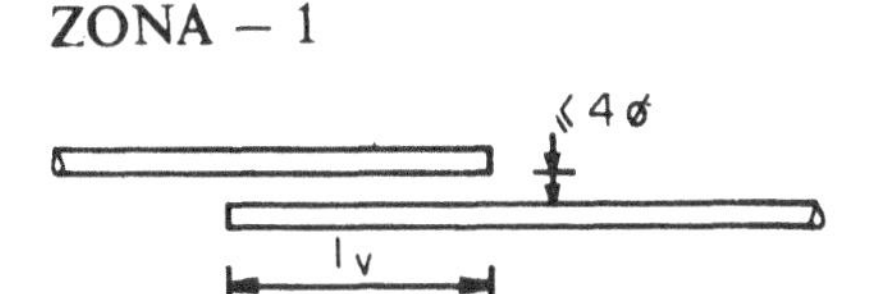

$$\frac{A_{s\,cal}}{A_{se}} = 1$$

$f_{ck} = 150\ \text{kgf/cm}^2$

$$\boxed{\ell_v = \ell_{b_1}}$$

$$\boxed{\ell_v = \ell_{b_1} = 55\,\phi}$$

$\phi\,8 \ldots\ldots\ldots \ell_{b1} = 44$ cm
$\phi\,10 \ldots\ldots\ldots \ell_{b1} = 55$ cm
$\phi\,12^5 \ldots\ldots\ldots \ell_{b1} = 70$ cm
$\phi\,20 \ldots\ldots\ldots \ell_{b1} = 110$ cm

Estes valores devem ser indicados ao desenhista.

$$\ell_{be} = \ell_b - \Delta \ell_b$$

$$\ell_{be} = \ell_{b1}\,\frac{A_{s\,cal}}{A_{se}}$$

$\Delta\ell_b = 10\,\phi$
$C_1 = 3$ cm

IV.5.3 – MUROS COM CONTRAFORTES OU GIGANTES – FUNDAÇÃO SOBRE ESTACAS

Esse tipo de estrutura, obviamente substitui a sapata por um bloco rígido sobre as estacas, modificando fundamentalmente o critério apresentado no dimensionamento dos gigantes, que poderá ter dimensão mais reduzida e mesmo com secção constante em toda sua altura. Os gigantes neste tipo de muro devem ser verificados como sendo uma viga em balanço engastada no bloco, com pouca margem de erro; assim as armações poderão ser calculadas no caso de flexão normal, desprezando-se a compressão devida ao peso próprio.

O aspecto mais importante nesse tipo de estrutura é sem dúvida alguma o projeto do "estaqueamento".

A grande dificuldade está em atender a preferência de ordem executiva, cravando estacas verticais, tendo-se consciência e sentimento estático de que estacas cravadas verticalmente, não deveriam ser solicitadas por cargas horizontais (empuxo de terra) em caráter permanente, exceção perfeitamente justificável quando tais cargas forem acidentais e de duração momentânea, como no caso da carga do vento em estruturas com dimensões em planta bem superiores a altura.

O assunto é bastante complexo, as hipóteses controvertidas, portanto tornam-se necessários minuciosos estudos para cada caso em particular, dado o envolvimento de uma série de incógnitas tais como:

a) Comprimento da estaca e respectiva ficha de engastamento no solo
b) Deformabilidade do bloco sobre as estacas
c) Encurtamento das estacas (efeito de mola)
d) Rigidez flexional das estacas, face às condições citadas e as condições do solo confinante
e) A heterogeneidade das camadas de solo atravessadas pelas estacas e os respectivos recalques laterais (a chave do problema)
f) Comprovação dos dados assumidos e a validade das simplificações adotadas, somente confirmados através da análise dos resultados dos ensaios realizados "*in situ*".

Na prática, o que deve ser feito é estabelecer os parâmetros, contando com a assessoria de um engenheiro experiente no exame do perfil das sondagens, daí partir para a elaboração de um projeto preliminar de quantificar os valores e estabelecer a ficha necessária.

Isto feito, passa-se ao nível de discussão a respeito da confiabilidade dos parâmetros adotados, aceitando-os ou procurando mais indagações através de ensaios e prova de carga, visto que a prova de carga constitui a única indicação de valor indiscutível sobre a capacidade de uma estaca isolada.

Estas considerações expostas, infelizmente nem sempre são compreendidas pelos clientes, pois demandam tempo, e isto tem sempre sido motivo de preocupação no cumprimento dos prazos de execução das obras.

Nestas condições, o desconhecimento dos parâmetros necessários, ou mesmo a temeridade em assumir dados duvidosos, obriga-nos a escolher um critério menos requintado, cercado de certa segurança, através de um processo mais conservador, procurando deixar bem folgada a capacidade de carga das estacas, desde que o solo da fundação apresente na sondagem camadas de indiscutível consistência, isto é, não se tratando de argila muito mole ou vaza.

Poderemos lançar mão, neste caso, do clássico Processo de Westergaard (Dunham – Foundation of Structures).

Seja:

n – N.º de estacas
Q_c – Capacidade de carga, da estaca à compressão
Q_t – Capacidade de carga, da estaca à tração

Valor prático – $Q_t \approx \frac{1}{4}$ (Mörsch)

Q_c, Q_t – Capacidade nominal
q – Carga unitária vertical nas estacas

$$\left.\begin{array}{l} q_1 = q_2 = q_3 \\ q_4 = q_5 = q_6 \end{array}\right\} \leqslant \frac{Q_c}{\gamma_e}$$

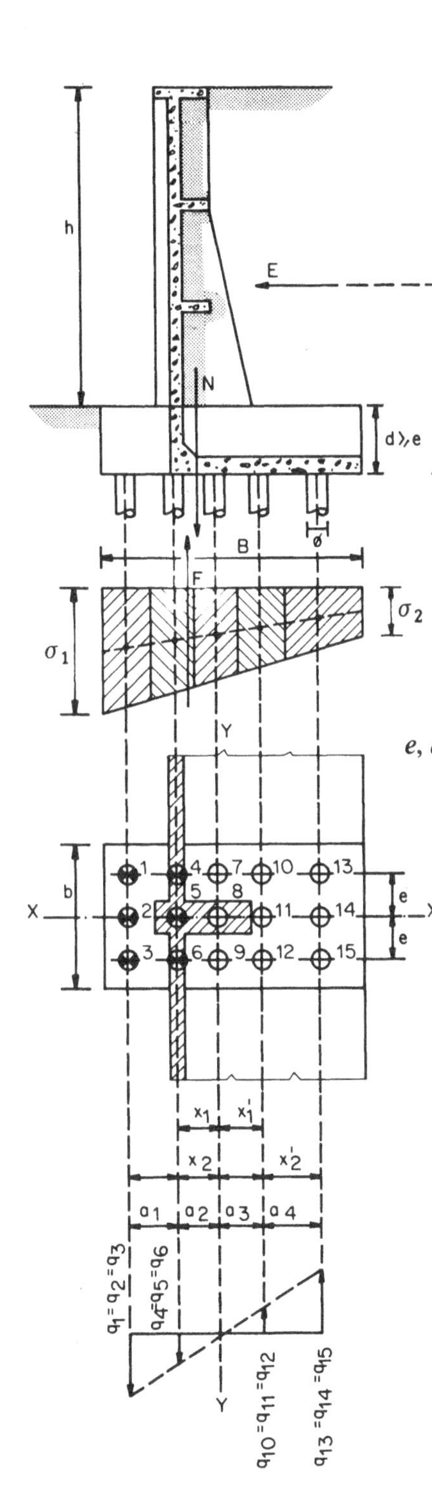

$$q_7 = q_8 = q_9 \longrightarrow \leqslant \begin{cases} \dfrac{Q_c}{\gamma_e} \\ \dfrac{Q_t}{\gamma_e} \end{cases}$$

$$\left.\begin{matrix} q_{10} = q_{11} = q_{12} \\ q_{13} = q_{14} = q_{15} \end{matrix}\right\} \leqslant \frac{Q_t}{\gamma_e}$$

γ_e – Coeficiente de minoração da capacidade de carga das estacas

$$\gamma_e = \begin{cases} 2 \\ 1{,}5 \end{cases}$$

E – Empuxo de terra no gigante

y – Braço de alavanca em relação ao nível da cabeça das estacas

N – Resultante das forças verticais sobre as estacas

B, b, d – Dimensões do bloco sobre as estacas

e, a_1, a_2, a_3 – Espaçamentos entre as estacas

ϕ – Lado ou diâmetro das estacas

$M = E \cdot y$ – Momento de rotação

F – Área de diagrama de carga sobre as estacas

$$F = \frac{B}{2}(\sigma_1 + \sigma_2)\, b$$

$$\sigma_1 = \frac{N}{Bd} + \frac{M}{W_y}$$

$$\sigma_2 = \frac{N}{Bd} - \frac{M}{W_y}$$

q Carga unitária (escolhida)

$n = \dfrac{F}{q}$ – N.º de estacas

W_y – Módulo resistente da área do bloco sobre as estacas

$$W_y = \frac{bB^2}{6}$$

A localização das estacas, segundo os espaçamentos, é obtida distribuindo proporcionalmente no diagrama de carga, como mostra a figura.

Verificação

a) Determina-se a posição do eixo Y, de preferência adequando o esquema para localizá-lo no centro da largura B, pois assim teremos: $x_1 = x'_1$ e $x_2 = x'_2$

b) Momento de inércia do grupo de estacas

$$J = J_y = 2\left[3\left(x_1^2 + x_2^2\right)\right] \quad - \text{(conforme a figura)}$$

c) Carga unitária $q = \dfrac{N}{n}$

d) Carga nas estacas:

Estacas: 1-2-3 $\quad - \; q_1 = q_2 = q_3 = \dfrac{N}{n} + \dfrac{M_{x2}}{J} \leqslant \dfrac{Q_c}{\gamma_e}$

Estacas: 4-5-6 $\quad - \; q_4 = q_5 = q_6 = \dfrac{N}{n} + \dfrac{M_{x1}}{J} \leqslant \dfrac{Q_c}{\gamma_e}$

Estacas: 7-8-9 $\quad - \; q_7 = q_8 = q_9 = \dfrac{N}{n} \leqslant \dfrac{Q_c}{\gamma_e}$

Estacas: 10-11-12 $- \; q_{10} = q_{11} = q_{12} = \dfrac{N}{n} - \dfrac{M_{x2}}{J} \leqslant \dfrac{Q_t}{\gamma_e}$

Estacas: 13-14-15 $- \; q_{13} = q_{14} = q_{15} = \dfrac{N}{n} - \dfrac{M_{x2}}{J} \leqslant \dfrac{Q_t}{\gamma_e}$

IV.5.3.1 — COMPLEMENTAÇÃO DO EQUILÍBRIO ESTÁTICO DESLIZAMENTO E ROTAÇÃO

Pelo exposto até aqui, chegou-se a quantificar aproximadamente os valores das cargas verticais nas estacas, originadas de um carregamento hipotético.

Observa-se que, infelizmente, não pode ser obtido um integral aproveitamento das estacas na sua capacidade nominal, visto que as fileiras de estacas situadas mais afastadas do centro do bloco são as mais solicitadas (influência dos braços "x_1" e "x_2"), portanto são determinantes tanto a compressão como a tração, aquelas próximas ao centro as menos solicitadas.

Para complementar a verificação, torna-se necessária investigar o equilíbrio das forças horizontais, pois neste caso influi também a resistência à flexão das estacas, e o equilíbrio de rotação do conjunto superestrutura (gigante e bloco) e infra-estrutura (estacas e solo).

Para enfrentar estes problemas, o único elemento de que o engenheiro estrutural poderá lançar mão é o do empuxo passivo.

IV.5.3.2 — CONSIDERAÇÕES PRELIMINARES

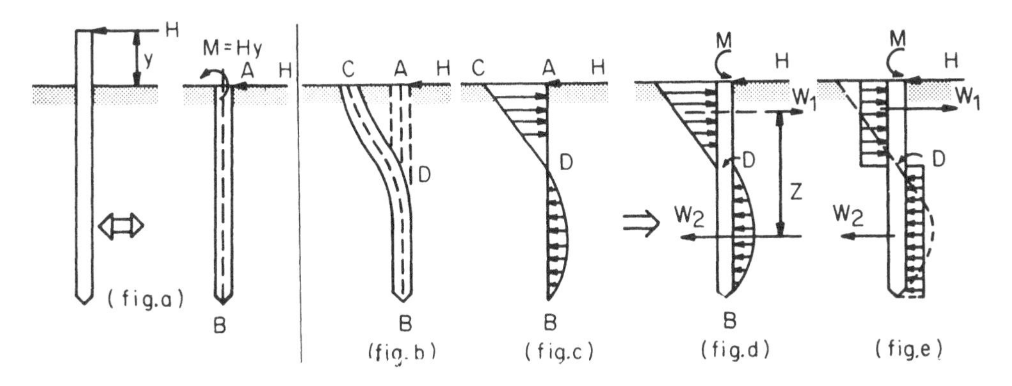

Se uma estaca for solicitada por uma força horizontal H, atuante permanentemente (Fig. a), e estando a mesma envolvida num solo coesivo, sofrerá inclinação (Fig. b).

Admitindo-se ser o terreno envolvente, como foi dito, um meio elástico e a profundidade da estaca adequada, para a tendência do deslocamento AC (Fig. b) se desenvolve uma pressão passiva resistente, que possivelmente apresente uma distribuição representada no diagrama indicado na (Fig. c), a exemplo de uma viga sobre base elástica capaz de resistir a carga horizontal H.

A mudança da pressão passiva de uma face da estaca para a outra face (Fig. d), a partir do ponto D, possibilita equilibrar a tendência de rotação da estaca, imprimida pelo momento $M = H_y$.

Na prática, quantificar os valores das pressões e momentos de flexão são difíceis de serem acertados, pois a solução do problema consiste na determinação do ponto D (Fig. b-e), daí por diante seria válida a solução em admitir um diagrama simplificado de pressão passiva resistente (Fig. e).

Segundo Dunham, para o caso de estacas com EJ = const., em areias finas e solos consistentes, a localização provável desse ponto D, de inflexão, medido abaixo do nível do solo, atinge os seguintes valores:

a) Em areias: 1,523 m (5 pés)
b) Em argilas moles: 3,045 m (10 pés) ou mais

Por outro lado, os resultados das provas de carga para uma estaca isolada, pode não representar o comportamento de um grupo de estacas, pois é muito importante o espaçamento centro a centro das estacas, normalmente ao empuxo lateral.

A resistência passiva para uma estaca isolada, envolvida num solo não muito mole (Fig. f), é mais resistente a pequenos deslocamentos.

Já no esquema da (Fig. g), a fileira A_1A_2 se apresenta mais resistente, sendo as fileiras B_1B_2 e C_1C_2 menos afetadas, caso o espaçamento e não for grande.

Recomenda-se assumir uma massa de solo como se fosse uma cortina entre os espaços das estacas do grupo. Esta porção de solo colaborante, pode ser da

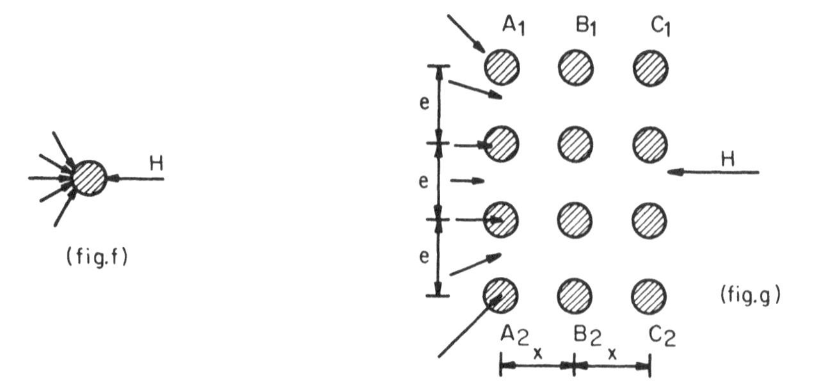

ordem de 1,827 m a 3,045 m (6 a 10 pés) de largura, em vez de serem adotados espaçamentos *e* maiores, centro a centro entre as estacas na fileira A_1A_2.

Pode-se mesmo adotar como estimativa 3,045 até 4,567 m (10 a 15 pés) o espaçamento *e* para absorver o empuxo lateral, correspondente à força *H* (Fig. g) porém anti-econômico.

Concluindo, o grupo de estacas para absorver deslocamentos, somente tem validade, desde que se considere a resistência individual de cada estaca do grupo respeitados os adequados espaçamentos para as fileiras normais ao sentido da resultante das forças laterais.

IV.5.3.3 — MARCHA DAS OPERAÇÕES PARA VERIFICAÇÃO DO DESLOCAMENTO E ROTAÇÃO

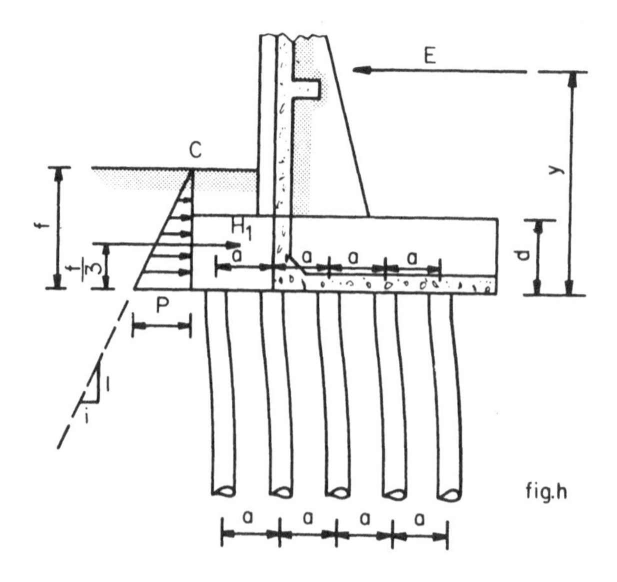

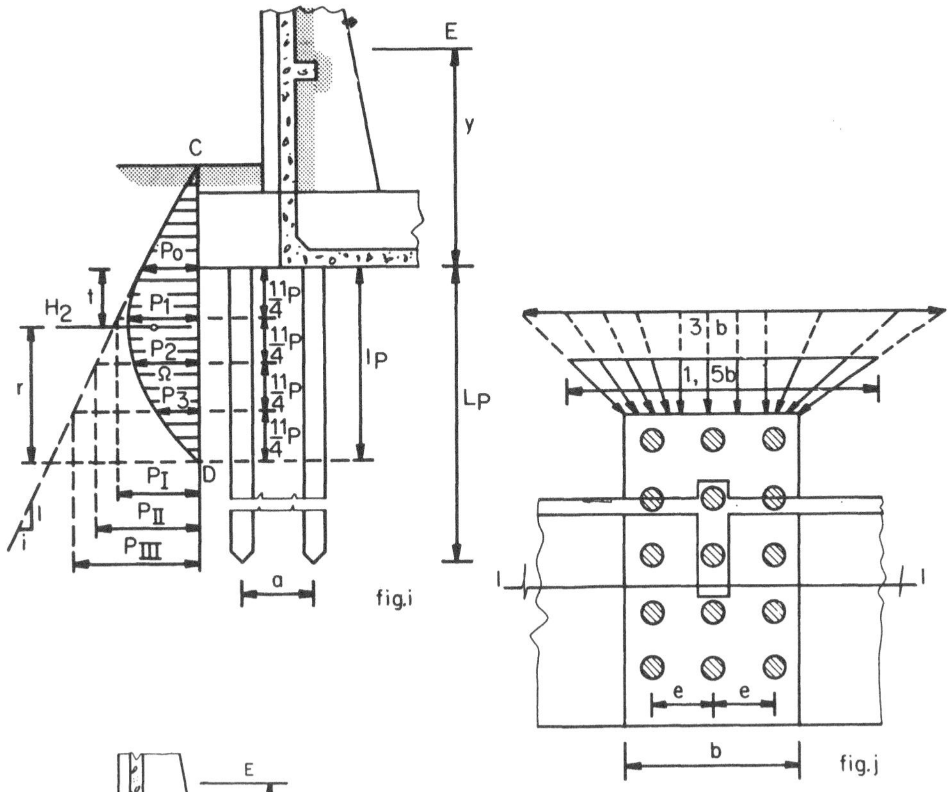

fig.i fig.j

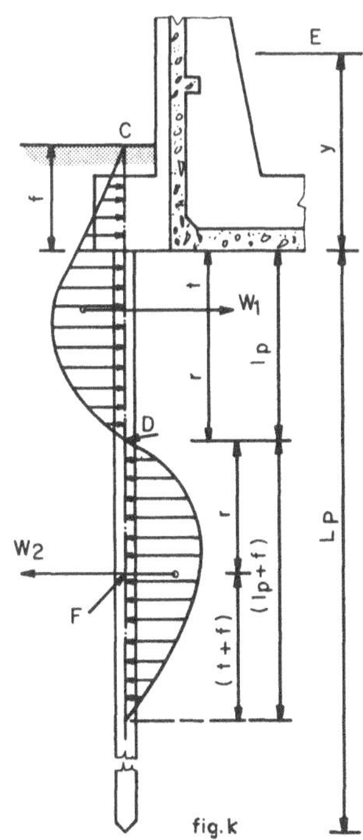

fig.k

A – *Dados assumidos*

$P = K_p \gamma_t f$ – Pressão passiva

$K_p = \text{tg}^2\left(45 + \dfrac{\varphi}{2}\right)$ – coeficiente de empuxo

γ_t – Peso específico aparente do solo

φ – Ângulo de atrito interno do solo

L_p – Comprimento da estaca (pela sondagem)

ℓ_p – Adotamos $\ell_p = \dfrac{\ell}{4} L_p$

$i = K_p \gamma_t$ (Fig. h – i)

Pressões (Fig. i) ...... $p_0 = if$

$$P_I = i\left(f + \frac{\ell_p}{4}\right) \;\ldots\ldots\; P_1 = 0{,}75\ P_I$$

$$P_{II} = i\left(f + \frac{\ell_p}{2}\right) \;\ldots\ldots\; P_2 = 0{,}50\ P_{II}$$

$$P_{III} = i\left(f + \frac{3}{4}\ell_p\right) \ldots P_3 = 0{,}25\, P_{III}$$

Valores calculados: $H_1 = \dfrac{P_f}{2}$ (Fig. h)

Ω – Área do diagrama $H_2 = \Omega$ – (Fig. i)

$$\Omega = \int_0^{(\ell_p + f)} f(p)\, d_p.$$

Admitimos: $W_1 = W_2 = H_2$ – (Fig. k) – Assumimos W_1 e W_2 igualmente afastados

t, r – braços

$T_0 = \dfrac{E}{1{,}5\,b}$ – (Fig. j) – Empuxo por metro linear

E – tf $\qquad T = \dfrac{E}{b}$

b – metros

B – *Verificação do equilíbrio contra deslizamento*

Neste caso, deveremos contar com a resistência passiva do solo.
Consideramos duas verificações para aquilatar o grau de segurança:

a) Empuxo absorvido pelo trecho do muro enterrado, excluindo a colaboração das estacas.

Condição: $H_1 \geqslant T_0$

$$H_1 = \frac{1}{2}\, pf$$

sendo $p = K_p \gamma_t f$

b) Empuxo absorvido pelo conjunto:

Bloco – Estacas – Solo envolvido pelas estacas
Pelas condições admitidas na (Fig. k)
Coeficiente contra deslocamento – $\varepsilon_1 \geqslant 1{,}5$
Momentos em torno do ponto F.

$$\frac{E}{b}(y + \ell_p + r) = T_0\,(y + \ell_p + r)$$

$$W_1\,(r + r)$$

$$\varepsilon_1 = \frac{2\,r W_1}{T_0\,(y + \ell_p + r)} \geqslant 1{,}5$$

C – *Verificação do equilíbrio contra rotação*

Como assumimos W_1 e W_2, igualmente afastados (Fig. k)
Coeficiente de segurança contra rotação $\varepsilon_2 \geqslant 1{,}5$

$$\varepsilon_2 = \frac{T\,(L_p + y)}{W_1\,(r + r)} \geqslant 1{,}5$$

IV.5.3.4 — DETERMINAÇÃO DOS ESFORÇOS SOLICITANTES INTERNOS NAS ESTACAS

A quantificação dos esforços solicitantes, nas estacas carregadas horizontalmente no topo, tem sido aproximada, adequando-se aos princípios baseados no cálculo das vigas sobre base elástica.

Segundo N. V. Laletin da URSS, nos testes realizados em estacas longas, a resistência às forças horizontais é determinada pela resistência à flexão do material da estaca.

Com estacas curtas, além da resistência à flexão do material, deve-se verificar a estabilidade do solo confinante que envolve a estaca, proporcional à profundidade, segundo uma curva de reação do solo de configuração parabólica, cuja ordenada máxima segundo Berezantsev é dada pela expressão:

$$q = \gamma_t L \left[K_p + \frac{K_s}{\phi} \times \frac{\text{tg}\varphi}{K_a} \times L \right]$$

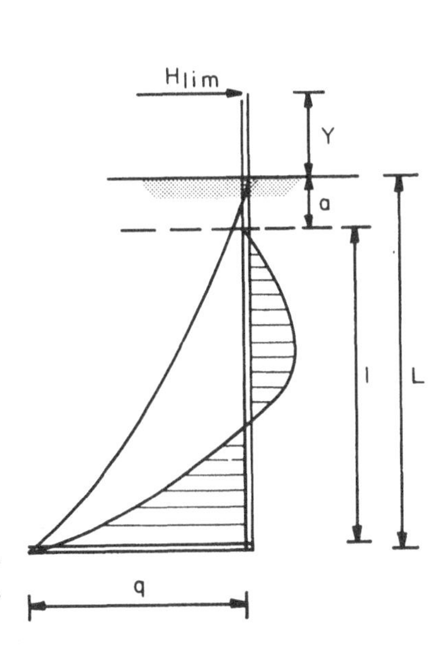

$$H_{\text{lim}} = \frac{q\phi\ell}{6\,(2n + 1)} \qquad n = \frac{L}{\ell}$$

H_{lim} – Carga última $a = (0{,}14 - 0{,}20)\,L$

$$K_p = \text{tg}^2\left(45 + \frac{\varphi}{2}\right)$$

$$K_a = \text{tg}^2\left(45 - \frac{\varphi}{2}\right)$$

ϕ – Diâmetro ou lado da estaca

K_s = Coeficiente de pressão lateral variável 0,5 até 1, caso de forte compressão

H – Carga de serviço ou carga atuante

$$\text{Coeficiente de segurança} = \frac{H_{\text{lim}}}{H} \geqslant 2$$

$$\ell = (L - a)$$

Momento máximo de flexão na estaca

$$M_{max} = H\,(y + a) + \frac{2\ell}{3\sqrt{2\,(4n + 3)}}$$

Segundo esses autores citados, a classificação das estacas quanto ao comprimento:

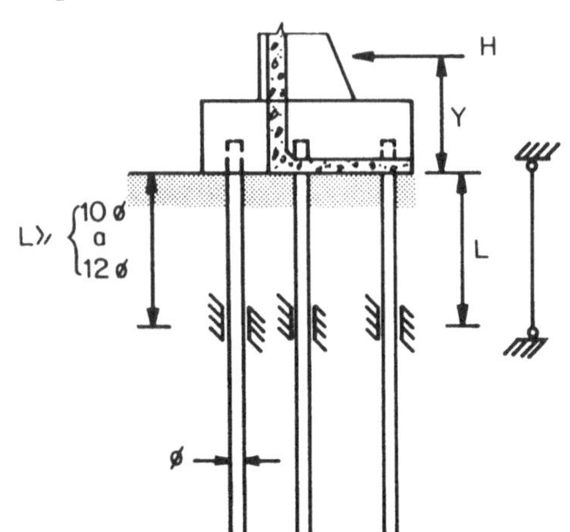

Estacas curtas $L \leqslant (10 - 12)\,\phi$
Estacas longas $L > 12\,\phi$

Evidentemente esse comprimento L exclui o trecho de comprimento correspondente ao engastamento no solo.

No caso de uma estaca $\phi = 33$ cm, $L = 4{,}00$ m, logicamente para absorver uma carga horizontal, o comprimento total da estaca deverá ser no mínimo 12,00 m em terreno de boa consistência ($3L$).

IV.5.3.5 — OUTRAS PROPOSIÇÕES

Não poderíamos deixar de mencionar o trabalho elaborado pelo Eng.º Dirceu de Alencar Velloso, publicado por Estacas Franki Ltda., pela grande experiência profissional do autor e a confiança que é merecedora a referida empresa. As soluções propostas, baseiam-se na deformação da estaca e reação do solo, aplicando o estudo das vigas sobre base elástica, admitindo as seguintes condições:

A – *Coeficiente de recalque lateral do solo constante "K" – aplica-se aos solos coesivos*

Segundo o Eng.º José San Martin, temos:

K – Coeficiente de recalque lateral
b – Dimensão da estaca normalmente ao plano de flexão
E – Módulo de elasticidade da estaca
J – Momento de inércia da secção transversal da estaca

O processo do Eng.º José San Martin admite a reação do solo "q", proporcional ao deslocamento lateral.

Nestas condições $q = Kby$

Equação diferencial

$$EJ \frac{d^4y}{dx^4} + Kby = 0$$

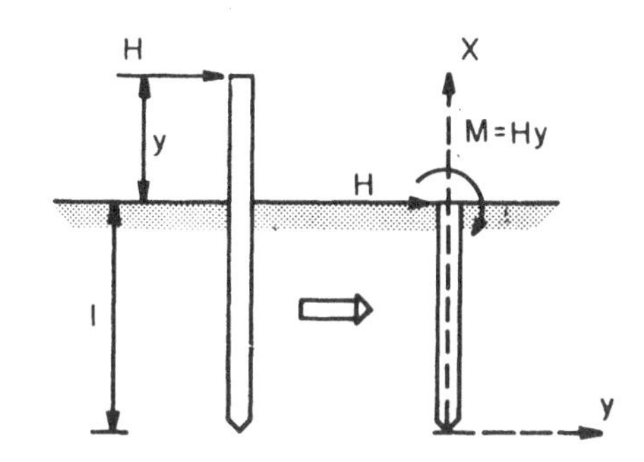

Fazendo: $\boxed{\alpha = \sqrt[4]{\frac{Kb}{4EJ}}}$

Solução:

$$\frac{d^2y}{dx^2} + 4\,\alpha^4 y = 0$$

$$y = Ae^{\alpha x}\cos\,\alpha_x + Be^{\alpha x}\text{sen}\,\alpha_x + Ce^{-\alpha x}\cos\,\alpha_x + De^{\alpha x}\text{sen}\,\alpha_x$$

Determinados A, B, C e D pelas condições limites estabelecidas, temos os esforços:

$$M = -\,EJ\,\frac{d^2y}{dx^2} \quad \text{– Momentos fletores}$$

$$Q = -\,EJ\,\frac{d^3y}{dx^3} \quad \text{– Força cortante}$$

$$\lambda = \alpha\ell$$

a) *Estaca trabalhando pela resistência de ponta*

$$M = \frac{Kb}{\alpha^2}\,(A\cosh\alpha x\;\text{sen}\,\alpha x - B\,\text{senh}\,\alpha x\;\cos\alpha x)$$

$$Q = \frac{Kb}{\alpha}\,[(A - B)\cosh\alpha x\;\cos\alpha x + (A + B)\,\text{senh}\,\alpha x\;\text{sen}\,\alpha x]$$

b) *Estaca trabalhando pela resistência de atrito lateral – "flutuante"*

$$M = \frac{Kb}{\alpha^2}\,[(A_e^{\alpha x} - C_e^{-\alpha x})\,\text{sen}\,\alpha x - 2B\,\text{senh}\,\alpha x\;\cos\alpha x]$$

$$Q = \frac{Kb}{\alpha_2}\,[2B\,(\text{senh}\,\alpha x\;\text{sen}\,\alpha x - \cosh\alpha x\;\cos\alpha x) + A\varphi - C\psi]$$

Valores das constantes

$$\varphi = e^{\alpha x}\sqrt{2}\;\text{sen}\left[\frac{\pi}{4} + \alpha x\right] \qquad \psi = e^{-\alpha x}\sqrt{2}\;\text{sen}\left[\frac{\pi}{4} + \alpha x\right]$$

$$\lambda = \alpha\ell \begin{cases} Qd_0 \quad x = \ell \\ H = \bar{H} \\ M = \bar{M} = \bar{H}y \end{cases} \begin{matrix} - a_1 A + a_2 B + a_3 C - a_4 D = \dfrac{2\alpha^2}{Kb}\bar{M} \\ \\ - a_5 A + a_6 B + a_7 C + a_8 D = -\dfrac{2\alpha\bar{H}}{kb} \end{matrix}$$

$a_1 = e^{\lambda} \operatorname{sen} \lambda$	$a_2 = e^{\lambda} \cos \lambda$
$a_3 = e^{-\lambda} \operatorname{sen} \lambda$	$a_4 = e^{-\lambda} \cos \lambda$
$a_5 = e^{\lambda} (\cos \lambda + \operatorname{sen} \lambda)$	$a_8 = e^{-\lambda} (\cos \lambda + \operatorname{sen} \lambda)$
$a_7 = e^{-\lambda} (\cos \lambda - \operatorname{sen} \lambda)$	$a_6 = e^{\lambda} (\cos \lambda - \operatorname{sen} \lambda)$

Resolvendo simultaneamente, determinamos: A, B, sendo $C = -A$ e $D = B$

B – *Coeficiente de recalque lateral de solo "K" variável com a profundidade – aplica-se aos solos não coesivos*

Segundo Miche, para o caso de uma força horizontal aplicada na superfície do terreno e a estaca de comprimento infinito.

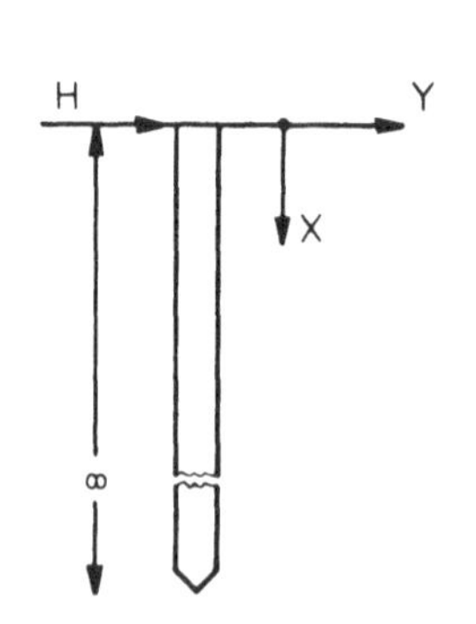

$K = \bar{K}x$ ... Eq. diferencial:

$$EJ \frac{d^4y}{dx^4} - \bar{K}b\,xy = 0$$

Fazendo $\varphi = \dfrac{x}{L}$

$$L = \sqrt[5]{\frac{EJ}{\bar{K}b}}$$

Resolvendo-se a equação tipo Laplace

$$\frac{d^4y}{dx^4} = -\varphi y$$

e adaptando aos casos de aplicação imediata, isto é, quando a estaca for solicitada pelo momento fletor máximo.

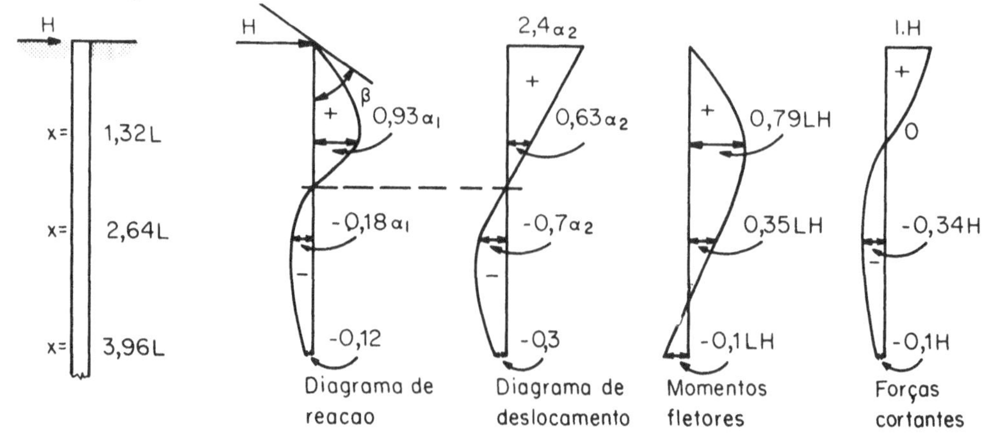

$$L = \sqrt[5]{\frac{EJ}{\overline{K}b}}$$

$$\alpha_2 = \frac{L^3 H}{EJ}$$

$$\alpha_1 = \frac{H}{bL}$$

$$\beta = \frac{2{,}4\, H}{bL^2}$$

Valores de $\overline{K}$ e $(tg\,\beta)$ max

Areia limpa saturada

$\overline{K} = 0{,}150$ kgf/cm^4
$\beta = 0{,}025$ kgf/cm^3

Argila saturada

$\overline{K} = 0{,}015$ kgf/cm^4
$\beta = 0{,}050$ kgf/cm^3

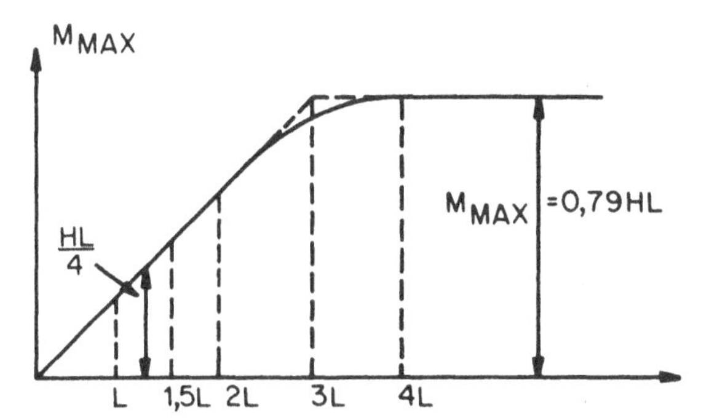

IV.5.4 — PROJETO DE UM MURO DE ARRIMO COM GIGANTES — FUNDAÇÃO SOBRE ESTACAS

Verificar as condições de estabilidade do estaqueamento.

IV.5.4.1 — DADOS

IV.5.4.1.1 — Desenho do muro – Detalhe dos gigantes espaçados a cada 4,00 m

IV.5.4.1.2 — Estacas pré-moldadas – Fabricação SCAC – diâmetro externo = 33 cm centrifugadas – carga máxima nominal à compressão = = 60 tf – espessura da parede = 6 cm

IV.5.3.1.3 — Solo – Argila siltosa, mole a média, cinzenta, com 6 a 9 golpes S.P.T.

Por recomendação de um especialista de fundações, adotar comprimento das estacas acima de 12,00 m e os seguintes parâmetros para o cálculo do empuxo:

a) Ângulo de talude natural – $\varphi = 27°$
b) Peso específico aparente do solo – $\gamma_t = 1{,}7$ tf/m^3
c) Coesão – $c = 0$

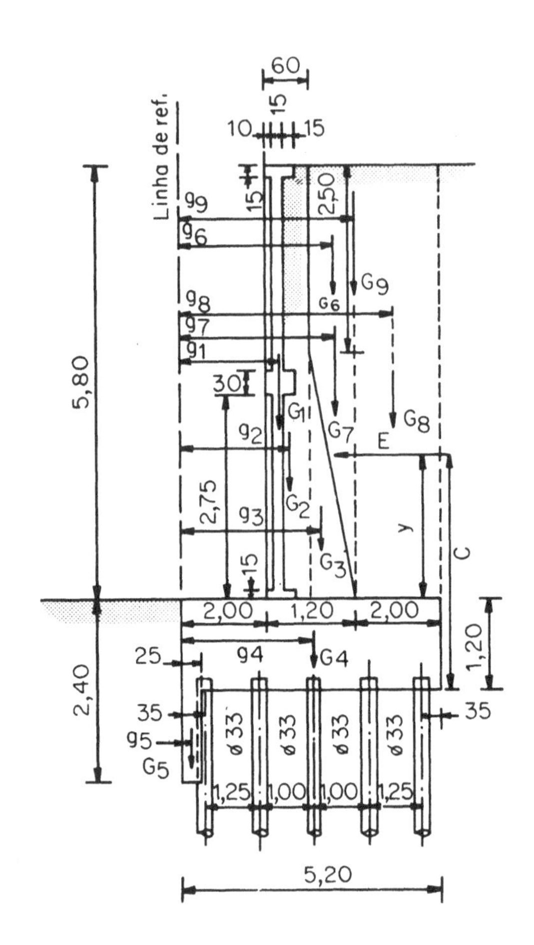

PROJETO DE UM MURO DE ARRIMO COM CONTRAFORTES

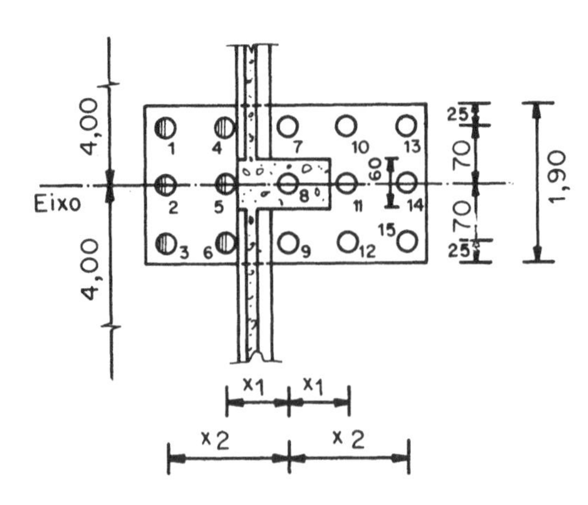

IV.5.4.2 — VERIFICAÇÃO DA ESTABILIDADE DO CONJUNTO

IV.5.4.2.1 — Cálculo do empuxo

A – *Empuxo ativo*

$$K_a = tg^2\left(45 - \frac{\varphi}{2}\right)$$

Terreno adjacente horizontal, paramento interno (cortina) vertical. Paramento interno liso.

$$K_a = tg^2(31°\,30') = (0{,}613)^2 = 0{,}376$$

Terreno sem sobrecarga:

$$E = \frac{1}{2} K_a \gamma_t h^2 = \frac{1}{2} \times 0{,}376 \times 1{,}7 \times 5{,}\overline{80}^2 = 10{,}8 \text{ tf/m}$$

Ponto de aplicação

$$y = \frac{h}{3} = \frac{5{,}80}{3} = 1{,}93 \text{ m}$$

Empuxo no gigante:

$$E = 4{,}00 \times 10{,}8 = 43{,}2 \text{ tf}$$

B – *Empuxo passivo*

Coeficiente de empuxo:

$$K_p = tg^2\left(45 + \frac{\varphi}{2}\right)$$

$\varphi = 27°$ $\quad K_p = tg^2(45 + 13°\,30') = tg^2(58°\,30') = (1{,}632)^2$

$K_p = 2{,}66$

$$i = K_p \gamma_t = 2{,}66 \times 1{,}7 = 4{,}522$$

C – *Condição fundamental de equilíbrio estático*

$$P_0 = 4{,}522 \times 2{,}40$$

$$P_0 = 10{,}85$$

$$T_0 = \frac{E}{3b} = \frac{43{,}2}{2 \times 1{,}90} = 11{,}4 \text{ tf/m}$$

$$H_1 = \frac{1}{2} P_0 f = 0{,}5 \times 10{,}85 \times 2{,}40$$

$$H_1 = 13{,}2 \text{ tf/m}$$

$3b = 5{,}70$

Não corresponde ao caso, devido a interferência de pressões

Adotamos $2b = 3{,}80$ m

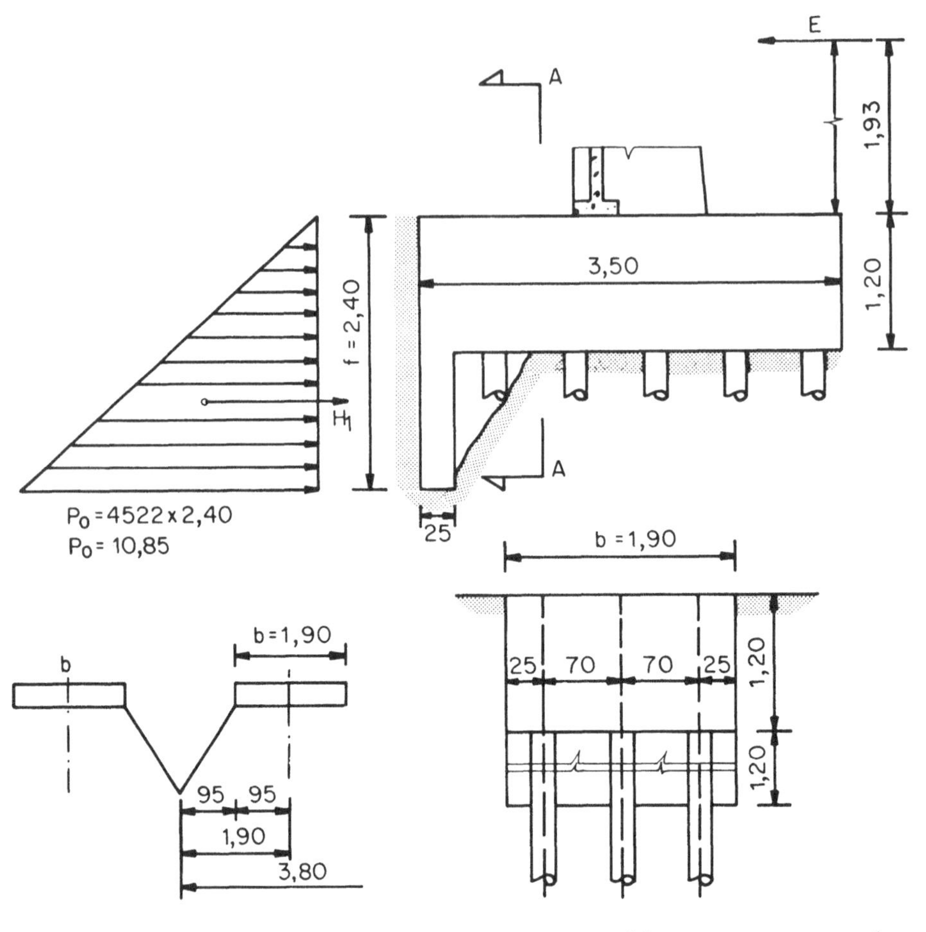

Temos $H_1 > T_0$

13,2 > 11,4 aceito.

Nos casos comuns, adota-se 1,5*b*, porém no caso não foi possível.

IV.5.4.2.2 — Estabilidade estática do estaqueamento

A – *Cálculos preliminares* – Pressão passiva

$$i = 4{,}522$$

$$P_0 = i f = 4{,}522 \times 2{,}40 = 10{,}85$$

$$P_{\mathrm{I}} = i\left(f + \frac{\ell_p}{4}\right) = 4{,}522 \times 3{,}15 = 14{,}24$$

$$P_{\mathrm{II}} = i\left(f + \frac{\ell_p}{2}\right) = 4{,}522 \times 3{,}90 = 17{,}63$$

$$P_{III} = i\left(f + \frac{3}{4}\ell_p\right) = 4{,}522 \times 4{,}65 = 21{,}03$$

$P_1 = 0{,}75 \ P_I = 10{,}68$
$P_2 = 0{,}50 \ P_{II} = 8{,}81$
$P_3 = 0{,}25 \ P_{III} = 5{,}26$
$P_4 = 0$

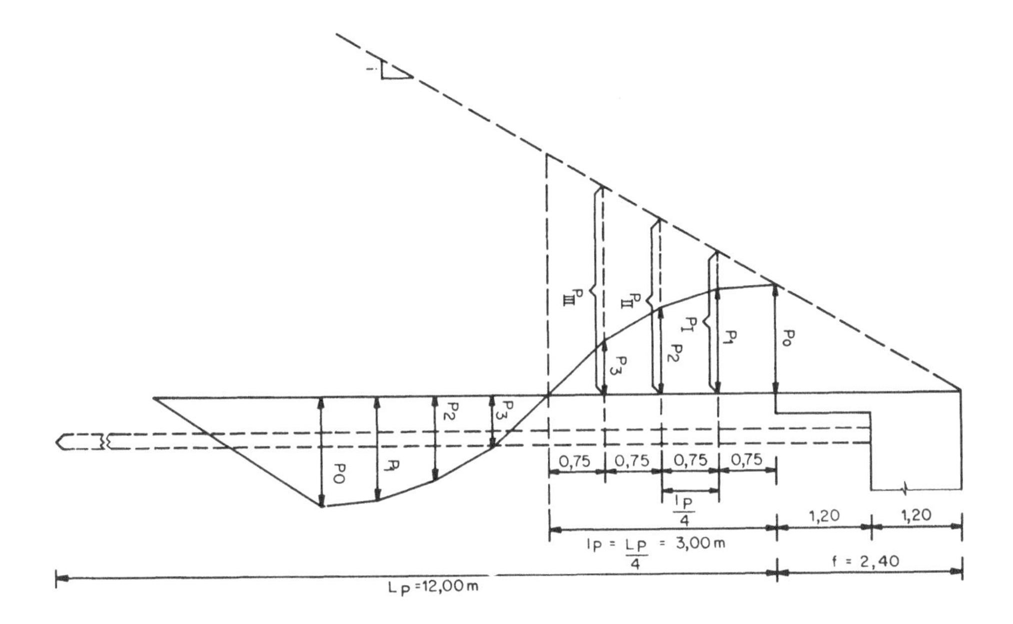

Áreas parciais

$F_0 = 10{,}85 \times 2{,}40 \times 0{,}5 = 13{,}02$
$F_1 = 0{,}5 \times 0{,}75\,(10{,}85 + 10{,}68) = 8{,}07$
$F_2 = 0{,}5 \times 0{,}75\,(10{,}68 + 8{,}81) = 7{,}31$
$F_3 = 0{,}5 \times 0{,}75\,(8{,}81 + 5{,}26) = 5{,}28$
$F_4 = 0{,}5 \times 0{,}75 \times 5{,}26 = 1{,}97$
$W_1 = W_2 = 35{,}65$

D – *Diagrama das pressões passivas*

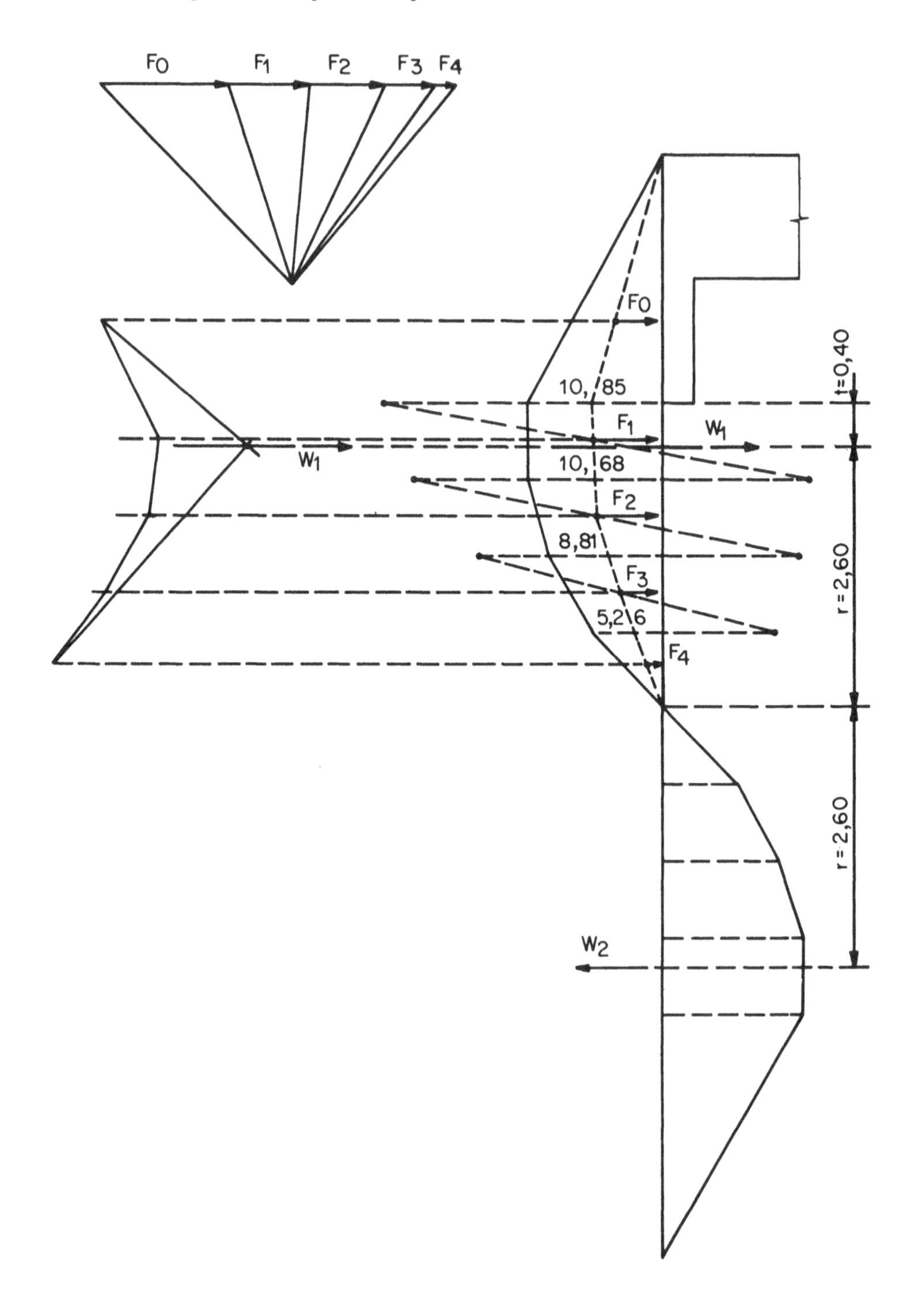

E – *Equilíbrio estático do conjunto solo envolvido e estacas*

a) *coeficiente de segurança contra deslizamento*

$$\varepsilon_1 = \frac{2r\,W_1}{T_0\,(y + \ell_p + r)} \geqslant 1{,}5$$

$y = 1{,}93 + 2{,}40 = 4{,}33\ \text{m}$ $\qquad T_0 = 11{,}4\ \text{tf/m}$

$2r = 2 \times 2{,}60 = 5{,}20\ \text{m}$ $\qquad W_1 = 35{,}6\ \text{tf/m}$

$(y + \ell_p + r) = 4{,}33 + 3{,}00 + 2{,}60 = 9{,}93$

$$\varepsilon_1 = \frac{5{,}20 \times 35{,}6}{11{,}4 \times 9{,}93} = 1{,}6 > 1{,}5 \quad \text{satisfaz}$$

b) *coeficiente de segurança contra rotação*

$$\varepsilon_2 = \frac{T\,(L_p + y)}{W_1\,(r + r)} \geqslant 1{,}5$$

$L_p + y = 12{,}00 + 4{,}33 = 16{,}33\ \text{m}$

$r + r = 5{,}20$

$T = \dfrac{E}{b} = \dfrac{43{,}2}{1{,}9} = 22{,}74\ \text{tf/m}$

$W_1 = 17{,}75\ \text{tf/m}$

$$\varepsilon_2 = \frac{22{,}74 \times 16{,}33}{17{,}75 \times 5{,}20} = 4 > 1{,}5 \quad \text{satisfaz}$$

IV.5.4.3 — CÁLCULO DO CARREGAMENTO NAS ESTACAS

IV.5.4.3.1 — Cargas verticais

A – *Cortina e vigas horizontais*:

$0{,}15 \times 5{,}80\,(4{,}00 - 0{,}60) \times 2{,}500 = 7{,}395$

$(0{,}15 + 0{,}10) \times 0{,}30 \times 3{,}40 \times 2{,}500 = 0{,}637$

$G_1 = 8{,}032\ \text{tf}$

B – *Contrafortes ou gigantes*

$G_2 = 0{,}60 \times 0{,}60 \times 5{,}80 \times 2{,}500 = 5{,}220\ \text{tf}$

$G_3 = \dfrac{1}{2}(0{,}60 \times 3{,}30) \times 0{,}60 \times 2{,}500 = 1{,}485\ \text{tf}$

C – *Bloco sobre as estacas*

$G_4 = 1{,}90 \times 5{,}20 \times 1{,}20 \times 2{,}500 = 29{,}640\ \text{tf}$

D – *Cortina enterrada*

$G_5 = 0{,}25 \times 1{,}20 \times 1{,}90 \times 2{,}500 = 1{,}425$ tf

E – *Terra sobre o bloco*

$G_6 = 0{,}60 \times 0{,}60 \times 2{,}50 \times 1{,}700 = 1{,}530$ tf

$G_7 = \frac{1}{2}(0{,}60 \times 3{,}30) \times 0{,}60 \times 1{,}700 = 1{,}010$ tf

$G_8 = 2{,}00 \times 5{,}80 \times 0{,}60 \times 1{,}700 = 11{,}832$ tf

$G_9 = (1{,}90 - 0{,}60) \times 5{,}80 \times 2{,}95 \times 1{,}700 = 37{,}813$ tf

F – *Componente normal*

$N = G_1 + G_2 + G_3 + G_4 + G_9 = 97{,}987 \sim 98$ tf

$E = 43{,}2$ tf

IV.5.4.3.2 — Componente horizontal

IV.5.4.3.3 — Braços da alavanca

$g_1 = 2{,}00 + 0{,}175 = 2{,}175$ m

$g_2 = 2{,}00 + 0{,}30 = 2{,}30$ m

$g_3 = 2{,}00 + 0{,}60 + 0{,}20 = 2{,}80$ m

$g_4 = 2{,}60$ m

$g_5 = 0{,}125$ m

$g_6 = 2{,}00 + 0{,}60 + 0{,}30 = 2{,}90$ m

$g_7 = 2{,}00 + 0{,}60 + 0{,}40 = 3{,}00$ m

$g_8 = 5{,}20 - 1{,}00 = 4{,}20$ m

$g_9 = 3{,}60$ m

$c = y + 1{,}20 = 1{,}93 + 1{,}20 = 3{,}13$

IV.5.4.3.4 — Momentos estáticos

$G_1g_1 = 8{,}032 \times 2{,}175 = 17{,}470$

$G_2g_2 = 5{,}220 \times 2{,}30 = 12{,}006$

$G_3g_3 = 1{,}485 \times 2{,}80 = 4{,}158$

$G_4g_4 = 29{,}640 \times 2{,}60 = 77{,}064$

$G_5g_5 = 1{,}425 \times 0{,}125 = 0{,}178$

$G_6g_6 = 1{,}530 \times 2{,}90 = 4{,}437$

$G_7g_7 = 1{,}010 \times 3{,}00 = 3{,}030$

$G_8g_8 = 11{,}832 \times 4{,}20 = 49{,}694$

$G_9g_9 = 37{,}813 \times 3{,}60 = 136{,}127$

$M_G = 304{,}164$ mtf

$M_E = e \times c$

$M_E = 43{,}2 \times 3{,}13$

$M_E = 135{,}22$ mtf

IV.5.4.3.5 — Ponto de aplicação da normal

$$u = \frac{M_G}{N} = \frac{304{,}164}{98} = 3{,}10$$

Excentricidade

$$e = u - \frac{5{,}20}{2} = 0{,}50\,\text{m}$$

Transferência para o centro do bloco

$$\begin{aligned} M_E \quad &= -\,135{,}22 \\ N, e = 98 \times 0{,}50 &= \quad 49{,}00 \\ M &= \quad 86{,}22\ \text{mtf} \end{aligned}$$

IV.5.4.3.6 — Solicitação nas estacas

$q_I = q_1 = q_2 = q_3$
$q_{II} = q_4 = q_5 = q_6$
$q_{III} = q_7 = q_8 = q_9$
$q_{IV} = q_{10} = q_{11} = q_{12}$
$q_V = q_{13} = q_{14} = q_{15}$

$$\frac{N}{n} = \frac{98}{15} = 6{,}5\ \text{tf}$$

$$J = 2\,3\,(x_1^2 + x_2^2)$$

$$J = 2[3\,(6{,}06)] = 36{,}36\ \text{m}^4$$

$$M\frac{x_1}{J} = 86{,}22 \times \frac{1{,}00}{36{,}4} = 2{,}4$$

$$M\frac{x_2}{J} = 86{,}22 \times \frac{2{,}25}{36{,}4} = 5{,}33$$

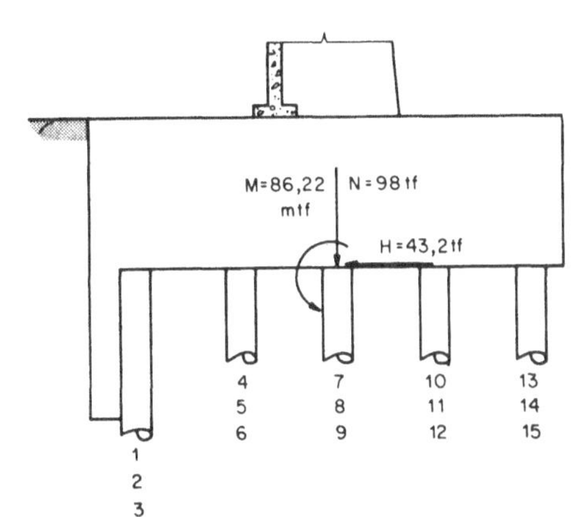

Fórmulas:

$$q = \frac{N}{n} + M\frac{x}{J} \leq \frac{Q_c}{\gamma_e}$$

$$q = \frac{N}{n} - M\frac{x}{J} \leq \frac{Q_t}{\gamma_e}$$

$x_1 = 1{,}00 \ldots x_1^2 = 1{,}00$
$x_2 = 2{,}25 \ldots x_2^2 = 5{,}06$
$x_1^2 + x_2^2 = 6{,}06$

$Q_c = 60$ tf... Capac. de carga
$\gamma_e = 1{,}5$... Coeficiente de minoração

$$\frac{Q_c}{\gamma_e} = \frac{60}{1{,}5} = 40\ \text{tf}\ldots\text{compressão}$$

$$\frac{Q_t}{\gamma_e} = \frac{1}{4}Q_c = \frac{10}{1{,}5} = 6\ \text{tf}\ldots\text{tração}$$

Carga nas estacas

$q_I = 6{,}5 + 5{,}3 = 11{,}8$ tf < 40 t satisfaz
$q_{II} = 6{,}5 + 2{,}4 = 8{,}9$ tf < 40 t satisfaz
$q_{III} = 6{,}5$
$q_{IV} = 6{,}5 - 2{,}4 = +\,2{,}1$ tf > 0 não há tração
$q_V = 6{,}5 - 5{,}3 = +\,1{,}2$ tf > 0 satisfaz

IV.5.4.4 — VERIFICAÇÃO DA ESTABILIDADE ELÁSTICA DE UMA ESTACA

Elástica de uma estaca

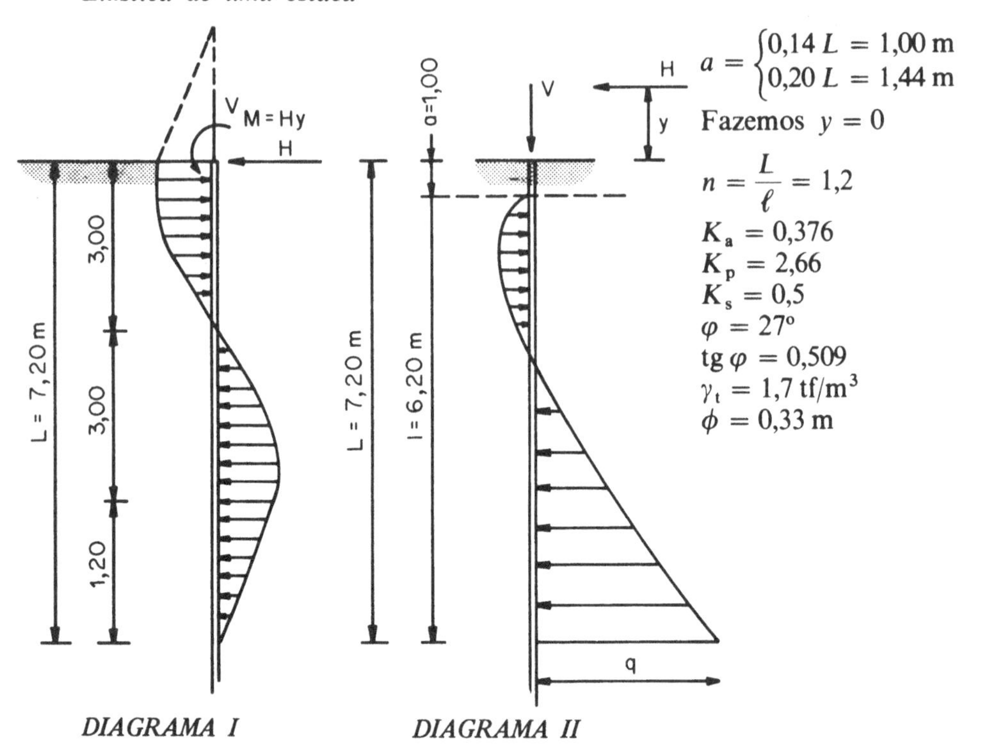

DIAGRAMA I *DIAGRAMA II*

Para determinar os esforços internos solicitantes numa estaca, empregando a solução aproximada já mencionada, devemos substituir o DIAGRAMA I, do carregamento devido ao empuxo passivo na estaca, pelo DIAGRAMA II.

É válido fazer $y = 0$, isto é, desprezar $M = Hy$, porque parte do empuxo ativo neste projeto está sendo absorvido pelo bloco e cortina enterrada, portanto, admitimos H atuando no nível do topo das estacas.

Nestas condições, temos:

$$H = \frac{E}{15} = 2{,}9 \text{ tf}$$

$$V = \frac{N}{15} = 6{,}5 \text{ tf}$$

Carga máxima

$$q = \gamma_t L \left[K_p + \frac{K_s}{\phi} \times \frac{\text{tg}\,\varphi}{K_a} \times L \right]$$

$$q = 1{,}7 \times 7{,}2\left[2{,}66 + \frac{0{,}5}{0{,}33} \times \frac{0{,}51}{0{,}38} \times 7{,}20\right] = 212\ \text{tf/m}^2$$

$$H_{\text{lim}} = \frac{q\,\phi\,\ell}{6(2n+1)} \qquad H_{\text{lim}} = \frac{212 \times 0{,}33 \times 6{,}20}{6\,(2 \times 1{,}2 + 1)} = 21{,}3\ \text{tf}$$

$$\textit{Coeficiente de segurança} = \frac{H_{\text{lim}}}{H} = \frac{21{,}3}{2{,}9} = 7$$

satisfaz

Momento fletor máximo na estaca

$$M_{\text{max}} = H\left[(y + a) + \frac{2\ell}{3\sqrt{2\,(4n+3)}}\right]$$

$$\frac{2\ell}{3\sqrt{2\,(4n+3)}} = \frac{2 \times 6{,}20}{3\sqrt{2\,(4 \times 1{,}2 + 3)}} = 1{,}05$$

$a = 1{,}00$ m
$y = 0$ $\qquad M_{\text{max}} = 2{,}9 \times 2{,}05 = 5{,}45 \approx 6{,}00$ tf m
$H = 2{,}9$ tf

Verificação da estaca escolhida

Ábaco da SCAC (Ver Anexo 10) NBR 6118
Para $N = V = 6{,}5$ tf
$M = 6{,}00$ tf m $\qquad$ Corresponde $d = \phi = 50$ cm

Outra tentativa – Reduzindo H.

Vamos contar com o empuxo passivo no bloco e cortina enterrada para reduzir a intensidade de H.

$$E_{\text{p}} = \frac{1}{2}\gamma_{\text{t}}\,k_{\text{p}}f^2 \times b = 0{,}5 \times 2{,}66 \times 2{,}40^2 \times 1{,}90$$

$$E_{\text{p}} = 14{,}5\ \text{tf}$$

$$H = \frac{E - E_{\text{p}}}{15} = \frac{43{,}2 - 14{,}5}{15} = 1{,}9\ \text{tf}$$

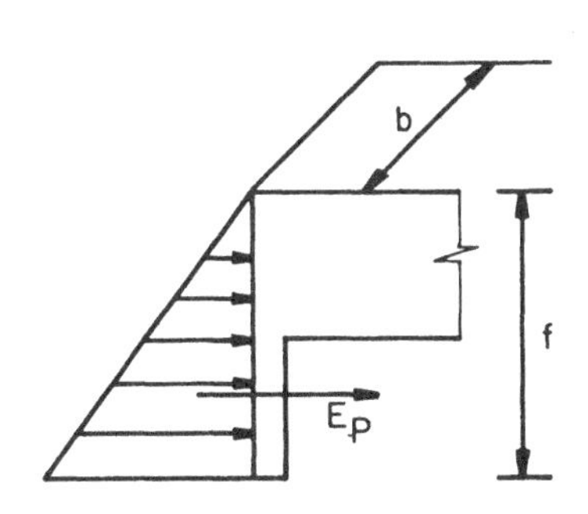

$M_{max} = 1{,}9 \times 2{,}05 = 3{,}90\,\text{tf m}$

$$\left.\begin{array}{l} N = V = 6{,}5\,\text{tf} \\ M = 3{,}9\,\text{tf m} \end{array}\right\} \text{Ábaco SCAC – aceitável}$$

Estaca $\phi = 33\,\text{cm}$, embora seria mais prudente adotar $\phi = 42\,\text{cm}$.

IV.5.4.5 — CONCLUSÃO

1) O exemplo apresentado, mostra como é laborioso o cálculo de verificação do estaqueamento nos projetos dos muros de arrimo, com estacas cravadas na vertical, mesmo tratando o problema da maneira mais simplificada possível.

2) Pudemos aquilatar a exigência da grande quantidade de estacas, em virtude do carregamento horizontal e, o pior de tudo, com aproveitamento pouco eficiente, isto é, muito aquém da capacidade nominal recomendada pelo fabricante da estaca.

3) Apesar da margem de segurança adotada no projeto, sempre existirá uma inevitável faixa de risco no comportamento da estrutura, face à resposta do solo confinante em torno das estacas (acaba existindo no projeto subjetividade na adoção de alguns dos parâmetros e adequação dos processos de cálculo).

4) Nestes casos, recomenda-se prova de carga, com as devidas correções para o grupo, como solução de controle dos parâmetros adotados.

5) Deixamos de apresentar como alternativa a solução por meio de estacas inclinadas.

O problema pode ser resolvido, conforme indicações da Revista Estrutura N.º 1 e N.º 81.

6) Deixamos de apresentar o cálculo de dimensionamento das armaduras, cujo assunto obedece as normas usuais da Estática das Construções e especificações da NBR 6118/82.

7) Mencionamos a título de referência, o excelente desempenho de *tubulões* para cargas horizontais, dependendo das condições do solo, nível d'água, etc. Deixamos de desenvolver esta alternativa.

IV.5.4.6 — SOLUÇÕES DIVERSAS PARA MANTER OS TALUDES ESTÁVEIS (15 SOLUÇÕES)

As soluções propostas devem ser adequadas a cada caso particular, admitindo certa margem de risco maior ou menor, em relação às soluções clássicas anteriormente estudadas.

1.ª SOLUÇÃO – MANTER O CORTE PROTEGIDO, SEM A CONSTRUÇÃO DO MURO DE ARRIMO

A) TALUDE COBERTO

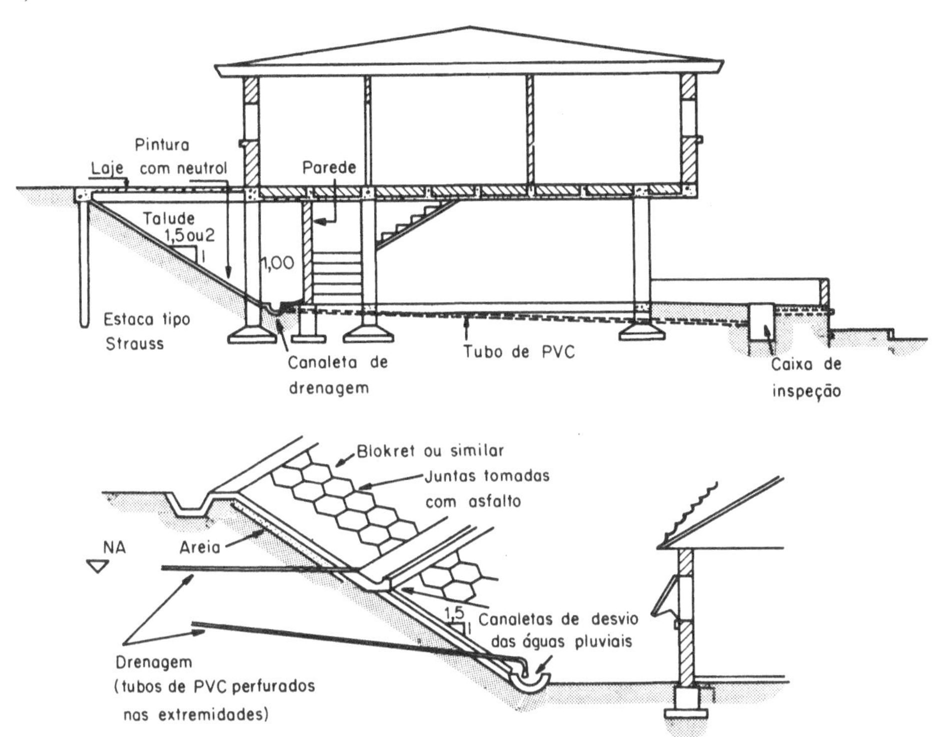

2.ª SOLUÇÃO – MURO DE ALVENARIA DE TIJOLOS, COM LAJE DE EQUILÍBRIO EM CONSOLO ENGASTADA NO PRÓPRIO MURO

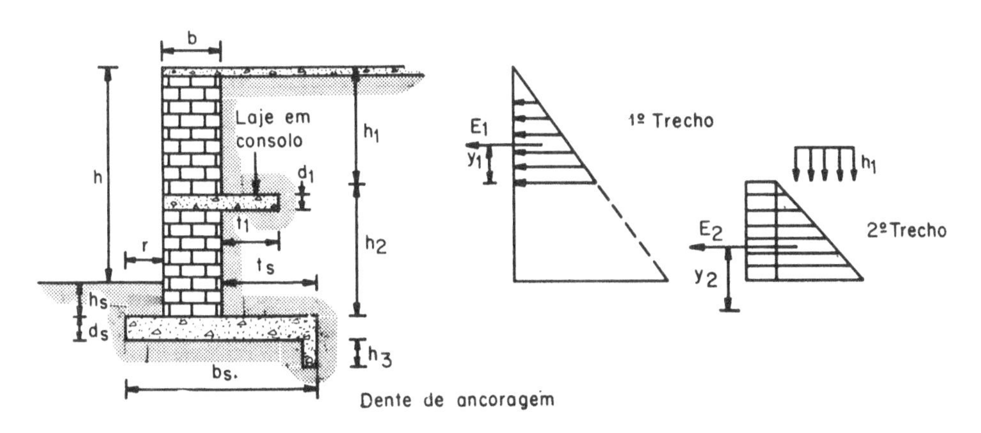

DADOS PARA PRÉ-DIMENSIONAMENTO

$h \leqslant 3{,}00\ m$	$b \geqslant 0{,}15\ h$	$d_1 \geqslant 0{,}10\ m$
$h_1 = 0{,}5\ h$	$b \geqslant 0{,}40\ m$	$d_s \geqslant 0{,}15\ m$
$h_s \geqslant 0{,}50\ m$	$b_s \geqslant 0{,}5\ h$	$t_1 = 0{,}75\ t_s$
$H = h + h_s$	$r = 0{,}15\ h$	
$h_2 = H - h_1$	$t_s = b_s - [b + r]$	
	$h_3 \geqslant 0{,}30\ m$	

3.ª SOLUÇÃO – GIGANTES E CINTAS DE CONCRETO ARMADO-PAREDES DE ALVENARIA

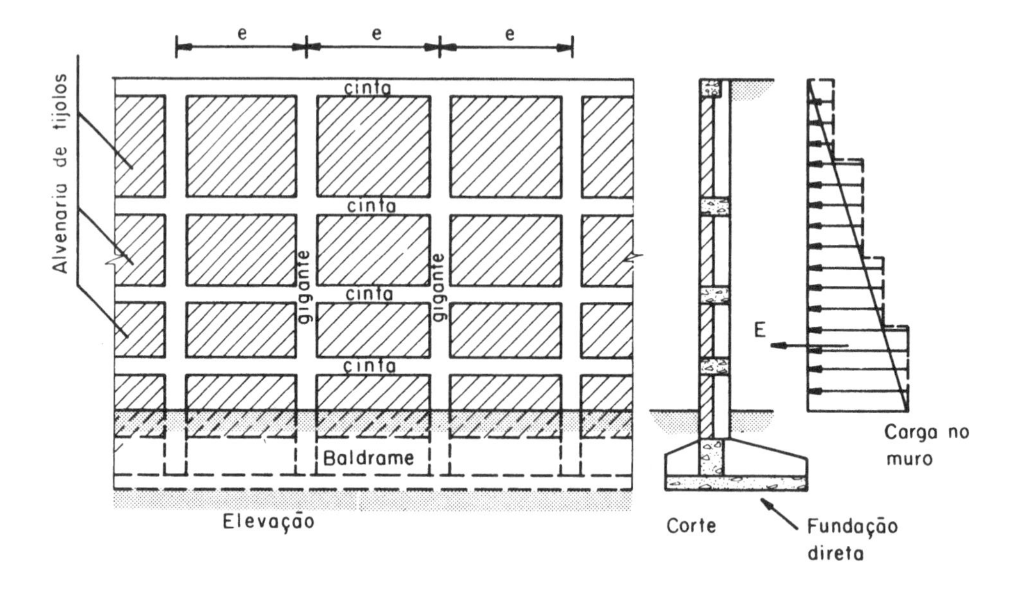

Fundação sobre estacas

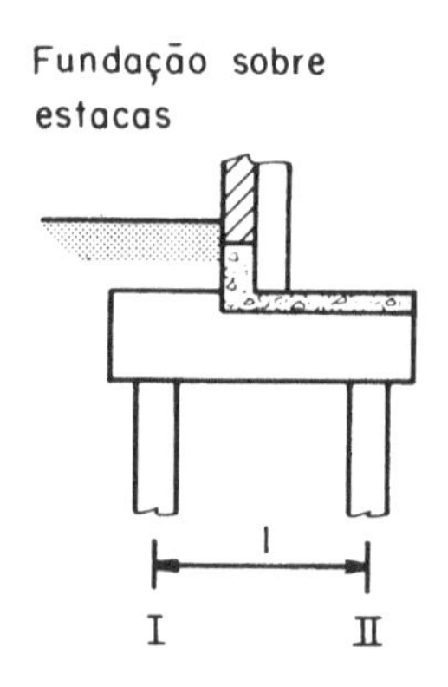

ℓ – distância para eliminar tração na Estaca II.

Aplicação:

Casos de taludes em que a escavação para a execução do muro é executada por meio de trincheira.

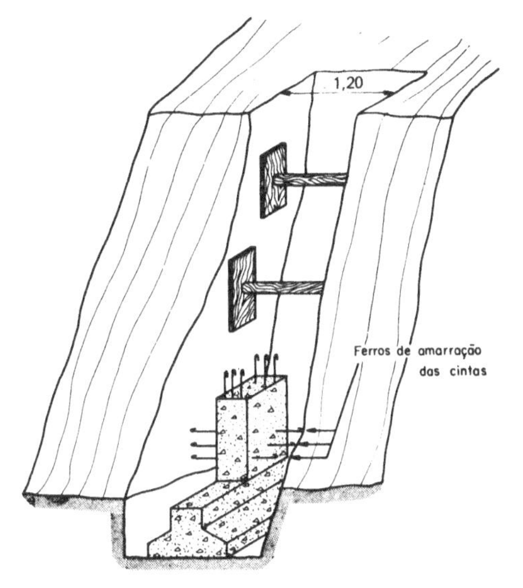

Para se enfrentar o talude, abrimos trincheiras de aproximadamente 1,20 m de largura, convenientemente escorados.

Executamos os gigantes, deixando os ferros de amarração das pontas.

Após levantados os gigantes, podemos escavar de cima para baixo, aproveitando a própria terra como andaime (banquetas) e executando cintas e alvenaria.

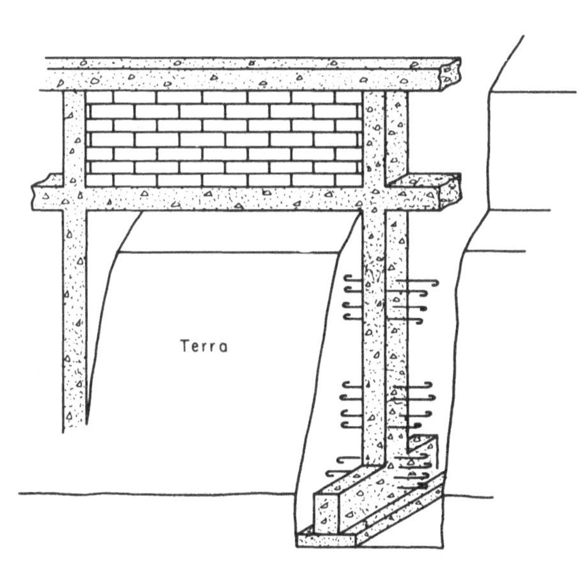

4.ª SOLUÇÃO – ALVENARIA ARMADA DE BLOCOS DE CONCRETO

A) CORRIDOS

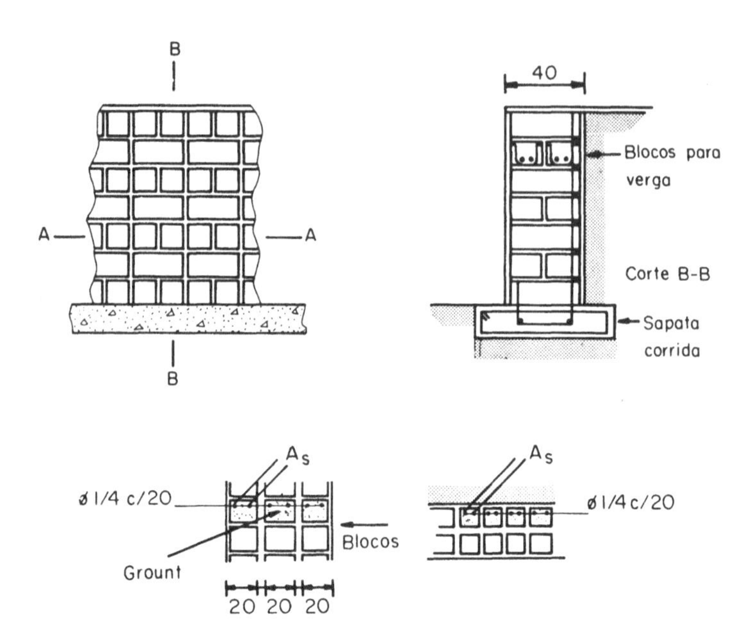

B) COM GIGANTES

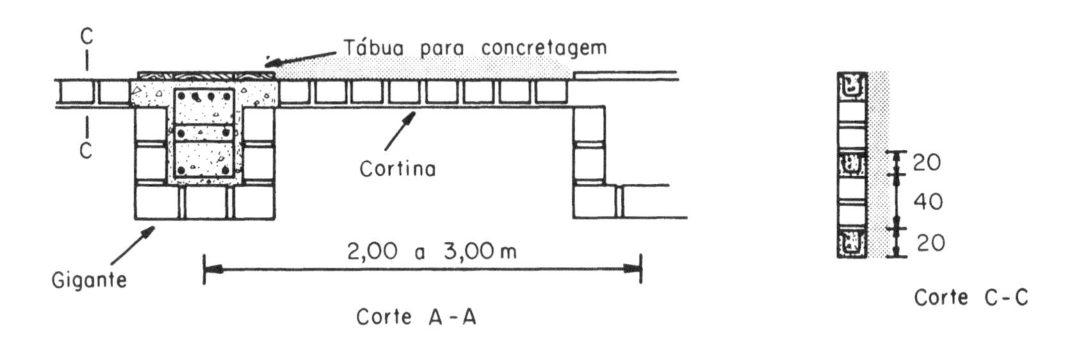

5.ª SOLUÇÃO – "CRIB – WALL"

Trata-se de um muro de arrimo por gravidade, confeccionado com peças pré-moldadas de concreto armado que, montadas, formam uma gaiola ou fogueira de elementos articulados, cujo interior é preenchido com terra devidamente compactada.

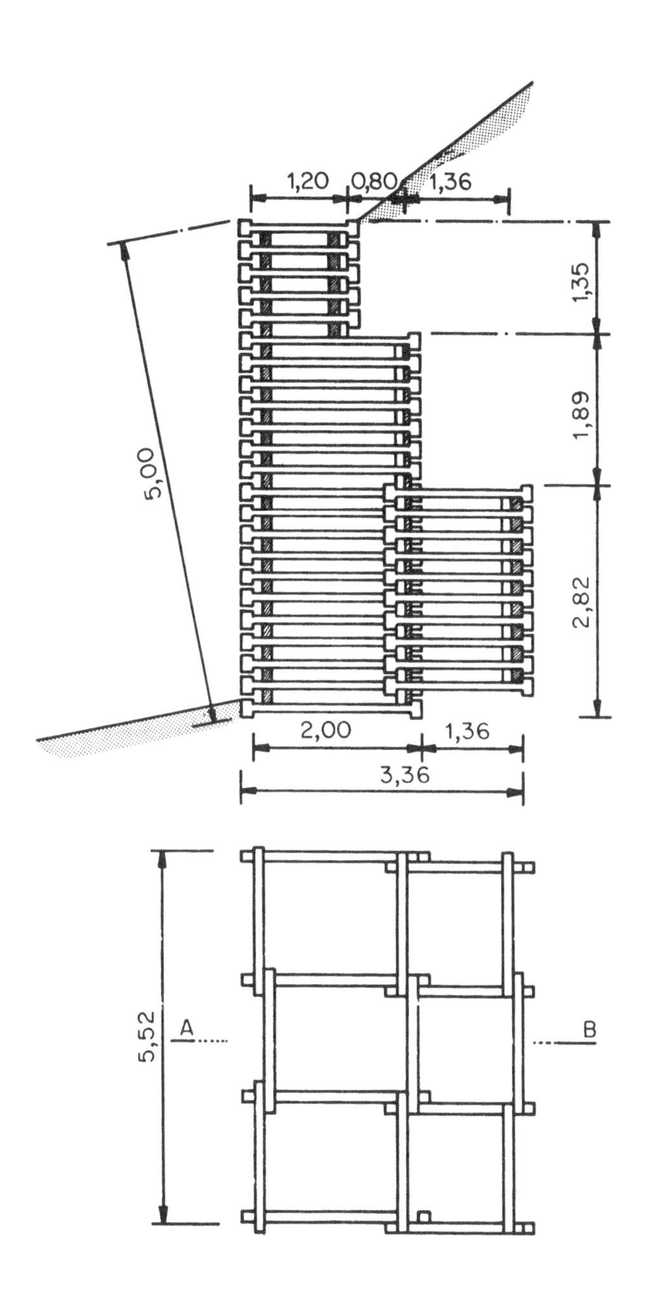
1,20
0,80
1,36
1,35
1,89
5,00
2,82
2,00
1,36
3,36
5,52
A
B

6.ª SOLUÇÃO – RIMO BLOCO

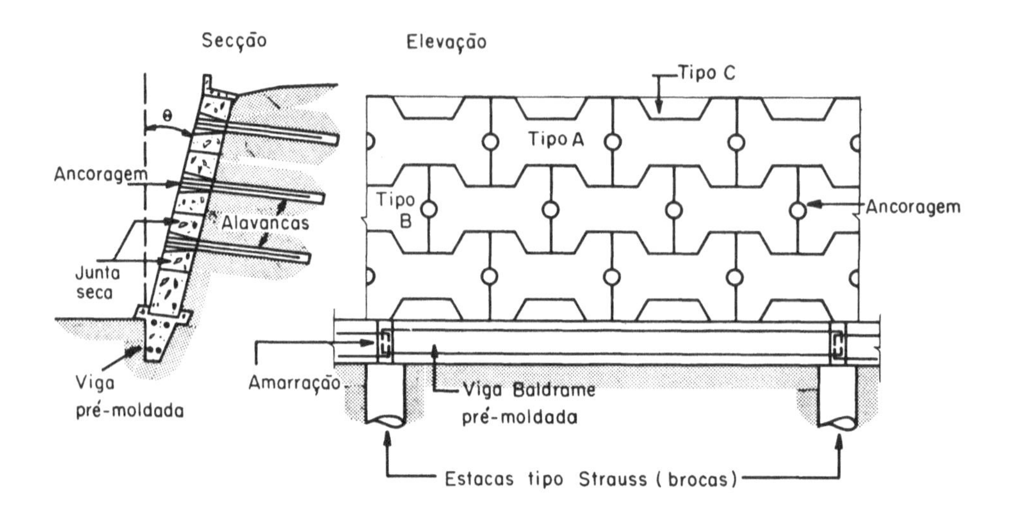

Fornecidos pelo detentor da patente:

Blocos – Tipo A, Tipo B e Tipo C.
Vigas pré-moldadas (Baldrames)
Assistência técnica
MÃO-DE-OBRA E EQUIPAMENTOS

Blocos pré-moldados com um sistema de encaixe por ajustamento das próprias peças.

Os painéis são ancorados no solo por meio de alavancas moldadas "in loco", armadas com uma barra de aço (ϕ 3/8). A amarração das alavancas nos blocos, dá-se por efeito de cunha, enchendo-se de concreto o orifício cônico entre os blocos. O solo é perfurado com trado, movido a motor elétrico.

Esta solução apresenta as seguintes vantagens:

a) redução do peso próprio em relação aos muros convencionais
b) Drenagem perfeita
c) Acabamento perfeito apresentando a formação de mosaicos
d) Facilidade de colocação, dispensando pessoas especializadas
e) Solução econômica

Emprega-se este sistema para solucionar problemas de execução de muros de arrimo, revestimento de taludes e de canais.

Desvantagens – Não existe uma metodologia teórica para quantificar os esforços e demonstrar a estabilidade; trata-se portanto de uma solução eminentemente empírica, baseada na experiência da firma detentora da patente.

7.ª SOLUÇÃO – TERRA ARMADA (TERRE ARMÉE)

Solução em princípio semelhante ao rimo bloco, porém, baseado numa metodologia de execução estudada na tècnica da Mecânica dos Solos.

Utilizadas também para construção de muros de arrimo, encontros de viadutos e revestimentos de taludes e canais.

São fornecidas placas pré-moldadas, com encaixe próprio e contendo uma tira de aço galvanizado.

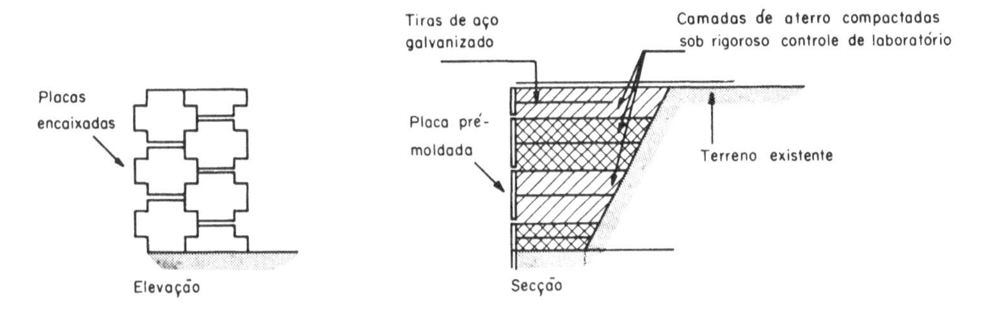

A aderência das tiras de aço com o solo, garantem a estabilidade das placas. Tecnicamente a solução exige a execução de um aterro rigorosamente controlado entre o corte e o tardoz junto as placas. A pesquisa sobre o assunto foi desenvolvida pelo Laboratório Central da des Ponts et Chaussees.

8.ª SOLUÇÃO – ESTACA RAIZ (PALI RADICE)

Baseada na análise da estabilidade da árvore, garantida pela penetração das raízes, a firma italiana Fondedile S.p.A., patenteou esse sistema de contenção de taludes, utilizado também como tipo de fundação ou para consolidação de estruturas quando as estacas de grande diâmetro se tornam inexeqüíveis.

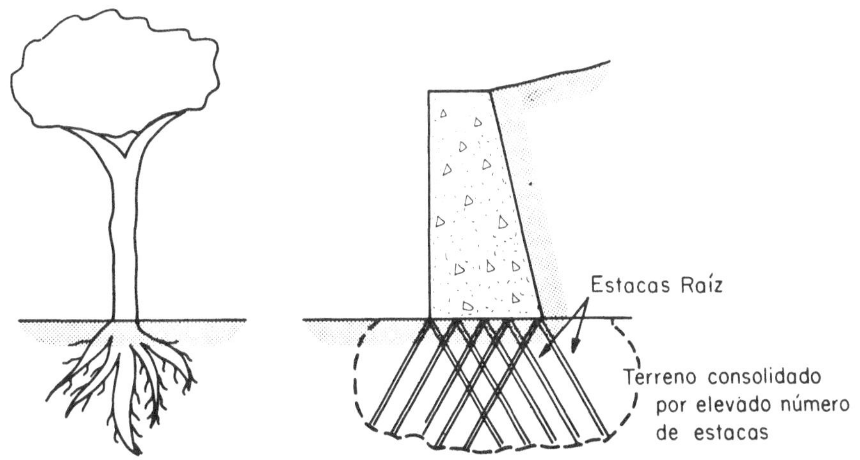

Genericamente, o sistema consiste em perfurar o terreno com equipamento rotativo $\phi = 4''$, revestindo o furo com tubo plástico; depois é introduzido um vergalhão de aço. Segue-se injeção de argamassa de cimento, e recuperação da camisa de tubo plástico, à medida que a penetração da argamassa avança no sub-solo.

O conjunto de inúmeras estacas executadas no local da obra, resulta numa consolidação do solo circunvizinho, que poderá ser confirmada por meio de provas de carga. Apresentam também como grande vantagem a possibilidade da execução em qualquer inclinação para absorver esforços horizontais. Logicamente, uma estaca isolada desse sistema apresentará pequena capacidade de carga, mas o conjunto de várias estacas nos levará a alcançar o objetivo desejado.

9.ª SOLUÇÃO – PAREDES DIAFRAGMAS

Originariamente empregadas na construção dos diafragmas das barragens de terra, posteriormente estendidas para as galerias dos metropolitanos (metrô de Milão), hoje tem ampla aplicação na contenção das terras e até mesmo para suportar cargas como tipo específico de fundação.

O processo executivo, em linhas gerais, consiste na escavação de uma valeta pouco profunda ao longo do eixo do muro (valeta-guia), cujas paredes são revestidas de concreto, profundidade de pouco mais de 1,00 m. Depois enche-se a valeta com lama de perfuração, mistura de bentonita e água.

A escavação é feita com "clamshel", e constantemente a vala vai sendo cheia com a lama trixotrópica (bentonita + água), até ser atingida a profundidade indicada no projeto.

Terminada a escavação, a vala se mantém escorada com a própria lama provocando pressão hidrostática equilibrante e, ao mesmo tempo por ação química, impermeabiliza as paredes da vala.

FASES DA EXECUÇÃO – ELEVAÇÃO –

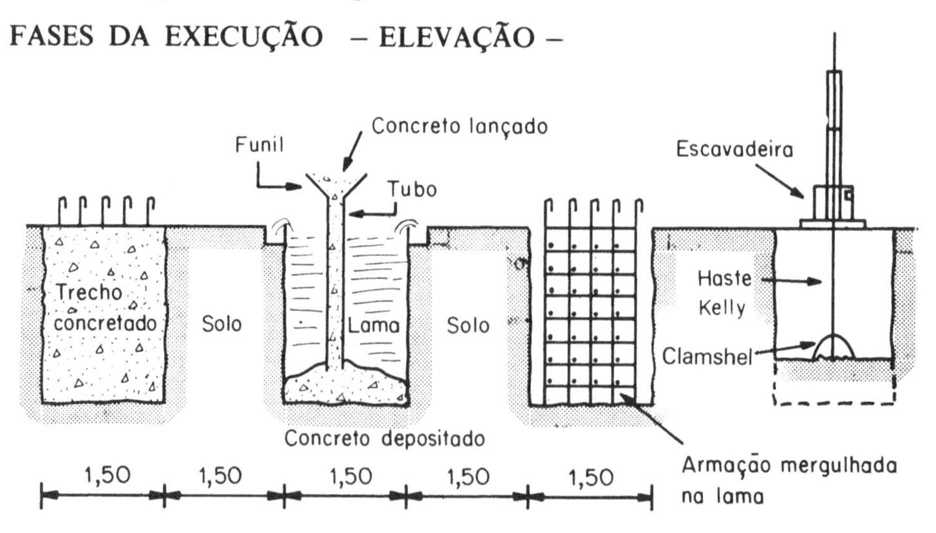

OBRA CONCLUÍDA – SECÇÃO

a) *Em consolo* b) *Atirantada*

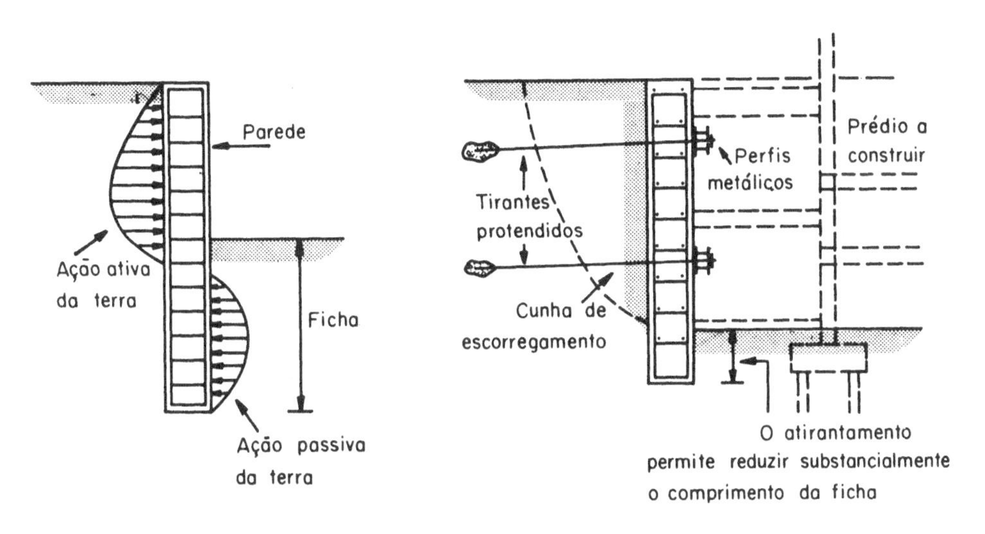

Segue a introdução da armadura, previamente montada, e em seguida lança o concreto, empregando a técnica da concretagem submersa.

A medida que o concreto imerge, a lama de menor peso específico aflora na superfície, sendo quase que totalmente recuperada para posterior reaproveitamento. Executam-se painéis de 1,50 m de extensão, com largura variando de 0,40 a 0,90 m.

Após a concretagem de toda a extensão da parede, pode-se iniciar o desaterro objeto do projeto.

10.ª SOLUÇÃO – CORTINA ATIRANTADA POR CABOS PROTENDIDOS

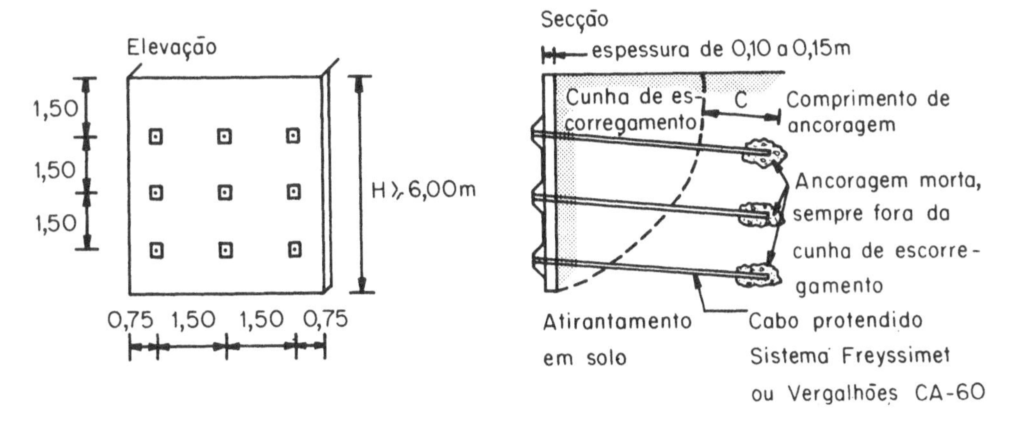

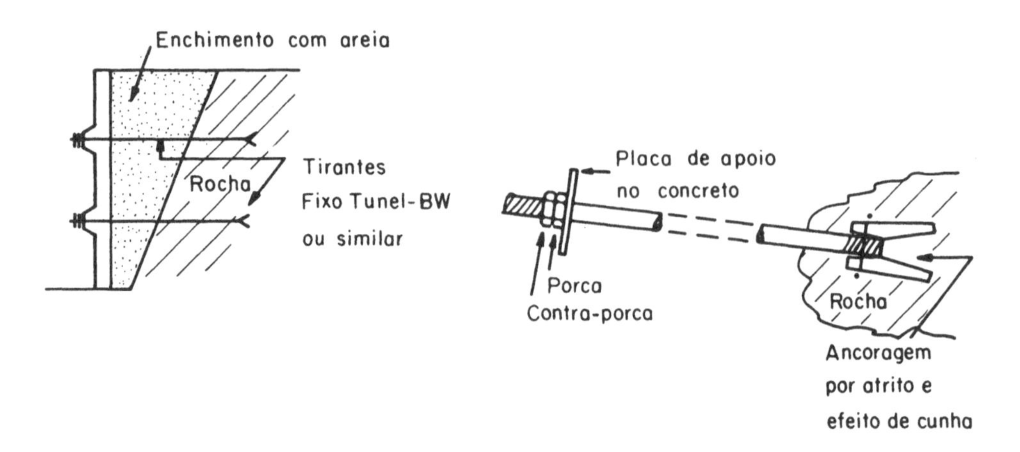

CASO PARTICULAR

Proteção de taludes – Material de alteração de rocha e rocha fraturada

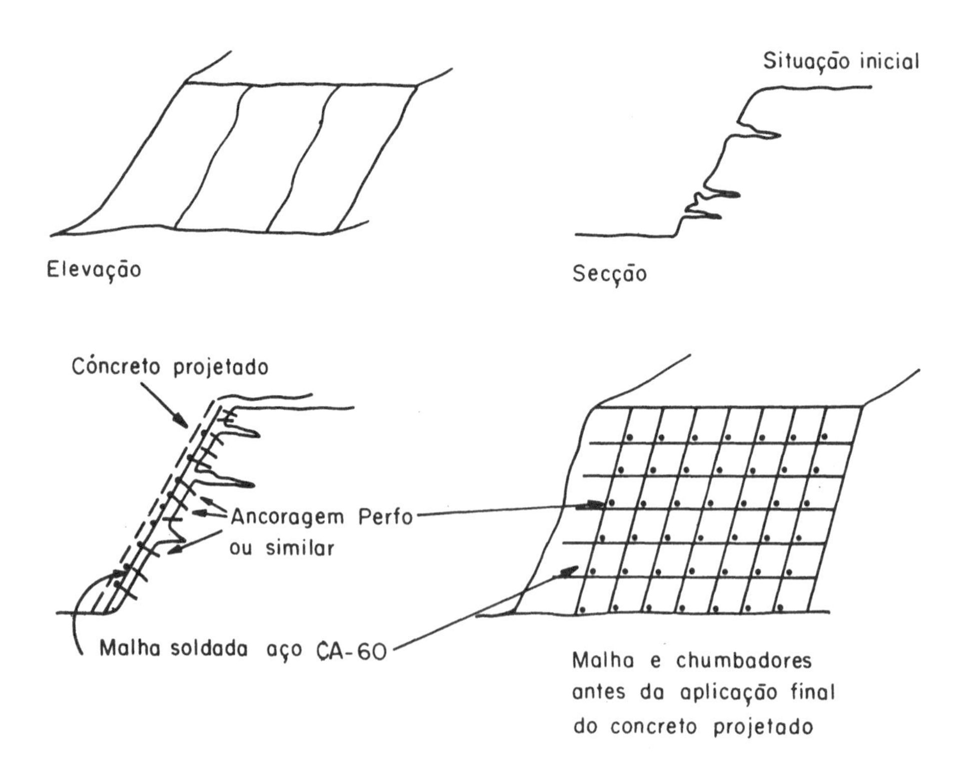

Para maiores esclarecimentos sobre a matéria, consultar Publicação n.º 338 do IPR – Trabalho do Prof. Costa Nunes.

11.ª SOLUÇÃO – GIGANTES DE PERFIS METÁLICOS E CORTINA DE CONCRETO OU MADEIRA

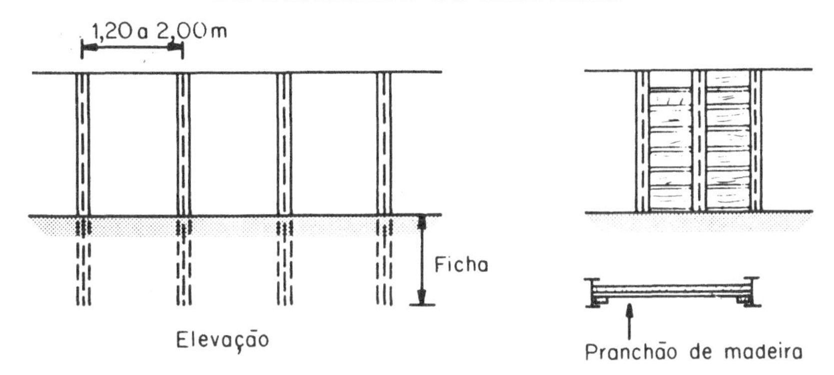

Notas:

1) Empregamos pranchões de madeira no caso de escoramentos provisórios.

2) Para se reduzir o comprimento da ficha de cravação, os perfis podem ser atirantados.

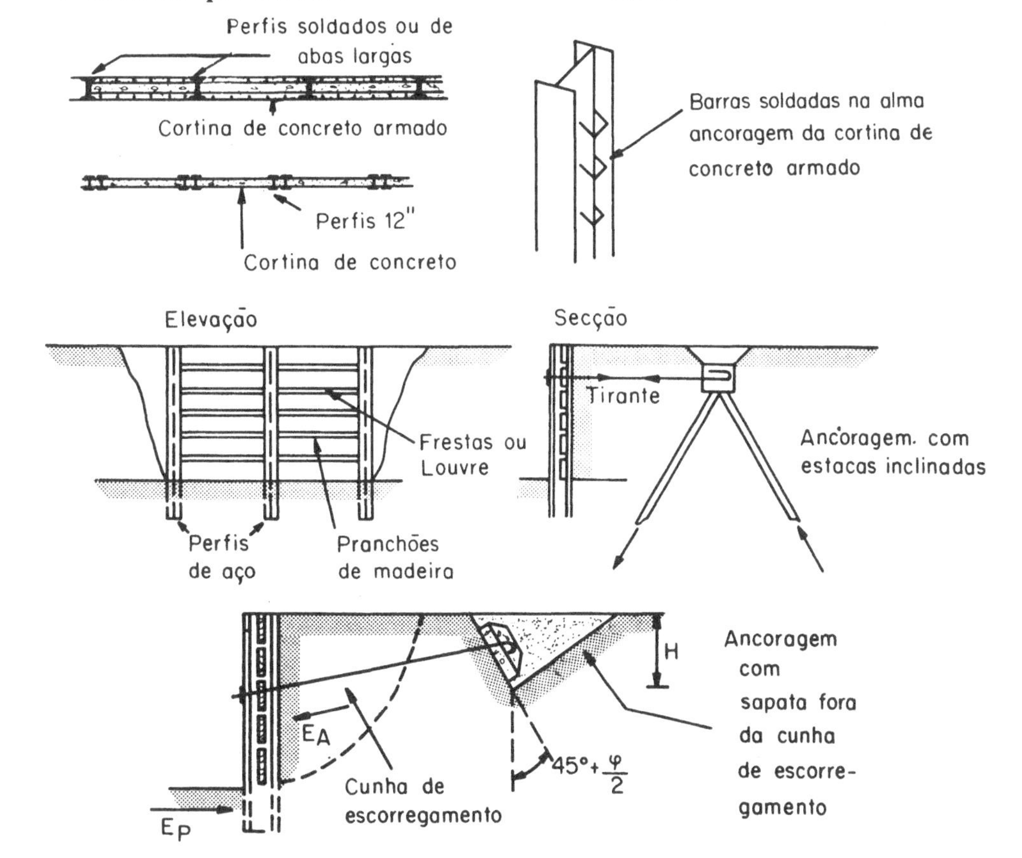

12.ª SOLUÇÃO – ESTACAS PRANCHAS METÁLICAS

Conhecidas no passado como estacas "Larsen", eram perfis especiais laminados com ranhuras para acoplamento entre si, mantendo-se no prumo durante a cravação e permitindo perfeita estanqueidade da escavação. Hoje empregamos estacas similares de perfis de chapa dobrada a frio, conhecidas comercialmente como tipo ARMCO, embora existam várias outras similares. As estacas pranchas de aço são cravadas com martelo de ar comprimido ou de vibração.

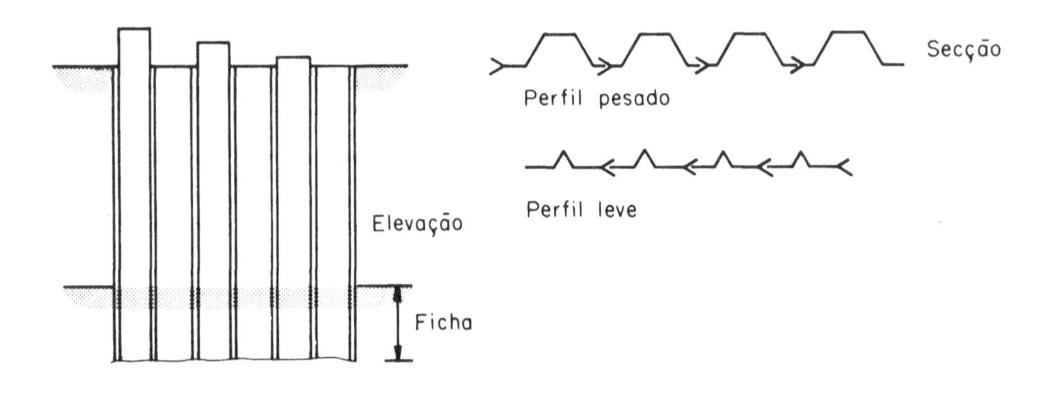

CÁLCULO DE ESTACAS PRANCHAS

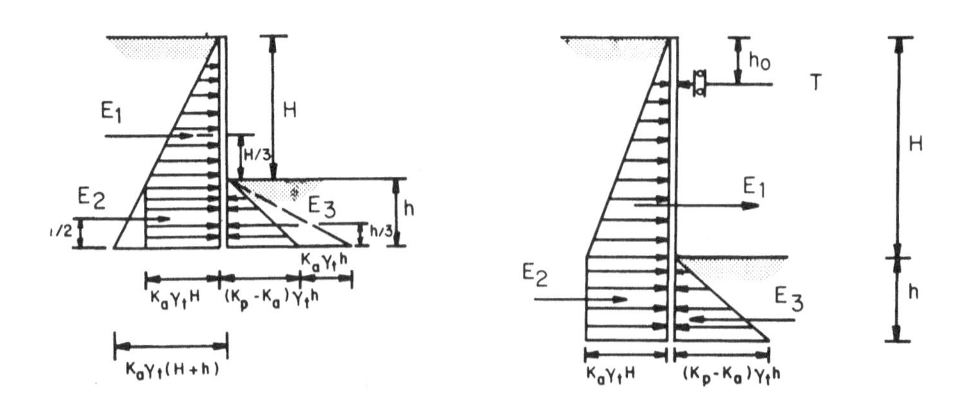

MOMENTOS FLETORES

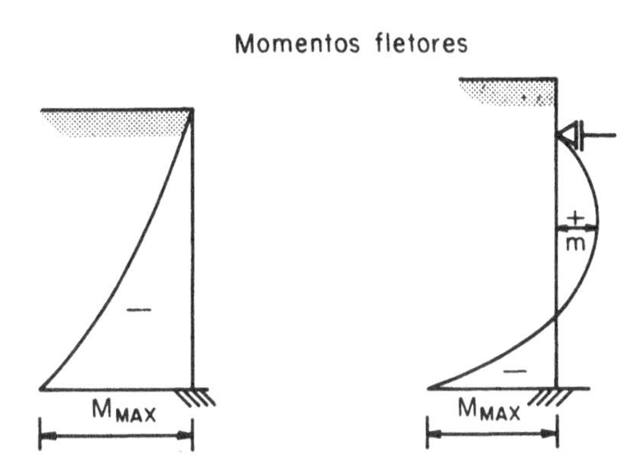

13.ª SOLUÇÃO – PAREDES DE ESTACÕES OU TUBULÕES

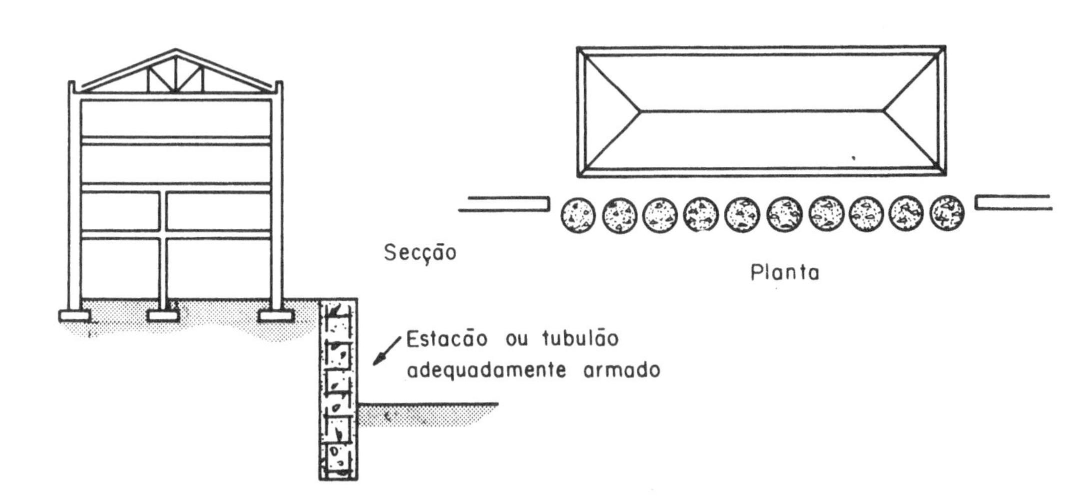

Empregam-se tubulões a céu aberto ou por meio de cravação de camisa de aço, cheia de bentonita, ou mesmo estacas com diâmetro ⩾ 0,70 m, quando se torna necessário, além de arrimar a terra, escorar uma construção de porte razoável, com fundação rasa e influenciada pela cunha de escorregamento. O cálculo das armações dessas peças depende da quantificação do empuxo da terra.

14.ª SOLUÇÃO – GABIÕES

Constitui um elemento estrutural que funciona por gravidade.

Foi utilizado durante muito tempo como solução para desvio dos cursos dos rios e fechamentos das ensecadeiras nas obras de construção de barragens.

Hoje o seu emprego diversificou, encontrando acolhida na execução de muros de arrimo, proteção de margens de rios, revestimento de canais e em obras de emergência para contenção de encostas.

Trata-se de um cestão de arame zincado a fogo, ou mesmo arame revestido com PVC. O cestão é cheio de pedra de mão ou seixos rolados de grande diâmetro. O empilhamento de várias cestas forma um maciço em condições de resistir esforços horizontais, devido o seu elevado peso próprio que se consegue com o empilhamento adequado ao problema.

Se, durante vários anos de existência, começar a ocorrer a corrosão dos arames, pode-se aplicar um jateamento de argamassa de cimento e areia no local, transformando-se o maciço de alvenaria de pedra seca em concreto ciclópico.

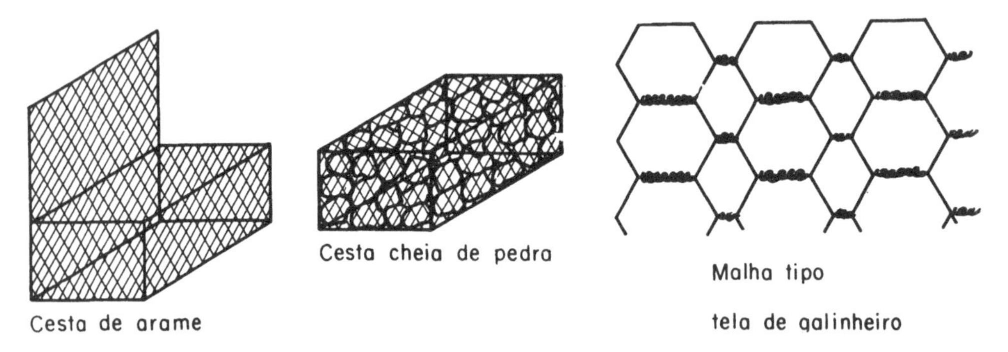

MURO DE ARRIMO

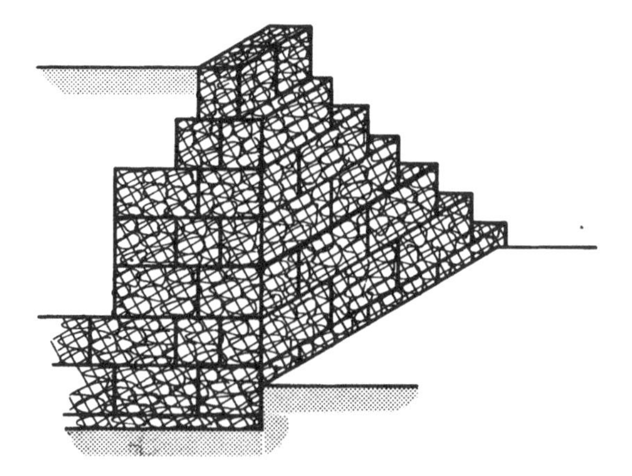

15.ª SOLUÇÃO – SACOS DE SOLO-CIMENTO

Sacos de papel kraft ou sacos de plástico, cheios de solo-cimento no teor de 8 a 10% de cimento, convenientemente empilhados, de cuja composição resulta um maciço funcionando por gravidade.

Esta opção tem a grande vantagem de ser conhecido o peso unitário dos vários sacos e, conseqüentemente, conduz o cálculo da estabilidade de maneira mais criteriosa quanto ao aspecto técnico e tem sido empregados sacos para capacidade de 35 ℓts (60 kg).

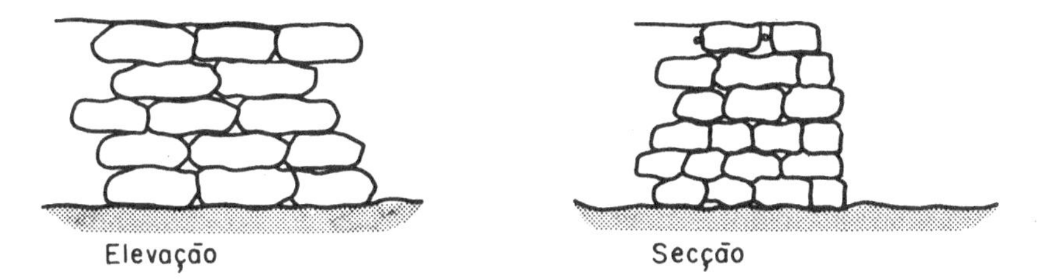

Apêndices

A 1 – SONDAGENS
A 2 – PREVISÃO APROXIMADA DAS CARGAS ADMISSÍVEIS PARA FUNDAÇÕES
A 3 – FUNDAÇÕES SOBRE ESTACAS
A 4 – ESTACAS INCLINADAS – SOLUÇÃO GRÁFICA
A 5 – DETERMINAÇÃO DO COMPRIMENTO DAS ESTACAS
A 6 – PARÂMETROS PARA O CÁLCULO DO EMPUXO
A 7 – ESTUDO COMPARATIVO DE CUSTOS
A 8 – ACIDENTES
A 9 – CORTINA LIGADA ÀS ESTRUTURAS DE EDIFÍCIOS
A 10 – ÁBACO PARA VERIFICAÇÃO DAS ESTACAS DE CONCRETO CENTRIFUGADO SCAC.
A 11 – FLEXÃO NORMAL

A1 – SONDAGENS

É indispensável, qualquer que seja a importância do arrimo, desde 2,00 m de altura até 20,00 m, obtermos 3 (três) ou mais furos de sondagem do local do muro ou cortina.

Recomendo usualmente 3 furos no mínimo, sendo 2 alinhados e o 3.º desalinhado.

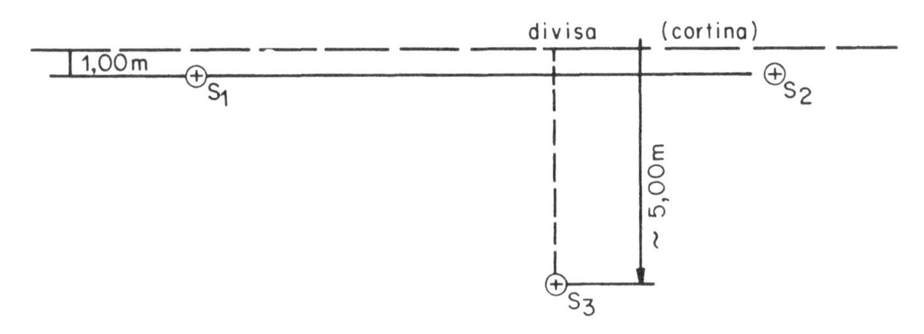

Resultado:
Perfis prováveis

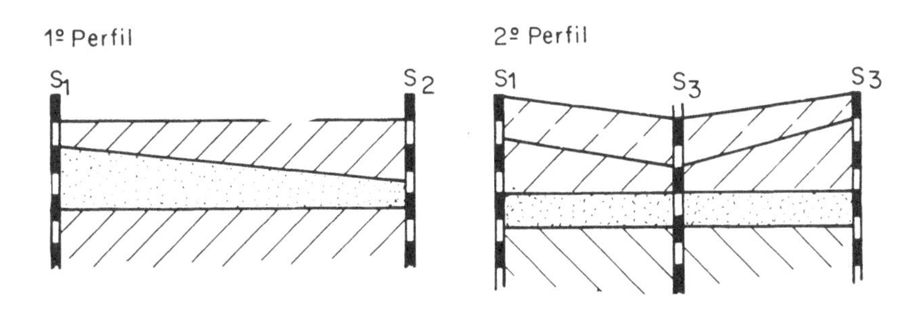

Havendo possibilidade – executar 4 furos.

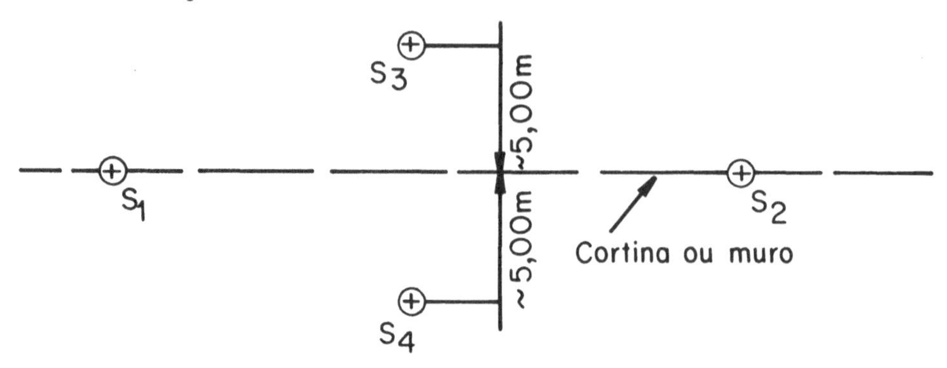

Tenho por convicção não aceitar interpolações e jamais extrapolações, pois isto é assunto da competência de geólogo. Entendo que o número de sondagens nos muros ou cortinas não foi objeto de consideração da NB – 12 (n.º de furos mínimos, um para cada 200 m^2 de área construída, etc.). O muro de arrimo ou cortina é uma obra de arte, caracteristicamente materializada num local determinado pela arquitetura.

A2 – PREVISÃO APROXIMADA DAS CARGAS ADMISSÍVEIS PARA FUNDAÇÕES

Evidentemente o critério IRP (índice de resistência a penetração) nos apresenta um valor estimativo da grandeza da taxa do terreno; o valor mais próximo da realidade deve ser obtido através de provas de carga.

É importantíssimo ao ser examinada a sondagem, ter conhecimento do tipo de amostrador que foi utilizado; lembro que as firmas de sondagens devem declarar no relatório o tipo de amostrador empregado.

TABELA 1 – TAXA DO TERRENO – IPT

Taxa admissível – Fundação direta.
Amostrador IPT – Resistência à penetração.

Solo	Número de golpes IRP		Características físicas		Pressão admissível $\bar{\sigma}_s$... kgf/cm^2
Argilas	< 4	Consistências	mole		< 1,0
	4 – 8		média		1,0 – 2,0
	8 – 15		rija		2,0 – 3,5
	> 15		dura		> 3,5

TABELA 1 – (Cont.)

Solo	Número de golpes IRP		Características físicas		Pressão admissível $\bar{\sigma}^s$ ... kgf/cm²
Areias	< 5	Compacidade	fofa		finas < 1,0 grossas < 4,5
	5 – 10		média		finas 1,0 – 2,5 grossas 1,0 – 3,0
	10 – 25		compacta		finas 2,5 – 5 grossas 3,0 – 5
	> 25		muito compacta		> 5
Rochas alteradas	Amostrador impenetrável somente com rotativa	Dureza	mole		< 4
			média		4 – 8
			dura		> 8

Manual Globo – 4.° volume – Edição 1955

TABELA 2 – CORRELAÇÃO DE OUTROS AMOSTRADORES EM RELAÇÃO AO AMOSTRADOR I.P.T.

Solo	Denominação	Mohr-geotécnica ϕ_e = 41 mm ϕ_i = 25 mm	Terzaghi-Peck ϕ_e = 51 mm ϕ_i = 35 mm	IPT $\phi_e \doteq$ 45 mm ϕ_i = 38 mm
Compacidade de areias e siltes arenosos	Fofa	≤ 2	≤ 4	< 5
	Pouco compacta	3 – 5	5 – 5	–
	Med. compacta	6 – 11	9 – 18	5 – 10
	Compacta	12 – 24	19 – 41	11 – 25
	Muito compacta	> 24	> 41	> 25
Consistência de argilas e siltes argilosos	Muito mole	< 1	< 2	–
	Mole	1 – 3	2 – 5	< 4
	Média	4 – 6	6 – 10	4 – 8
	Rija	7 – 11	11 – 19	8 – 15
	Dura	> 11	> 19	> 15

Nota:

Kerr
Sobraf
→ 2 × IRP (Mohr-Geot.)

EESC – Eng.° Nelson Silveira de Godoy

Caso o amostrador indicado no perfil não for do tipo IPT, deve-se recorrer à Tabela 2.

Exemplo – Suponhamos que se deseje saber a tensão admissível numa camada de areia, granulação média, compacta à resistência e penetração indicando 12 golpes. Amostrador "SPT" (Standart Penetration Test) ou também conhecida como Terzaghi – Peck.

Solução pela Tabela 2

– Areias e siltes – SPT entre 8 e 18 = IPT 5-10 golpes
– Taxa admissível segundo o IPT. – Tabela 1
– Areias entre 5 a 10 golpes equivale a:

areias de grãos finos σ_s = 1,0 a 2,5 kgf/cm^2
areias de grãos grossos σ_s = 1,0 a 3,0 kgf/cm^2

Como margem de segurança, adotamos:

$\bar{\sigma}_s = 2$ kgf/cm^2

Observação:

1) O amostrador SPT vem sendo cada vez mais difundido, visto que a maioria das novas firmas de sondagens o estão adotando. Já se estabeleceu um coeficiente prático de equivalência: SPT $\approx$ 1,6 IPT. Recomendamos, portanto, atenção no exame do assunto.

2) Alguns especialistas são frontalmente contrários à fixação da taxa admissível pelo IRP, principalmente se houver ocorrência do nível freático (problema da pressão neutra, mascarando o resultado obtido pelo número de golpes).

OUTROS CRITÉRIOS PARA ESTIMATIVA DA TAXA DO TERRENO – FUNDAÇÃO DIRETA

a) Experiências do IPT pelo Prof. Milton Vargas, 1955.

$$\bar{\sigma}_s = \frac{IPT}{4}$$

Para 5 < IPT < 16
Para IPT < 5, não usar fundação direta
Para IPT > 16 adotar $\bar{\sigma}_s$ = 4 kgf/cm^2

b) Experiências da Geotécnica – Prof. Alberto Teixeira – Amostrador Mohr-Geotécnica.

Para as argilas pré-adensadas da cidade de São Paulo.

$$\bar{\sigma}_s = \frac{IRP}{3} (MG)$$

Para 4 < IRP < 12
IRP < 4, não usar fundação direta
IRP > 12, adotar $\bar{\sigma}_s$ = 4 kgf/cm^2

Fundação profunda, adotar

$$\sigma_s = 4\,\text{kgf/cm}^2$$

c) $\bar{\sigma}_s = \dfrac{\text{SPT}}{5} \leqslant 4\,\text{kgf/cm}^2$ Válido para SPT $\geqslant 6$

Nota geral:

1) Os valores sugeridos são para as sapatas enterradas em pelo menos 1,00 m do terreno.

2) Na avaliação do IRP, deve-se tomar a média dos valores anotados; considerar-se o dobro da largura da sapata, abaixo da cota prevista, dando peso 2 ao primeiro valor da IRP.

Exemplo:

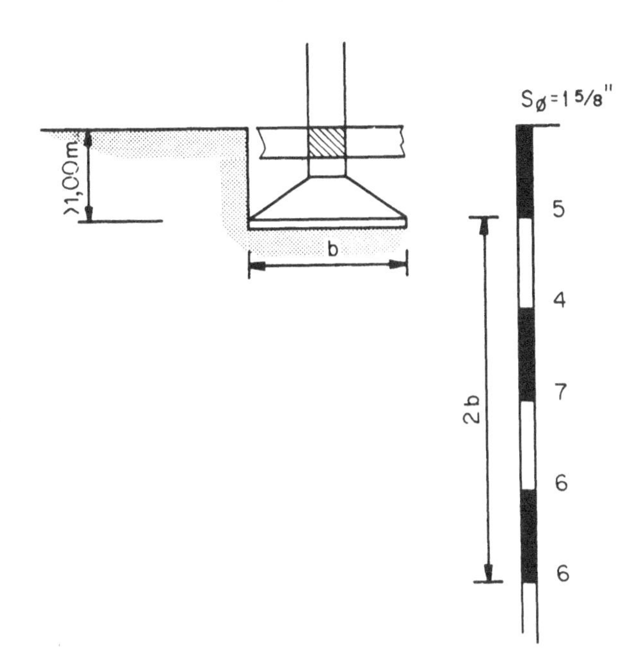

areia de granulação variada, argilosa, pouco siltosa, medianamente compacta. IRP - 6,75 ~ 6 golpes procura-se a taxa para 6 golpes correspondente ao amostrador especificado.

Temos na Tabela 2, que o Amostrador Mohr-Geotécnica de 6 a 11 golpes corresponde ao amostrador IPT de 5 a 10 golpes. Pela taxa admissível, segundo o IPT, areias com 5 – 10 golpes, $\bar{\sigma}_s = 1{,}0$ a $2{,}5\,\text{kgf/cm}^2$ como temos argila e siltes, também segundo IPT, para argilas com 4 a 8 golpes, $\bar{\sigma}_s = 1{,}0$ e 2 kgf/cm2.

Poderíamos admitir 2 kgf/cm^2, mas convém adotar $\bar{\sigma}_s = 1{,}5\,\text{kgf/cm}^2$, assim ficando mais seguro contra o recalque devido a presença da argila, visto a fundação ser rasa (sem pré-adensamento).

3) Critério expedido – Recomendado pelo Corpo de Engenheiro do Exército dos E.U.A.

TABELA PARA CALCULAR A RESISTÊNCIA DE SOLOS COESIVOS

Consistência	kg/cm²	Identificação no campo	penetração da ferramenta-padrão – golpes por pé (30,5 cm)
Muito mole	< 0,25	o punho fechado penetra facilmente algumas polegadas.	< 2
Mole	0,25-0,50	o dedo polegar penetra facilmente algumas polegadas.	2-4
Média	0,5-1,0	o dedo polegar pode penetrar algumas polegadas com esforço moderado.	5-8
Consistente	1,0-2,0	facilmente marcado pelo polegar, que só penetra com grande esforço.	9-15
Muito consistente	2,0-4,0	marca facilmente com a unha do polegar.	16-30
Dura	> 4,0	marca dificilmente com a unha do polegar.	> 30

A3 – FUNDAÇÕES SOBRE ESTACAS

Voltamos a insistir, que somente a complementação através de prova de carga permitirá adotar valores menos conservadores.

PREVISÃO DA CAPACIDADE DE CARGA

A carga admissível, como é do conhecimento geral, é dada pela soma das duas parcelas.

$Q = S_{Lf} + R_p$
Q – Carga vertical admissível
S_{Lf} = Área lateral da estaca
R_p = Resistência de ponta
f... Atrito estaca – solo

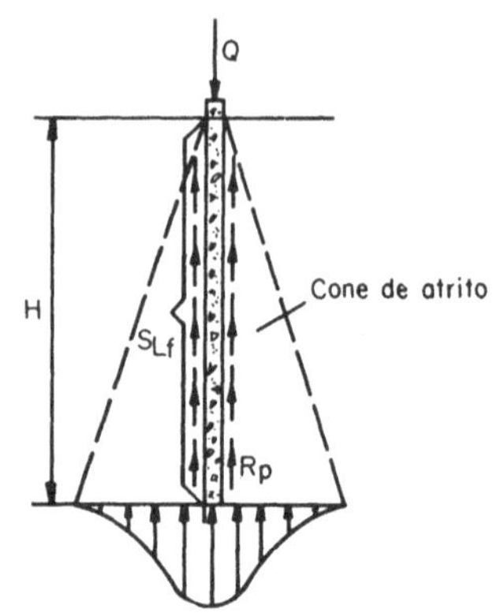

Valores admissíveis – Manual Globo –

Para estacas pré-moldadas de concreto ou de madeira, com seção transversal de 300 a 1 000 cm² de de 5,00 a 12,00 m de comprimento.

Tipo de solo	Consistência ou compacidade	Atrito lateral $f \ldots t(\text{rf/m}^2)$ *	Resistência de (tf) ponta R_p
Pedregulhos e areias	médias	≈ 2 a 4	≈ 10
	compactas	4	≈ 20
Argila	moles	1	0
	médias	1 a 3	0
	rijas e duras	3 a 5	≈ 5

* – Depende da coesão nas argilas.

O grande problema para a utilização das estacas pré-moldadas é a ocorrência de "matacões" no subsolo, muitas vezes não revelados nas sondagens de percussão. Outro problema a longo prazo, é o ataque das águas agressivas.

Os valores nominais das estacas pré-moldadas de concreto, para a elaboração preliminar do projeto, podem ser aqueles publicados pelas revistas Construção em São Paulo e ou Boletim de Custos.

O projeto deve ser sempre assessorado ou examinado por um especialista de fundações, dadas as várias implicações de ordem executiva que normalmente ocorrem, tais como quebra da estaca, desaprumo, ocorrência de matacões, medição errônea da nega, fixação da energia de cravação ou tipo de bate-estaca, necessidade de recravação em areia, e prova de carga quando houver qualquer dúvida, etc.

ESTACAS METÁLICAS

A experiência com estacas metálicas, de perfil de aço ou tubados (tubos de aço cheios de concreto), está praticamente com o acervo de conhecimentos enfeixados nas mãos de alguns poucos executores e consultores de fundações.

Algumas informações:

Trilhos soldados

(Em obras de responsabilidade, não permitir o uso de trilhos usados devido ao problema da fadiga).

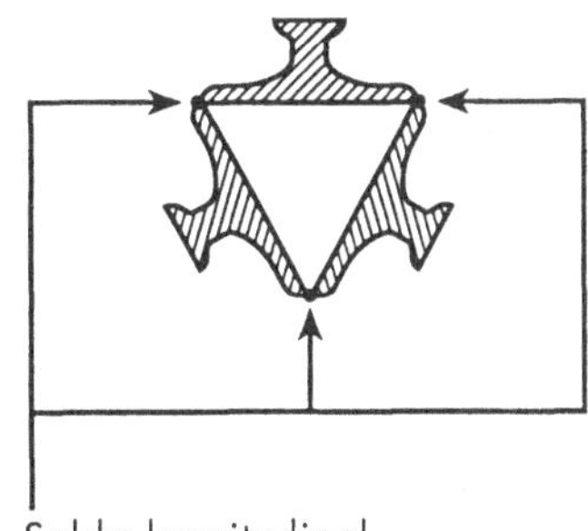

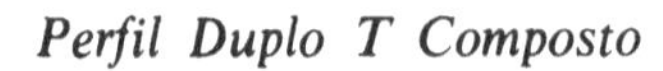

Perfil Duplo T Composto

10″ → $Q = 80$ tf
12″ → $Q = 130$ tf
15″ → $Q = 150$ tf

Perfil *H* soldado – Inércia equivalente aos duplos T compostos.

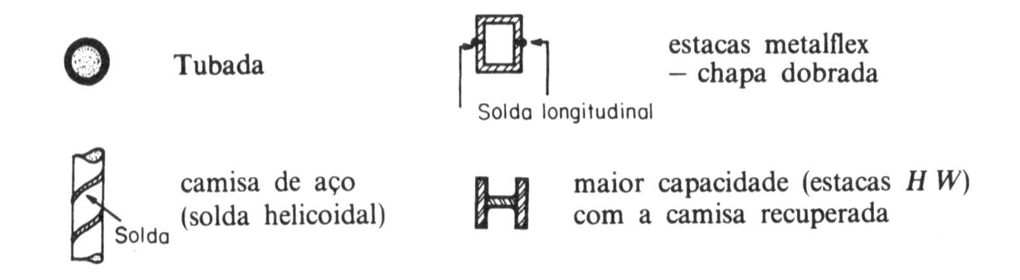

No efeito previsto de corrosão normal nas estacas, considera-se a perda de espessura de 1/16″ a 1/8″ (1,5 a 3 mm), isto sem a presença de um meio onde possam existir águas agressivas.

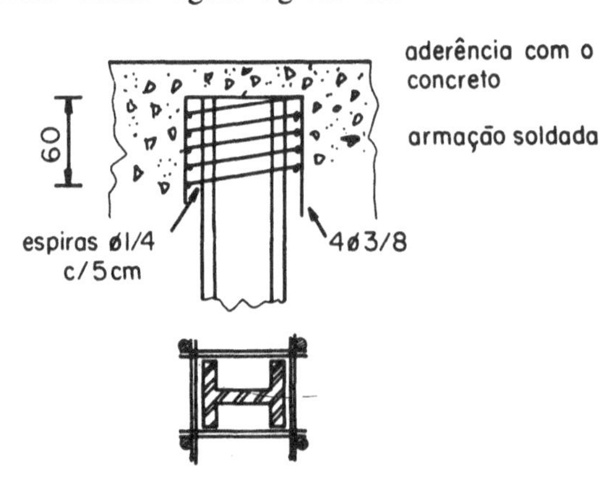

Estacas de concreto centrifugado "SCAC"	
øcm	carga máxima Q....tf
20	25
23	30
26	40
33	60
42	90
50	130
60	170
70	230

ESTACAS FRANKI

$\phi = 350$ mm $Q = 55$
$\phi = 400$ mm $Q = 70$
$\phi = 520$ mm $Q = 130$
$\phi = 600$ mm $Q = 170$

A4 – ESTACAS INCLINADAS

SOLUÇÃO GRÁFICA DE CULMANN

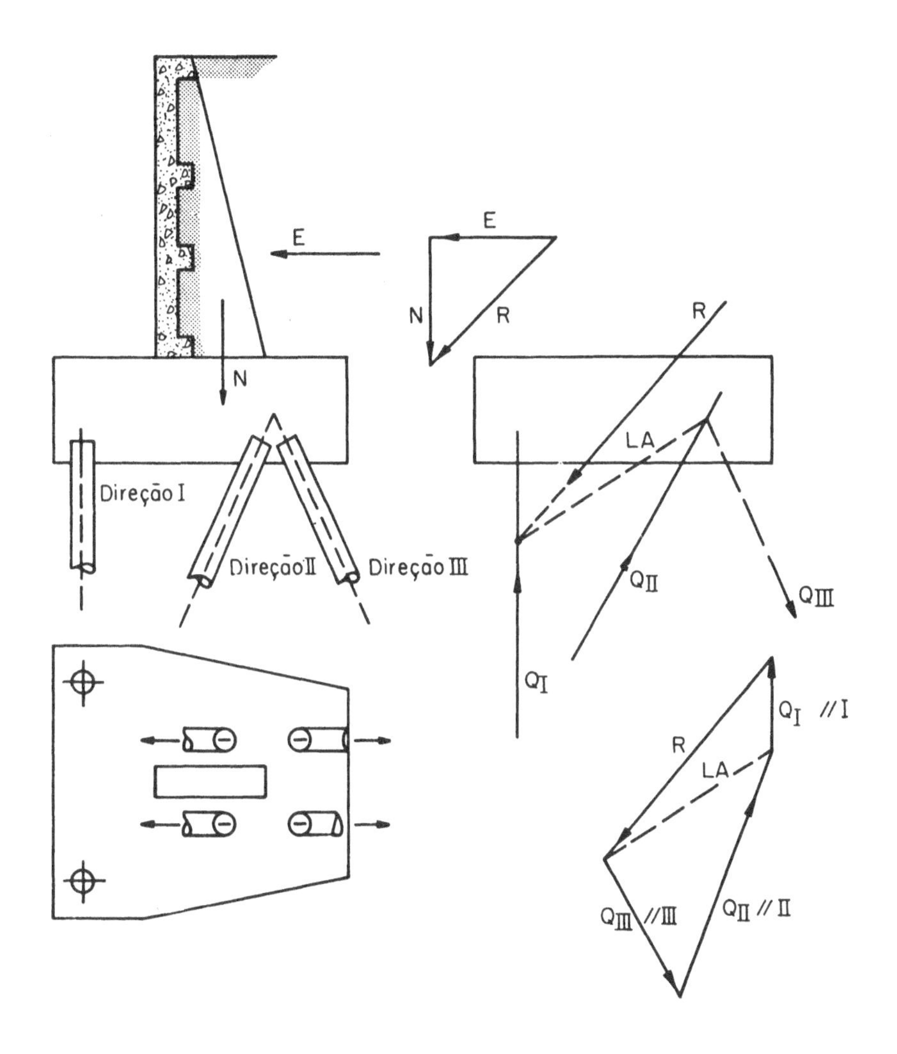

Direção I e Direção II
Compressão nas estacas
Direção III... Tração nas estacas

A solução com estacas inclinadas é absolutamente convincente estaticamente, mas nos levará a uma maior quantidade de estacas, e os empreiteiros de cravação oferecem grande oposição a este tipo de serviço com estacas inclinadas (inclinação de 10° a 20° ainda é considerada razoável; normalmente adota-se 14° a 15°).

N.º de estacas: na direção I... $n_I = \frac{Q_I}{Q_c}$ ... compressão

na direção II... $n_{II} = \frac{Q_{II}}{Q_c}$ ... compressão

na direção III... $n_{III} = \frac{Q_{III}}{Q_t}$ ... tração

Q_c e Q_t – capacidade de carga das estacas, respectivamente à compressão é à tração.

A5 – DETERMINAÇÃO DO COMPRIMENTO DAS ESTACAS

1) *AVALIAÇÃO TEÓRICA*

Pode-se estimar C coesão, e φ ângulo de atrito interno, a partir do IRP, e substituir nas fórmulas teóricas da resistência de ponta e resistência de atrito lateral.

2) *EXPERIÊNCIA DO IPT* – (Manual Globo – volume IV).

Trabalhos elaborados pelo IPT, observando o IRP, concluiram:

a) Estacas Franki – $\phi = 400$ a 520 mm, martelo de 2 a 3 tf, caindo de 1,00 m, camadas de penetração da ordem de 10 golpes por 30 cm.

b) Estacas pré-moldadas de concreto, com 500 a 1000 cm^2 de seção, camadas de 10 a 15 golpes/30 cm.

c) Estacas de madeira $\phi = 25$ cm, cravadas com martelo de 800 kg, caindo de 1,00 m, também 10 a 15 golpes por 30 cm de penetração.

d) Excluindo estacas metálicas, mesmo forçadas, é impossível cravar estacas em camadas com penetração acima de 25 golpes/30 cm.

e) Nunca se deve cravar uma estaca, deixando abaixo da sua ponta camadas arenosas de mais de 1,00 m de espessura, com resistência a penetração menores que 5 golpes.

3) *CRAVAÇÃO DE ESTACA DE PROVA*

A estaca de prova poderá ser de madeira, desde que se correlacione a energia de cravação com a estaca do projeto. Verificar a nega de 20 a 30 mm/10 golpes.

A6 – PARÂMETROS PARA O CÁLCULO DO EMPUXO

Esses parâmetros prestam-se apenas como orientação para o ante-projeto, pois devem ser confirmados através de ensaios de laboratório e da assistência técnica de um engenheiro especializado em solos e fundações.

MATERIAIS

Argilas	Peso específico aparente do solo $\gamma_t \ldots tf/m^3$	Coesão tf/m^2 Kogler*	Ângulo de talude natural $\varphi°$	Resistência a compressão $\bar{\sigma}_s$**
Turfa	0,5 – 0,8	–	10°-18°	–
Muito mole	1,3	–	20°-30°	< 2,5
Mole	1,5	0,5	20°-30°	2,5-5
Média	1,7	5 a 10	20°-30°	5-10
Rija	1,9	argilas antigas duras = 10	20°-30°	10-20
Dura	2,1		20°-30°	40-50
Silte	1,5 – 1,8	1 a 3	30°-35°	–
Argila arenosa	1,7	2 a 5	26°-30°	–

* Sujeitos a confirmação de ensaios de laboratório
** Terzaghi — Peck — Amostra confinada tf/m^2

Areias	VALORES DE γ_t (PESO ESPECÍFICO) tf/m^3		
	fofa	medianamente compacta	compacta
seca	1,6	1,7	1,8
úmida	1,8	1,9	2,0
saturada	1,9	2,0	2,1

AREIAS $C = 0$	VALORES DE φ		
	fofa	medianamente compacta	compacta
uniforme*	27°	32°	37°
medianamente uniforme	29°	35°	41°
bem graduada	30°	37°	44°

* Mesmo tamanho dos grãos

A7 – ESTUDO COMPARATIVO DE CUSTOS

Para se opinar qual a solução mais econômica, entre as possíveis alternativas do projeto para se executar um arrimo, deveríamos elaborar todos os projetos com os seus respectivos orçamentos.

Neste particular, merece citação o trabalho publicado pelo Instituto de Pesquisas Rodoviárias (IPR – N.º 419) de autoria do Eng.º Haroldo S. Dantas.

Esse trabalho apresenta um estudo comparativo para um muro de 7,00 metros de altura nas soluções estruturais:

a) Muro de gravidade de concreto ciclópico.

b) Muro de concreto armado com gigantes de 3,00 em 3,00 m e cortina armada em cruz.

c) Cortina atirantada em solo, tirantes de CA – 60. Para efeito comparativo e tendo em vista a época em que foram orçadas essas obras (junho/67), fixamos o índice 100 para o muro por gravidade ciclópico.

Temos:

Muro por gravidade ciclópico = 100

Muro de concreto armado c/ gigantes = 120

Cortina atirantada em solo = 90

COMPARAÇÃO ENTRE A CORTINA ATIRANTADA E O MURO POR GRAVIDADE DE CONCRETO CICLÓPICO

ÍNDICES	ESTRUTURAS	ALTURA (m)						
		MURO DE ALV. DE TIJOLOS	2,00	3,00	4,00	5,00	6,00	7,00
	cortina atir.		34	50	67	85	90	100
	muro ciclópico		15	25	40	60	70	100
	cort. atir. para muro ciclópico		2,2	2,0	1,7	1,4	1,3	0,9

CONCLUSÃO – Acima de 7,00 m de altura, desde que as condições geotécnicas o permitam, a solução mais econômica é a cortina atirantada.

PORTANTO:

De 6,00 até mais de 20,00 m – Cortina atirantada

Altura de 4,00 até 6,00 m – Muro de concreto c/ gigantes

Altura até 4,00 m – Muro corrido de concreto armado

Muro por gravidade como solução executiva mais simples

A8 – CAUSA DOS ACIDENTES COM ARRIMO

De acordo com o artigo publicado pelo Prof. Costa Nunes na revista Estrutura n.º 72, tendo como fonte de consulta 300 casos examinados pelo Bureau de Securitas, a incidência ficou assim classificada:

1 – Deficiência de drenagem	33%
2 – Dimensionamento da base insuficiente	25%
3 – Insuficiência estrutural	19%
4 – Falhas de execução durante o aterro	10%
5 – Falhas nos apoios superiores ou laterais	05%
6 – Acidentes nos trabalhos	05%
7 – Causas diversas	03%
8 – Corrosão e congelamento	0%
	100%

A9 – CORTINA LIGADA ÀS ESTRUTURAS DE EDIFÍCIOS

A) *PROJETO DAS CORTINAS*

Dependendo das imposições do projeto arquitetônico, as cortinas podem ser solidárias com a estrutura ou apenas apoiadas.

Neste último caso, é mais interessante o emprego de perfis metálicos cravados com a respectiva ficha ou então cortina diafragma.

CORTINA SOLIDÁRIA COM A ESTRUTURA DO EDIFÍCIO

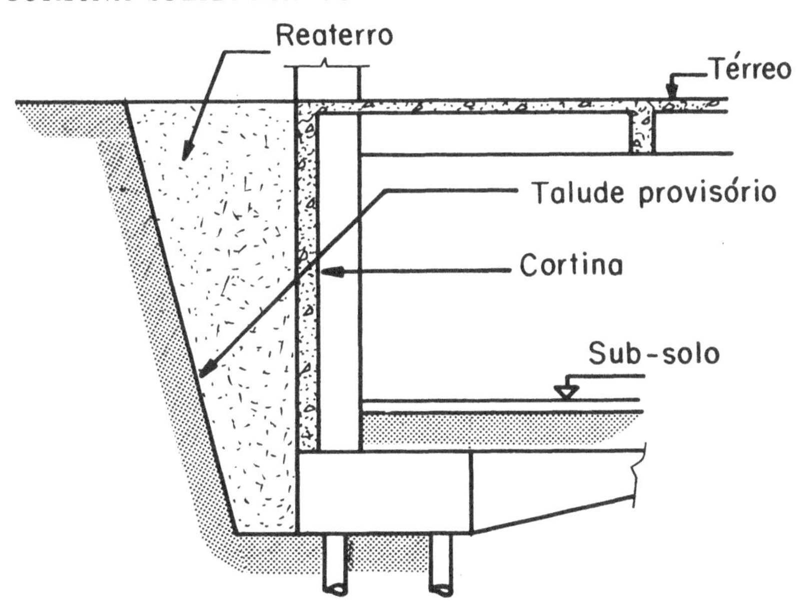

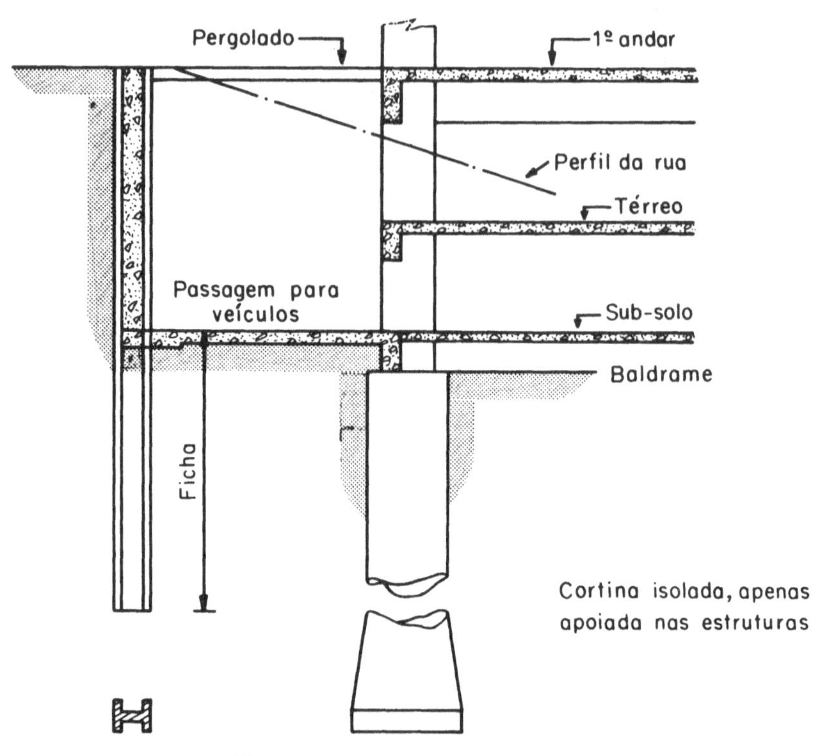

B) *DETERMINAÇÃO DA TERRA NA CORTINA*

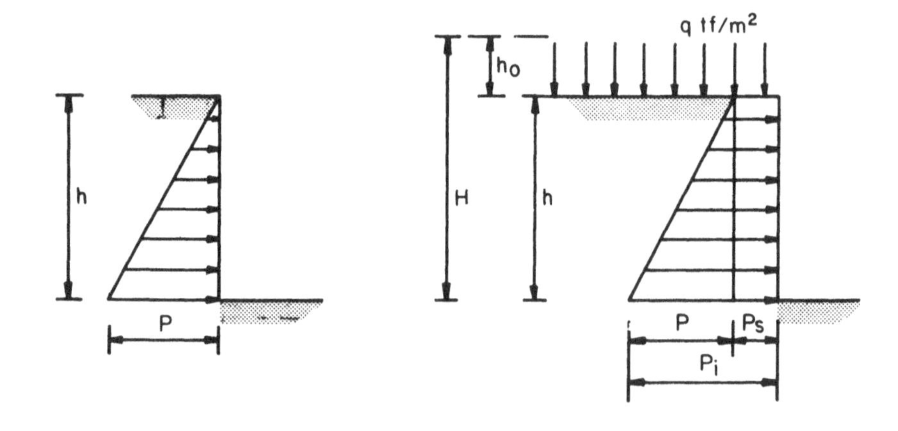

C) *ESQUEMAS ESTRUTURAIS DE ACORDO COM A ARMAÇÃO*

Após a programação executiva passamos ao esquema estrutural.

a) Cortinas armadas numa direção.

O cálculo é elaborado para a faixa de 1,00 m, como se fosse uma laje simplesmente apoiada ou contínua.

Armação na direção horizontal

Divide-se o carregamento em faixas ou adota-se a carga UNIF. para 0,6 p

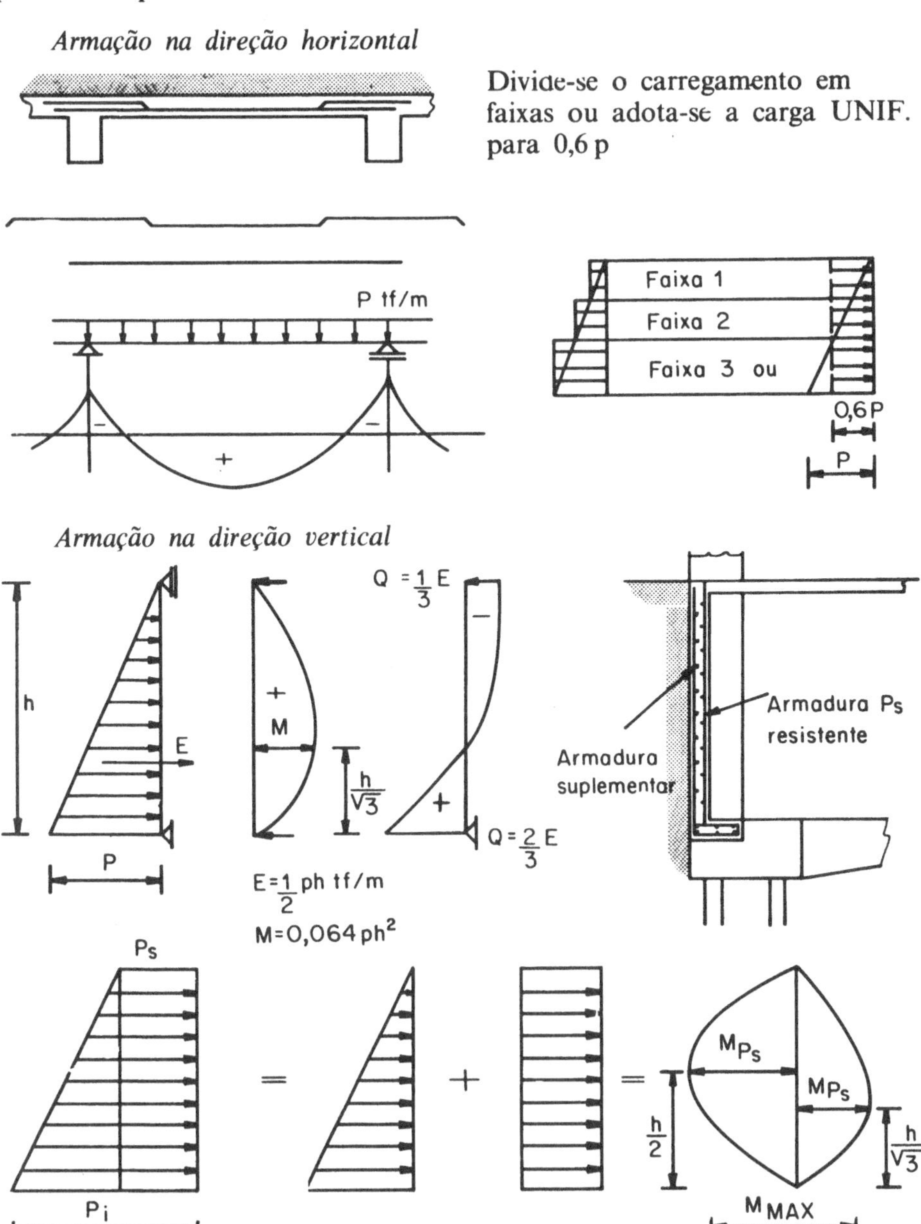

Armação em cruz

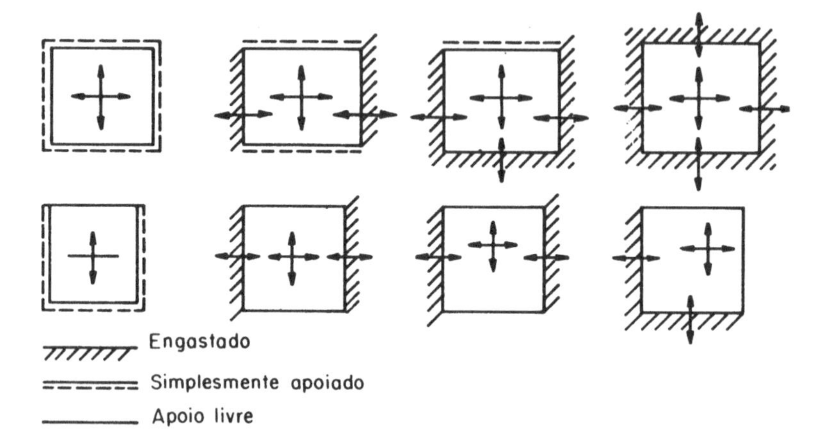

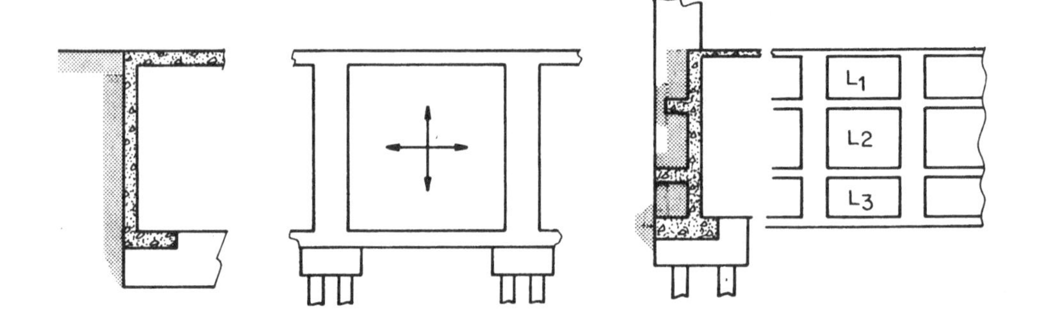

A10 – ÁBACO PARA VERIFICAÇÃO DAS ESTACAS DE CONCRETO CENTRIFUGADO SCAC

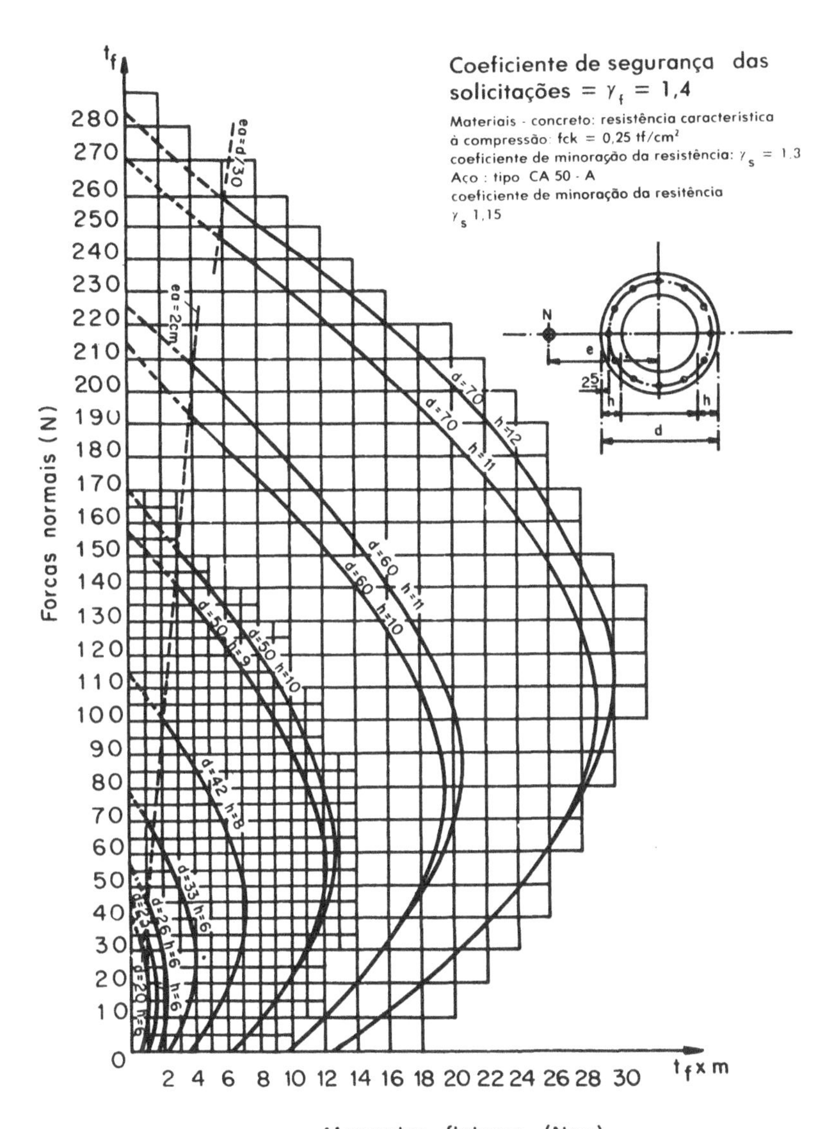

SCAC – Sociedade Concreto Armado
Centrifugado do Brasil S. A.

Diagramas de cargas normais × momentos para estacas tipo SCAC com armação padronizada

A11 – FLEXÃO NORMAL

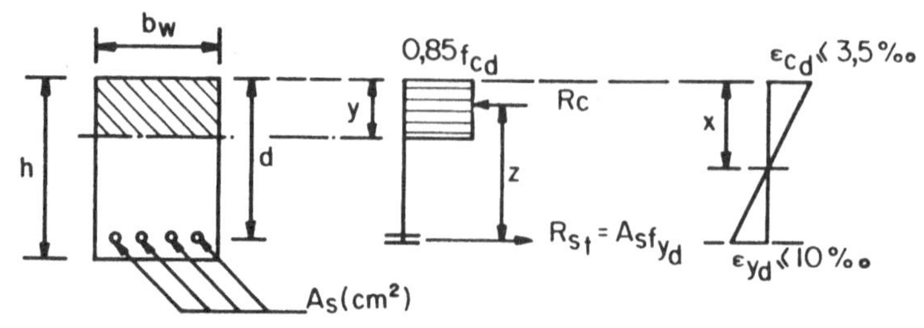

M ... Momento fletor ... cm tf
b_w ... Largura da secção ... cm
h ... Altura da secção ... cm
d ... Altura útil
A_s ... Área da secção transversal das armaduras

Coeficientes

$\gamma_c = 1{,}4$
$\gamma_s = 1{,}15$
$\gamma_f = 1{,}4$
$y = 0{,}80 \times$

} Inseridos nos elementos da tabela.

FÓRMULAS: $d = k_2 \sqrt{\dfrac{M}{b_w}}$ $A_s = k_3 \dfrac{M}{d}$ $z = k_z d$ $M = \dfrac{b_w d^2}{k_6}$

$\therefore$ $k_6 = (k_2)^2$ $y = k_y d$ AÇO ... CA – 50 B ... $f_{yk} = 5\,000$ kp/cm²

k_y	k_z	k_3	k_2	
			f_{ck} = 135 kgf/cm²	f_{ck} = 150 kgf/cm²
0,02	0,99	0,33	30,3	28,8
0,04	0,98	0,33	21,4	20,4
0,06	0,97	0,33	17,5	16,6
0,08	0,96	0,34	15,1	14,4
0,10	0,95	0,34	13,5	12,9
0,12	0,94	0,34	12,4	11,8
0,14	0,93	0,35	11,4	10,9
0,16	0,92	0,35	10,7	10,2
0,18	0,91	0,35	10,1	9,6
0,20	0,90	0,36	9,6	9,1
0,22	0,89	0,36	9,3	8,9
0,24	0,88	0,37	9,0	8,5
0,26	0,87	0,37	8,7	8,2
0,28	0,86	0,37	8,4	8,0
0,30	0,85	0,38	8,2	7,8
0,32	0,84	0,38	8,0	7,6
0,34	0,83	0,39	7,8	7,4
0,36	0,82	0,39	7,6	7,2
0,37	0,81	0,40	7,5	7,1
↓	PEÇA SUPER-ARMADA			

Formas e drenagem

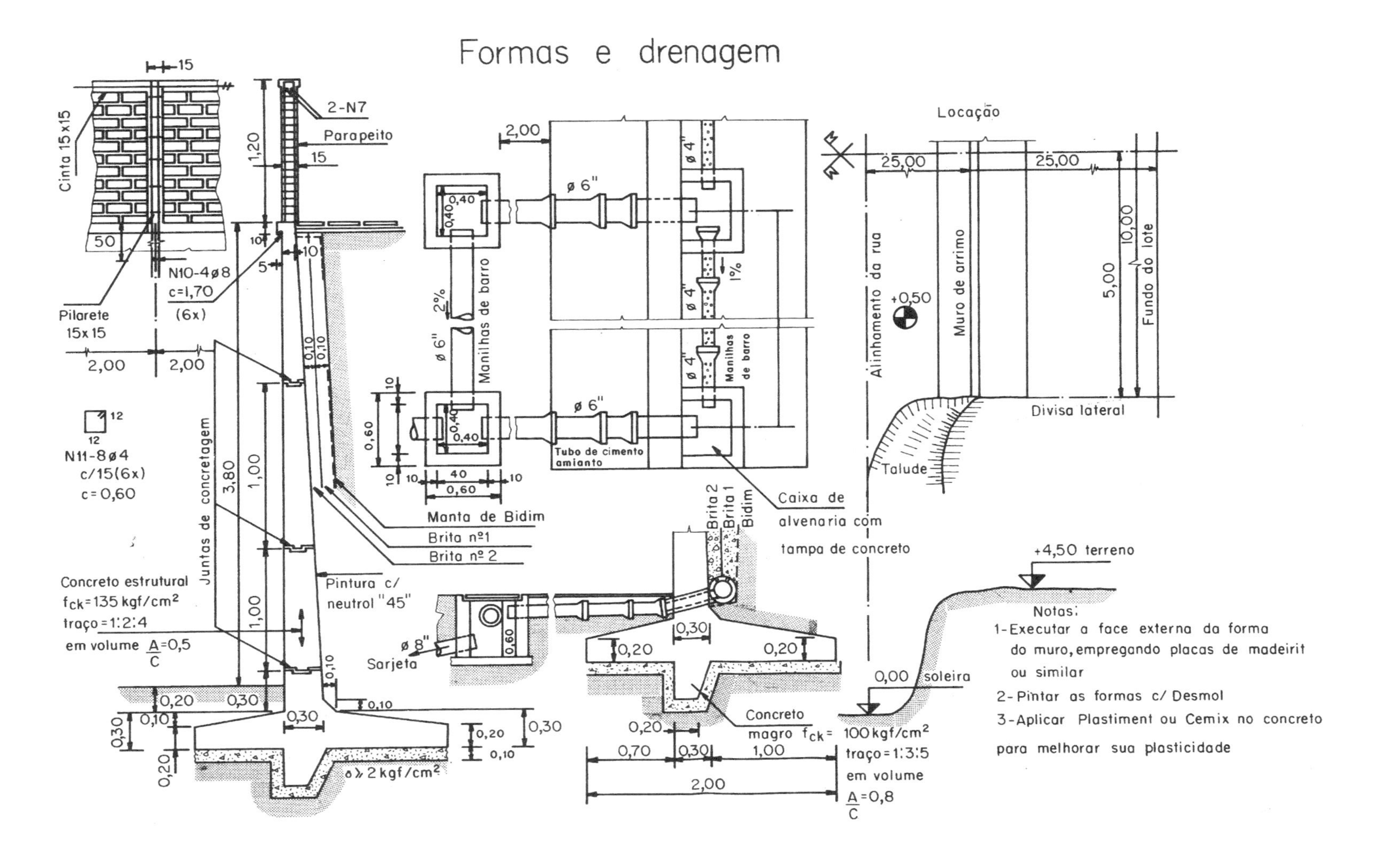

Detalhe da armação

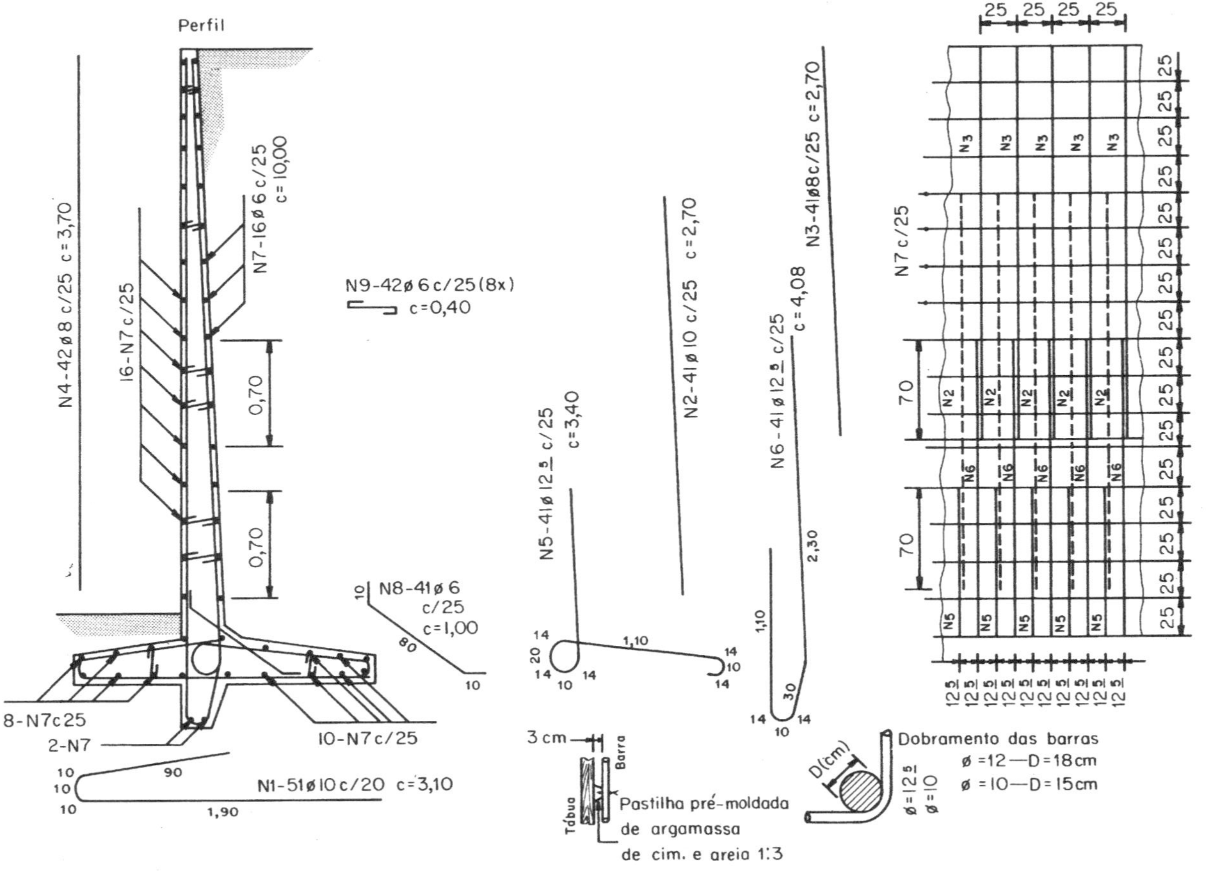

Perfil
Elevação
N4-42ø8 c/25 c=3,70
16-N7 c/25
N7-16ø6 c/25
c=10,00
0,70
0,70
N9-42ø6 c/25 (8x)
c=0,40
N8-41ø6
c/25
c=1,00
80
8-N7c25
2-N7
10-N7 c/25
N1-51ø10 c/20 c=3,10
90
1,90
N5-41ø12.5 c/25
c=3,40
1,10
N2-41ø10 c/25 c=2,70
N6-41ø12.5 c/25
c=4,08
2,30
1,10
30
N3-41ø8c/25 c=2,70
N7 c/25
N2
N3
N5
N6
70
25
12.5
3 cm
Barra
Tábua
Pastilha pré-moldada
de argamassa
de cim. e areia 1:3
D(cm)
ø=12.5
ø=10
Dobramento das barras
ø =12—D=18cm
ø =10—D=15cm

Lista de aço				
N	ø	Q	comprim. unit.	comprim. total
1	10	51	3,10	158,1
2	"	41	2,70	110,7
3	8	41	2,70	110,7
4	"	42	3,70	155,4
5	12.5	41	3,40	139,4
6	"	41	4,08	167,3
7	8	38	10,00	380,0
8	6	41	1,00	246,0
9	"	336	0,40	134,4
10	8	24	1,70	40,8
11	4	48	0,60	28,8

Resumo			
ø	c.total	kg	kg+10%
4	29	3	4
6	381	95	105
8	646	258	284
10	269	170	187
12.5	307	307	338
Total		833	918

CA-50B

$f_{ck} = 135\ kgf/cm^2$

Relações: (teóricas)

$$\frac{\text{aço}}{\text{concreto}} = \frac{833}{13} = \frac{64\ kg}{M^3}$$

$$\frac{\text{forma}}{\text{concreto}} = \frac{84}{13} = \frac{6{,}5\ M^2}{M^3}$$